해양지구화학

Marine Geochemistry

해양지구화학

Marine Geochemistry

GAMO Toshitaka (蒲生 俊敬) 편저
김영일·윤양호·오석진 공역

전남대학교출판문화원

저자 서문

화학의 수비범위는 아주 넓다. 일상에서 우리가 만나는 모든 물질이 화학의 연구대상이다. 전형적인 필드과학(field science, 현장과학)인 해양학과 화학은 당연히 서로 강하게 연계되어 있다. 해수뿐만 아니라 해양생물, 해저퇴적물, 암석, 공기 등과 같이 우리 주변 환경에 존재하는 모든 물질의 화학적 성질은 다양한 화학원소의 조합에 의해 지배된다. 또한 해양은 이러한 화학원소들의 이동, 동위원소 분별 또는 화학반응에 의해 다양한 현상들이 발생하고 있다. 앞으로 언젠가 해저 아래의 맨틀물질 채취가 가능하게 된다면, 화학의 연구대상은 더욱 늘어날 것이다. 맨틀 속 방사성 핵종이 방사붕괴하여 방출하는 열은 해저화산활동과 지각열류량의 분포에 영향을 미치며, 해양의 물질순환을 구동하는 중요한 역할을 하고 있다.

'해양지구화학'으로 불리는 학문분야는 해양과 주변에 존재하는 화학물질의 분포와 거동을 정확하게 파악하고, 그것들이 의미하는 것을 읽어내고 해석하여, 해양환경을 지배해 온(또는 앞으로 지배할 것으로 예상되는) 복잡한 인과관계와 유지 기작을 밝히는 학문이다. 이 책은 이러한 해양지구화학에 관련되는 폭넓은 연구대상 중에서 신진연구자에게 특히 중요하며, 연구기반이 될 것으로 생각되는 내용을 엄선하여 가능한 알기 쉽게 해설하였다.

이 책은 지구를 하나의 시스템으로 취급하는 '지구시스템과학'에 근간을 둔 것이 가장 큰 특징이다. 지구시스템 중에서 해양은 지구표층의 70%를 차지하고 있으며, 거대한 하부시스템(subsystem)으로서 기능을 하고 있다. 해양의 역동적인 물질 및 에너지 순환은 다른 하부시스템(대기권, 생물권, 암석권, 인간권)과 밀접하게 연결되어 있다. 해수의 원소와 동위원소의 거동은 해양의 기능을 떠받치는 혈류이며, 그러한 거동을 정확하게 파악하고 해석하는 것이 해양지구화학자의 역할이며 임무이다. 이 책이 지금부터 해양지구화학을 배우고자 하는 대학생 및 대학원생들이 많이 활용되어 지구전체를 조망할 수 있는 학제적 시점과 유연한 상상력을 몸에 지닐 수 있기를 희망한다.

이 책이 출판 될 때까지 고단샤(講談社) 사이언티픽의 와타나베 타쿠(渡遺 拓)씨에게 많은 도움과 조언을 받았다. 진심으로 감사를 전한다.

가모 토시타카(蒲生俊敬)
도쿄대학 대기해양연구소

역자 서문

바다는 지금부터 약 38억 년 전인 지구 탄생에서 약 8-10억년 이후 탄생한 것으로 알려진다. 바다는 원시지구에서 마그마오션으로 인해 고압, 고열조건에서 방출된 수증기가 오랜 기간 빗물로 지구에 내린 막대한 물에 의해 만들어졌다. 이후 오랜 시간이 지나면서 지구에 대륙이 만들어 지면서 바다는 대기와 하천, 지하수, 해저열수 등을 통해 육지와 해저지각으로부터 끊임없이 다양한 물질들이 교환되고 있다. 바다로 유입된 화학물질은 해수에서 다양한 물리화학적 과정을 거쳐 용존성 성분은 해수와 함께 해양 속을 순환하고, 반응성 성분은 해저로 침강하여 퇴적물이 되어 다시 지각으로 되돌아가는 물질순환을 되풀이하고 있다.

바다에는 지구에 존재하는 모든 화학물질(원소 및 유·무기화합물)이 존재하고 있으며 그 존재량과 존재형태는 매우 다양하다. 이러한 화학물질들이 지구의 생명을 탄생시키고, 진화와 분화를 통해 현재의 생물다양성과 생태계의 근간에서 지탱하고 있다. 또한 대기와의 상호작용으로 이산화탄소 농도 조절 등 지구 기후에도 관여하고 있다.

바다에 존재하거나 관련되는 화학물질에 관해 모든 것을 연구하는 학문분야가 해양지구화학이다. 단순히 해수에 존재하는 화학물질의 종류와 양 그리고 화학물질 사이의 반응, 이동 및 순환 등과 같은 거동을 파악하는 것뿐만 아니라 해수와 접촉하여 물질의 공급원이 되는 육지, 대기 및 해저면까지도와 생물권을 포함하는 물질순환 등도 연구대상에 포함된다. 즉 해양을 이해하고자 할 때는 해양만을 대상으로 하는 것만이 아닌 해양에 관련되는 환경과의 상호작용도 고려하여 이해하는 것이 중요하며 이 책의 제목이 고전적인 해양화학이 아닌 해양지구화학인 것도 그러한 연유이다.

이 책은 대학에서 지구환경이나 해양환경을 공부하기 시작한 학생들이 교재는 물론 지구과학에 관심이 있는 일반인들의 교양도서로 활용하기 위하여 번역을 하였다. 역자가 대학을 다니던 1970-80년대는 해양화학에 관련된 교재가 일본 홋카이도대학의 쯔노가이 시즈오(角川静男) 교수의 「海洋化學」과 미국 콜롬비아대학의 Wallace Smith Broecker 교수의 「Chemical

Oceanography」 및 「Tracers in the Sea」라는 교재가 거의 전부였다. 특히 한양대학교 이광우 교수가 「海洋化學」을 번역하여 출판한 「해양화학」은 학부생의 교재로 많이 사용하였으며, Broecker 교수의 두 권의 도서는 대학원생들이 원서를 교재로 사용하였던 것으로 기억한다. 그 후 국내 대학교수 및 연구자들의 노력으로 몇 권의 교재가 출판되었지만, 그조차도 절판되어 최근에는 대학에서 교재로 사용할만한 해양화학관련 서적을 찾아보기 힘들다고 한다. 또한 과학기술의 발전으로 해양관측 및 물질 분석의 기술과 장비가 크게 개선되어 과거에는 분석이 불가능하였던 물질에 대해서도 분석 가능하게 되어, 보다 정확하고 새로운 해양현상들도 파악되고 있지만 이러한 최신의 연구결과를 반영한 서적도 국내에서 좀처럼 찾기 어려운 실정이다.

이 책은 지구라는 거대한 자연계에서 해양과 해양에 인접한 환경(육상, 대기, 해저면)에서의 화학물질의 존재량(농도), 공급량과 공급과정, 화학물질 사이의 반응, 제거과정 및 제거량 등과 같은 물질의 거동과 순환과정 그리고 이들 과정에 관여하는 생물에의 영향까지 포함하여 개념, 원리 등을 알기 쉽고 상세하게 기술하고 있다. 그리고 최근 개발된 새로운 기법의 해양관측 기술을 소개하고 있으며, 이를 이용한 다양한 해양과정(생물지구화학적 과정)의 최신 연구결과를 기반으로 집필되어 있다.

이 책을 번역하면서 아쉽게 생각하는 것은 국내 전문가들에 의해 우리나라 주변 바다의 해양환경에 대한 연구결과를 포함한 서적이 부족하다는 것이다. 앞으로 역자들을 비롯한 국내 대학 및 다양한 연구자들의 노력을 기대해본다.

끝으로 이 책의 출판에 있어 표지 제작은 윤경화님에게 도움을 받았으며, 원고 도판은 전남대학교 환경해양학전공 이현지, 박지혜 및 류기정 학생에게 도움을 받았기에 고마움을 전하며, 출판의 제반 편의를 제공해준 전남대학교출판문화원에도 감사드린다.

2020년 01월

역자 일동

목차

01

지구시스템에서 해양

1. 해양의 생물지구화학적 순환
2. 지구시스템이란?
3. 수　권
4. 암석권
5. 대기권
6. 생물권
7. 지구시스템의 정리

제 1 장

지구시스템에서 해양

고도의 지능을 가진 우주생물이 우연히 지구에 불시착하였다. 그곳은 한없이 넓게 펼쳐진 대해원(大海原)이었다. 그들은 해수를 채취하여 정밀하게 분석하여 귀환한 다음 '이러한 별이었습니다'라고 보고하였다. 그러나 아쉽게도 그 정보는 완전한 것은 아니었다. 면적만으로 보면 해양은 지구표면의 70%에 달한다. 그러나 해양을 둘러싸고 있으면서 해양과 접하는 다른 저장소(reservoir)를 제외한 해양은 있을 수 없다. 해양을 포함한 복잡한 저장소가 서로 연계되어 '지구시스템'이라는 통합체를 구성하고, 그 곳에서 화학원소가 순환되는 것까지 인식하였을 때 처음으로 해양을 정확하게 이해했다고 할 수 있기 때문이다.

1. 해양의 생물지구화학적 순환

해양은 다양한 화학반응과 화학평형이 복잡하게 서로 교류하면서, 화학원소와 그들 동위원소가 활발한 활동으로 순환하는 세계이다. 해양에서 물질의 움직임을 총칭하여 '해양의 생물지구화학적 순환(marine biogeochemical cycles)'이라 한다. '생물'이라는 단어가 포함되어 있는 것은 해양에서 생물활동과의 관계가 크기 때문이다.

현실의 생물지구화학적 순환은 실험실의 비커 속에서 재현될 수 있는 화학반응은 오히려 적고, 다음에 기술하는 것과 같은 다양한 동적인 과정(process)이 연동되어 있다. 해양내부에서 일어나는 해수의 유동과 기원이 서로 다른 해수의 혼합이라는 현상 이외에 해양과 인접하는 대륙, 심해저, 대기 등의 상호작용을 고려할 필요가 있다. 예를 들면 육지로부터 하천수 및 지하수의 유입, 대기물질의 강하, 해저에서 일어나는 화산활동과 그에 동반되는 열수의 순환이라는 물리학적 과정 또는 해양생물에 의한 화학원소의 유입 및 배출, 생물 사체(死體)의 분해 및 침강 등 다양한 생물학적 과정이 각각 서로 다른 시공간 규모(scale)에서 화학원소를 다른 장소로 이동시키기도 하고, 그들의 존재형태를 변화시키기도 한다. 이러한 과정은 독립적으로 일어나기도 하지만, 대부분은 여러 과정이 서로 연계되어 상호의존적으로 발생 한다.

그림 1.1은 이와 같이 복잡한 해양시스템을 수조에 비유하여 해양내부 및 해양이 접촉하고 있는 대기, 대륙, 해저와의 상호관계를 도식화 한 것이다. 이 그림에는 극히 대표적인 과정만을 표현하고 있으며, 실제 해양에는 매우 다양한 국지적인 과정이 서로 복잡하게 얽혀있다. 또한 해수의 화학원소와 화학성분은 각자의 특성이 있는 화학적 성질에 의해 각 과정과 연계하여 중요한 역할을 하거나 관계가 없는 경우도 있다.

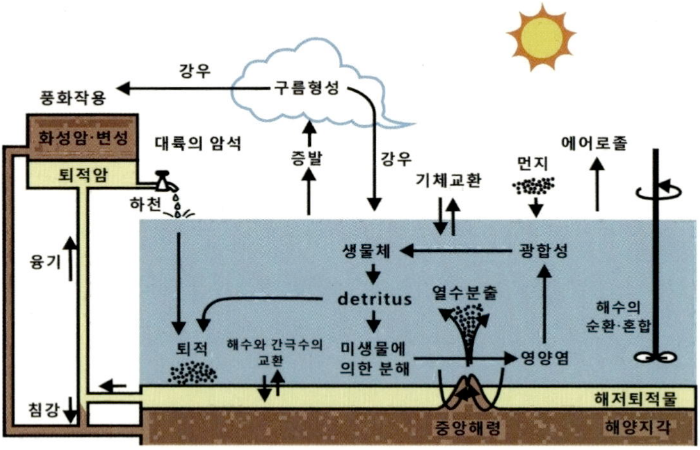

그림 1.1. 해양의 다양한 생물지구화학 과정을 수조 속의 현상으로 비유한 그림 (The Open University course team(1989)[1]를 수정).

이 책은 해양의 생물지구화학적 순환(물질순환)의 구조에 대해 설명하고 있으며 제1장은 주제를 이해할 수 있는 첫 단계로 원래의 지구는 어떠한 화학적, 물리학적, 그리고 생물학적 과정이 존재하며, 그것들이 어떻게 연동되어 '지구시스템(earth systems)'을 형성하고 있는지에 대해 살펴본다.

2. 지구시스템이란 ?

지구(반경 약 6,400㎞)라는 행성은 불균일하면서 물리 또는 화학적으로 특성을 달리하는 서로 다른 여러 개의 구성요소로 이루어져 있다. 가장 알기 쉬운 것은 지구를 둘러싼 대기(기체), 해양(액체) 및 고체지구와 같이 3개의 영역으로 구분하는 것이다. 그리고 지진파를 이용한 지구 내부구조의 연구에서 고체지구는 중심부의 핵(반경 약 3,500㎞), 핵을 둘러싼 맨틀(두께 약 2,900㎞) 및 지구표면을 덮고 있는 지각(두께는 대륙에서 30 ~ 40㎞, 해양에서 5 ~ 10㎞) 등 3개의 층으로 보다 세분할 수 있다(그림 1.2). 지각은 대륙과 해양에서 서로 성질이 다르기에, 대륙지각과 해양지각으로 구분된다. 따라서 대기, 해양, 대륙지각, 해양지각, 맨틀 및 핵과 같이 6개의 요소가 지구의 주요한 구성요소라고 할 수 있을 것이다.

그러나 지금부터 이 책에서 다루게 되는 비교적 짧은 시간 스케일(현재로부터 과거 수만 년 정도까지)의 해양지구화학적 현상에서 지구의 핵과 심부 맨틀은 거의 관계되지 않는다. 따라서 지구를 4개의 하부시스템(subsystem) 또는 권(圈, sphere)으로 나누는 것이 현실적이다. 4개 중 2개는 앞에서 설명한 6개의 구성요소에 들어있는 대기권(大氣圈, atmosphere)과 수권(水圈, hydrosphere)을 말한다. 여기서 수권은 해양뿐만 아니라 육상의 담수와 극해역의 얼음까지 모두 포괄한 것이다. 세 번째의 하부시스템은 암석권(岩石圈 또는 岩圈, lithosphere)이다. 이것은 지구 표층 50 ~ 100㎞의 두께에 해당하는 부분으로 맨틀의 상부 일부까지 포함한 것이다. 대륙지각과 해양지각은 암석권에 포함되지만 이 책에서 등장하는 지각은 주로 해양지각 쪽이다. 또한 육상의 토양과 해저퇴적물도 여기서는 편의상 암석권에 포함되는 것으로 한다. 그리고 마지막 네번째 하부시스템으로 지구의 생물활동을 모두 포함하는 생물권(生物圈, biosphere)을 생각할 수 있다.

이들 하부시스템 각각의 내부에서 일어나는 물질 및 에너지순환과 여러 하부시스템에 걸쳐 일어나는 다양한 상호작용 및 물질교환이 절묘하게 균형을 이루어 지구가 전체로써 하나의 통합된 시스템을 구성하고 있다고 하는 것이 지구시스템 과학의 기본적인 개념이다. 각 하부시스템은 원소조성(그림 1.3)에도 큰 차이가 있다. 4개의 각 하부시스템에 대해 지금부터 보다 상세하게 살펴보겠다.

그림 1.2. 도쿄(東京)대학 지진연구소 로고. 지구를 사과에 비유한 것으로 씨방 부분이 핵(고체인 내핵과 그 외측에 액체인 외핵). 과육부분이 맨틀. 표면의 껍질이 지각이 된다. (www.eri-u-tokyo.ac.jp)

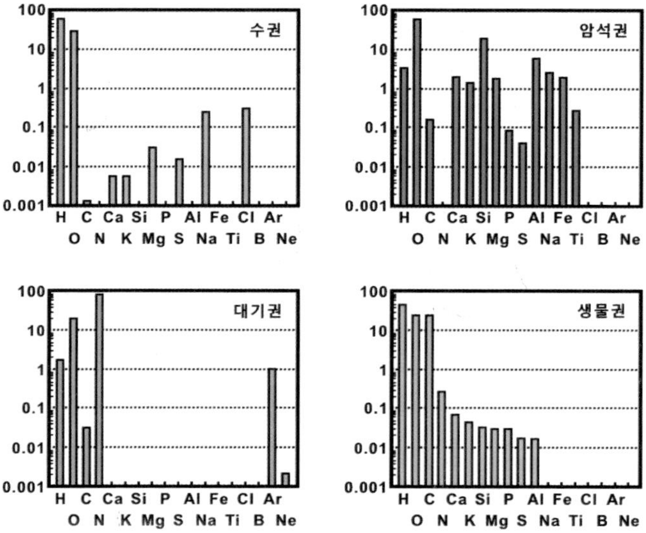

그림 1.3. 수권, 대기권, 암석권 및 생물권의 원소 존재도(%) (Deevey(1970)[2]).

3. 수권

수권(hydrosphere)은 지구에 존재하는 모든 물을 다 합한 것을 말하며 해양 이외에 호수, 하천, 빙하의 얼음과 극해역의 얼음 및 지하수로 구성된다. 지구에 존재하는 물의 대부분(97% 이상)은 해양에 있기 때문에 해양을 수권이라 하더라도 큰 문제는 없다(표 2.1 참조).

가. 해양의 크기와 해저지형

해양은 질량으로 지구의 0.02% 밖에 되지 않지만, 지구 표면적의 70% 이상(3.62×10^8㎢)을 차지하고, 평균 두께가 3,730 m인 막대한 물의 덩어리(부피: 1.35×10^9㎦)이다. 우주에서 지구가 물의 행성으로 불리는 이유이다. 해양의 상부는 대기, 밑에는 심해저, 그리고 연안부에서 대륙과 경계를 이루고 있다.

그림 1.4는 대륙연안에서 외양에 이르는 일반적인 해저지형의 단면을 나타내었다. 육지로부터 심해저까지 이르는 부분은 대륙주변부(continental margin)로 불리며, 육지에 가까운 곳으로부터 대륙붕(continental shelf), 대륙사면(continental slope) 및 대륙대(continental rise)의 3개 영역으로 나눌 수 있다. 그리고 그 다음은 심해평원(abyssal plain)으로 연결되며 심해저의 지형은 평탄하지 않고 해구(trench)로 불리는 깊은 협곡과 중앙해령(mid-oceanic ridge)으로 불리는 화산 산맥이 있다.

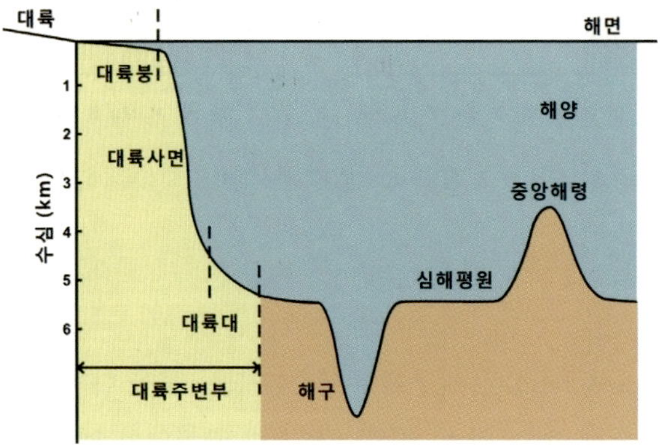

그림 1.4. 대륙주변에서 심해저까지의 일반적인 지형 단면도.

만약 전 세계 해양에서 해수를 모두 제거하면 그림 1.5와 같이 기복이 많은 지형이 나타난다. 대서양과 인도양의 거의 정중앙에는 중앙해령이 융기되어 있다. 태평양에는 중앙해령(동태평양 해팽(rise))이 동쪽으로 치우쳐져 있고, 일본 주변인 서태평양은 해구(최대수심은 마리아나 해구에서 10,920 ± 10 m로 이루어져 있다.

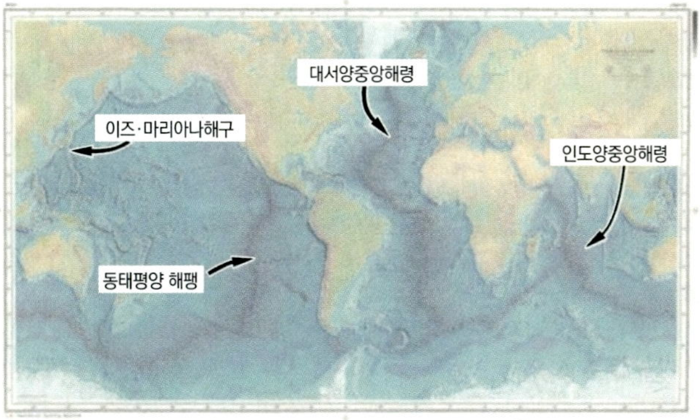

그림 1.5. 전 세계 해저지형. 수직방향의 요철을 강조한 그림인 것에 주의.
World Ocean Floor Panorama, Bruce C. Heezen and Marie Tharp, 1977. Copyright by Marie Tharp 1997/2003. Reproduced by permission of Marie Tharp Maps, LLC. 8 Edward Street, New York 10976.

나. 해수의 물리적 성질과 해수순환

물은 고체, 액체 및 기체로 형태를 바꾸어 가면서 지구표층을 순환하여 지구환경과 생명에 필연적인 물질로서 중요한 역할을 하고 있다. 물 분자(H_2O)는 흩어져 존재하지 않고 여러 개의 분자가 수소결합(hydrogen bond)이라는 약한 결합에 의해 복합체(cluster)를 형성하여 마치 큰 분자량을 가진 물질과 같은 특성을 가지기 때문에 분자량이 불과 18로 작음에도 불구하고 상온에서 액체 상태를 유지할 수 있다(제2장 참조).

해양으로 입사된 태양광(가시광선)은 수심이 깊어질수록 급격하게 감소한다. 이것은 가시광선이 물 분자에 강하게 흡수되는 것과 바닷물 속의 입자성의 현탁물질에 의해 산란되기 때문이다. 해역에 따라 다르지만 일반적인 외양에서 수심 100 m 부근의 광량은 해면의 1% 밖에 되지 않고 200 m 수심부터는 완전히 암흑이 된다. 즉 해양의 평균수심 3,730 m 중에서 밝은 부분은 표층의 극히 수% 밖에 되지 않으며 그 아래는 빛이 없는 암흑의 세계가 된다.

물의 밀도는 물의 순환과 혼합을 지배하는 하나의 중요한 인자이다. 밀도가 큰(무거운) 물일수록 중력에 의해 쉽게 아래로 침강한다. 밀도는 수온이 내려갈수록 증가한다. 순수한 물은 온도 3.98℃ 일 때 최대밀도 0.999973 g/㎤을 나타내지만, 해수는 온도가 어는점(약 −1.9℃)에 도달할 때까지 계속 밀도가 증가한다(제2장 참조). 그리고 물의 밀도는 염분이 높을수록 커진다.

외양에서 수심변화에 따른 수온변화를 그래프로 나타내면 북극해와 남극해와 같은 극해역을 제외하면 일반적으로 그림 1.6과 같이 3개의 층이 보인다. 우선 표층(두께 50~200m 정도)은 상하로 잘 혼합되어 온도변화가 극히 작다. 그 아래쪽에 수온이 급격하게 낮아지는 수온약층(thermocline)이 있다. 그리고 수온약층 아래를 심층이라 하며 해저퇴적층까지 수온이 서서히 감소하여 심해저에서는 1 ~ 2℃까지 낮아져서 밀도가 최댓값을 나타낸다. 즉 해양에서는 차갑고 큰 밀도를 가진 심층수 위에 고온이면서 낮은 밀도의 표층수가 떠있고 수온약층이 양쪽, 즉 표층수와 심층수 사이를 가로막고 있다.

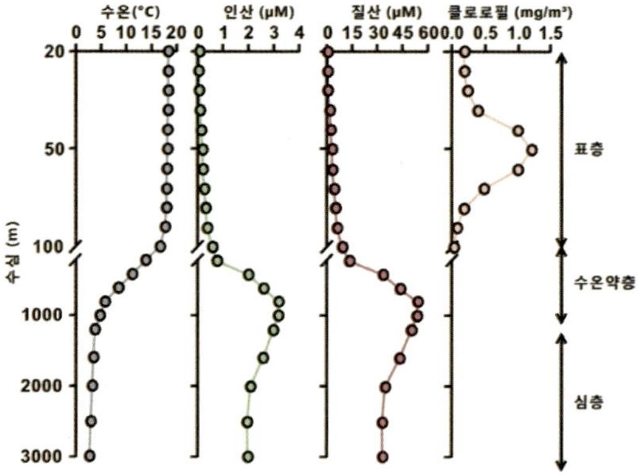

그림 1.6. 해양의 일반적인 수온, 인산염, 질산염 및 클로로필의 수직분포.

그러나 해양은 해수의 움직임이 정지된 곳이 아니다. 그림 1.7과 같이 해양표층은 바람에 의해 수평방향으로 해수가 움직인다(풍성순환(wind driven circulation)이라고도 함). 지구 자전의 영향으로 북반구에서는 시계방향, 남반구에서는 반시계방향으로 회전하는 큰 소용돌이를 형성한다. 우리들에게 매우 익숙한 구로시오(黒潮, Kuroshio)는, 북태평양의 아열대해역을 일주하는 풍성순환의 일부이다.

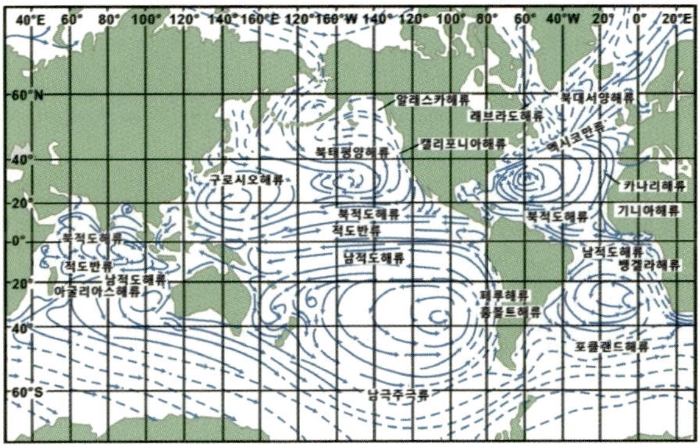

그림 1.7. 전 세계 표층해류의 평균적인 패턴(11월~4월). 실선과 점선은 각각 난류와 한류를 나타낸다. 5월~10월에 걸쳐서는 몬순의 영향으로 인도양과 서태평양에서 해류가 변화한다(The Open University Course Team(1989)[1]를 수정).

한편 심층의 해수순환은 해수의 밀도차이에 의해 구동된다. 해수의 밀도가 수온과 염분에 의해 결정되기 때문에 심층수의 순환을 열염순환(thermohaline circulation)이라고도 한다. 대서양 열염순환의 개념을 그림 1.8에 나타내었다. 북대서양 그린란드 주변의 표층수가 겨울철에 냉각되어 밀도가 높아지면서 침강한 것이 북대서양 심층수이며 대서양을 남하한다. 한편 남극대륙 주변의 웨델해(Weddell Sea)와 로스해(Ross Sea)에서 높은 밀도의 표층수가 침강하여 남극저층수가 되어 대서양, 인도양 및 태평양을 북상한다. 남극저층수는 밀도가 크기 때문에 북대서양 심층수의 아래로 관입한다.

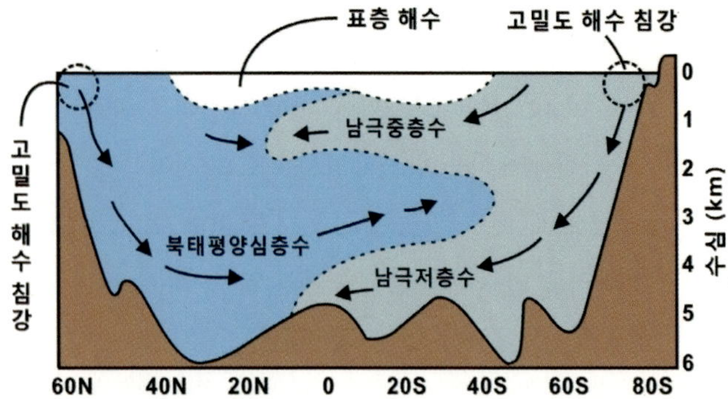

그림 1.8. 대서양 열염순환의 개념 그림. 기후가 한랭한 극해역에서 표층해수가 냉각되어 밀도가 높아져서 심층을 향해 침강한다(Stowe(1979)[3]를 수정).

다. 해수의 화학조성

다음으로 화학적인 관점으로 해수를 살펴보자. 해수는 짜다. 이것은 주요한 용존 이온인 나트륨이온(Na^+)과 염소이온(Cl^-)을 포함하고 있기 때문이다. 즉 식염(NaCl)이 녹아 있는 것이다(칼럼 2 참조). 이 외에 주요한 양이온으로 마그네슘(Mg^{2+}), 칼슘(Ca^{2+}), 칼륨(K^+)을, 음이온으로는 황산이온(SO_4^{2-})이 합계 약 3.5 중량 % 정도 들어있다. 해양을 구성하는 주요한 원소는 물 자체를 구성하는 수소(H)와 산소, 그리고 위에서 언급한 Cl, Na, Mg, S, Ca 및 K이다(그림 1.3 참조).

해수에는 주기율표에 있는 모든 천연의 원소가 들어있다. 농도는 낮지만 각각 원소별로 중요한 역할이 있다. 생물체에 많이 들어있는 원소는 친생물원소(biophilic elements)로 불리며 탄소(C), 질소(N), 인(P), 규소(Si) 및 철(Fe) 등이 여기에 해당한다. 친생물원소를 포함하는 화학성분은 해양표층의 식물플랑크톤의 기초생산(primary production), 즉 광합성을 통해 유기물을 합성할 때에 반드시 필요하다. 식물플랑크톤에 의한 기초생산은 해양 먹이사슬의 출발점으로서 해양에 서식하는 모든 생물군의 생존에 관여하고 있다. 따라서 해양에서 친생물원소의 분포를 파악하는 것은 해양의 생물지구화학 연구에 있어 매우 중요하다.

라. 해수의 영양염과 기초생산

질소와 인은 대부분이 질산염(NO_3^-)과 인산염(PO_4^{3-})으로 존재하며 생물과정에서 대표적인 필수 영양염류(營養鹽類, nutrients)이다. 광합성에 필요한 태양광선이 도달할 수 있는 해양표층부(깊이~100m 이내)를 진광층(euphotic zone)이라고 하며, 여기에 식물플랑크톤을 출발점으로 하는 생물생산 활동이 집중된다. 그림 1.6에 나타낸 클로로필 농도는 식물플랑크톤의 존재량에 대응하는 것으로 표층에서 명확한 피크(peak, 최댓값)가 나타난다. 또한 식물플랑크톤이 광합성을 하면 영양염이 소비되기 때문에 표층해수는 거의 영양염이 고갈된다(그림 1.6).

식물플랑크톤의 배설물과 사체 등의 생물유래 유기물 중 90~95% 정도는 표층수에서 즉시 분해되어 다시 광합성에 이용되지만 나머지는 암흑의 심해로 침강된다(그림 1.9 참조). 심층에서 침강하는 유기물질은 옆에서 빛을 비추면 눈이 내리는 것처럼 보이기 때문에 머린스노(海雪, marine snow)로 불린다(칼럼 1 참조). 그림 1.6과 같이 NO_3^-와 PO_4^{3-}의 농도는 수심이 깊어질수록 증가하고 1,000 m 정도의 수심에서 최대가 된다. 이것은 침강하는 유기물질이 산화 분해되어 생물체에 들어있던 질소와 인이 NO_3^-와 PO_4^{3-}의 형태로 심층수로 재생되고 있기 때문이다. 이렇게 재생된 영양염은 심층수와 함께 해양내부를 순환하여 일반적으로 수백 년 정도의 시간을 거쳐 해양표층으로 되돌아와 기초생산에 재이용된다. 이렇게 식물플랑크톤에 의한 광합성 과정이 정상적으로 지속되어 해양의 생명활동이 유지되고 있다.

영양염 공급량이 많으면 그것에 대응하여 기초생산이 활발하게 일어난다. 이러한 해역은 주로 용승역과 하구역이다. 용승(upwelling)이란 심층수가 표층까지 상승하는 과정(過程, process)이며, 일반적으로 대양의 동쪽연안(남북 아메리카 대륙의 태평양 연안과 아프리카 대륙의 대서양 연안 등)에서 발달하는 것으로 알려져 있다. 용승에 의해 심층수에 포함된 풍부한 영양염이 해양표층으로 운반된다. 한편 영양염은 하천수와 지하수에도 풍부하기 때문에 하구역에도 영양염이 공급된다. 해양의 기초생산(일차생산) 분포(그림 1.10)를 보면 영양염 공급이 많은 대륙의 주변부에서 기초생산이 높은 것에 비해 대양 중앙부에서는 낮은 것을 알 수 있다.

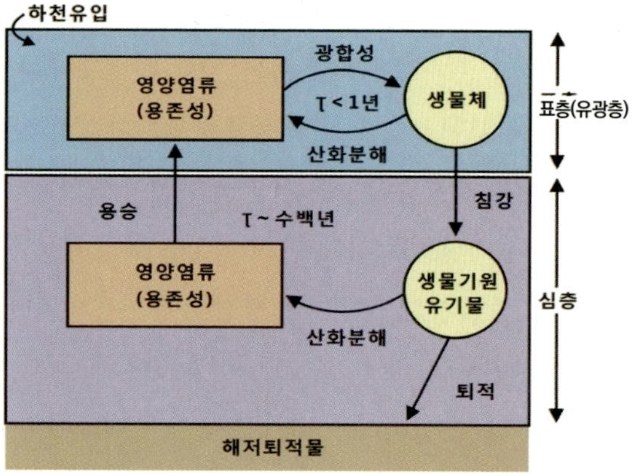

그림 1.9. 해양을 2개의 층(표층과 심층)으로 나눈 경우 영양염의 순환모식. τ는 순환의 시간 스케일.

마. 해양에서 화학물질의 공급과 제거

해양으로는 하천과 대기를 통해 끊임없이 화학물질이 유입되고 있다. 이러한 상태가 오랜 시간에 걸쳐 지속되면 해수의 화학물질 농도는 점차 증가하여 포화용해도에 도달할 때 까지 농도가 높아질 것으로 보이지만, 실제 해양은 그렇지 않다. 이것은 해양으로 화학성분이 운반되는 한편 해양으로부터 화학성분을 제거하는 생물지구화학적 작용이 동시에 일어나기 때문이다. 해양으로부터 물질의 제거는 불용성 물질로 바꿔어 해저로 침강한 후 해저퇴적물로서 축적되는 것과 해저열수활동에 동반되어 제거되는 작용이 일어나고 있다.

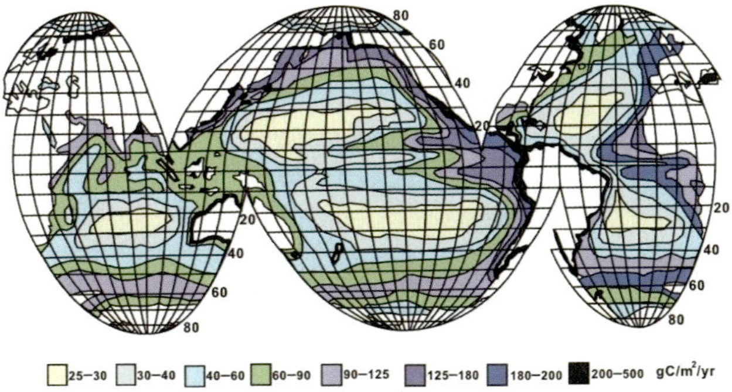

그림 1.10. 해양 전체의 표층 기초생산 속도의 분포도(Berger et al.(1989)[4]를 수정).

화학물질의 공급원을 소스(source), 제거되는 것을 싱크(sink)라고 부른다. 하천과 대기는 소스이며 해저퇴적물은 싱크이다. 그림 1.11은 해양에서 화학물질의 움직임에 주목하여 그림 1.1을 개략화한 것으로 화학물질의 주요한 공급과 제거 과정을 화살표로 나타내고 있다. 색깔이 있는 화살표가 소스인 공급과정, 검은색의 화살표는 싱크인 제거과정을 나타낸다.

소스로서 하천과 대기, 싱크로서 해저퇴적물 이외에 해양에는 또 다른 중요한 소스와 싱크가 있다. 그것은 해양과 암석권이 경계를 이루는 곳에서의 해저열수활동이다. 제9장에서 상세하게 설명하겠지만 순환하는 고온 해수(열수)와 고온 암석 사이에서 일어나는 활발한 상호작용에 의해 많은 화학원소와 화학성분이 열수에 녹아서 해양으로 공급된다. 그것과 동시에 일부의 화학성분이 해저 아래의 변질광물에 흡수되어 해수로부터 제거되고 있다.

그림 1.11에 나타낸 색깔 있는 화살표(해양으로의 input)와 검은색 화

살표(해양으로부터의 output)가 수지의 평형을 이루게 되어, 해수의 화학성분 농도는 정상적으로 유지된다.

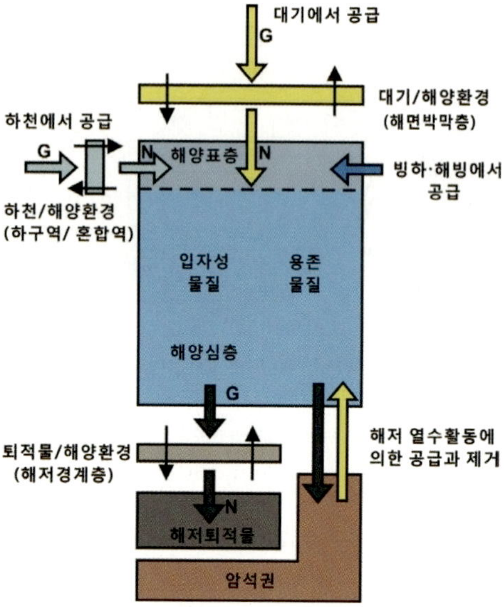

그림 1.11. 해양 중심의 물질순환 개념도(Chester and Jickells(2012)[5]를 수정). 색깔이 있는 화살표는 해양으로 물질공급, 검고 두꺼운 화살표는 해양으로부터 제거를 나타낸다. 해양과 대기, 하천 및 해저퇴적물 사이에는 각각 경계영역이 있으며, 양방향으로 물질 움직임이 있다. G와 N은 각각 Gross와 Net의 약어이다. 화살표 길이는 특별한 의미가 없다.

바. 원소의 체류시간

위에서 설명한 정상적인 수지평형을 전제로 하여 해양에서 원소의 평균체류시간(residence time) 또는 교환시간(replacement time)이 정의된다. 어떤 원소가 해양으로 공급된 후 제거될 때까지 평균 얼마만큼의 시간(τ) 동안 해양에서 머물고 있는 지를 나타내는 체류시간은 다음의 식으로 나타내어진다.

$$\tau = \frac{\text{해수중 총량}}{\text{해양으로 공급속도}} \tag{1.1}$$

해수 중 총량은 지금까지 보고되어 있는 해수 중 평균농도(부록 참조)에 해양의 부피를 곱하여 계산할 수 있다. 그리고 해양으로 공급 속도(공급 플럭스라고도 함)는 그림 1.11에서 알 수 있듯이 육지로부터 공급량, 대기로부터 침강량 및 해저열수활동에 의한 공급량을 합한 것이다.

알기 쉬운 사례로써 칼슘(Ca)의 τ값을 계산하여 보면[6] Ca은 해수에서 주요원소의 하나로 해양에서 총량은 1.42×10^{19} ㏖로 계산된다. 해양으로 공급되는 주요한 Ca 플럭스는 하천으로부터 12.5×10^{12} ㏖/yr, 연안지하수로부터 5.0×10^{12} ㏖/yr, 그리고 해저열수활동으로부터 3.3×10^{12} ㏖/yr로 계산되며 이것들을 합하면 20.8×10^{12} ㏖/yr가 된다. 따라서 Ca의 τ값은

$$\frac{1.42\times10^{19}\text{mol}}{20.8\times10^{12}\text{mol}/yr}=680{,}000yr \tag{1.2}$$

로 계산된다.

표 1.1은 최근 유럽과 미국에서 출판된 2권의 교과서로부터 τ값을 발췌하여 정리한 것이다. 해양의 주요원소에 대해서도 집필자에 따라 τ값에 다소의 차이를 나타낸다. 이것은 각각 원본의 필자가 해수의 평균농도와 해양으로의 플럭스를 어떻게 계산하였는지에 따라 발생하는 차이일 것이다. 따라서 τ값은 어디까지나 대략적인 기준값으로 취급해야 하는 것을 알 수 있다.

τ값이 큰, 즉 평균체류시간이 길다는 것은 그 원소가 오랜 시간동안 안정한 상태로 해수에 존재한다는 것을 의미한다. 제6장에서 설명하겠지만 전 세계 해양의 물은 1,000 ~ 2,000년의 시간 스케일로 일주(순환)하는 대순환계를 형성하고 있다. 이 시간 스케일보다도 τ값이 길면 길수록 해양 내부에서 반복하여 섞이게 되어 해양의 분포는 균일하게 된다. 표 1.1에 있는 해수의 주요원소는 모두 위에서 말한 시간스케일의

표 1.1. 해양에서 원소의 평균체류시간

화학원소	주요 무기존재형태	평균농도*	체류시간(년)**	체류시간(년)**
주요원소				
염소	Cl^-	546 mmol/L	119×10^6	100×10^6
나트륨	Na^+	468 mmol/L	68×10^6	70×10^6
마그네슘	Mg^{2+}	53 mmol/L	7×10^6	14×10^6
황	SO_4^{2-}	28 mmol/L	6×10^6	10×10^6
칼슘	Ca^{2+}	10.3 mmol/L	0.6×10^6	0.7×10^6
칼륨	K^+	10.2 mmol/L	6×10^6	7×10^6
탄소	HCO_3^-	1.9~2.5 μmol/kg		
붕소	$B(OH)_3$, $B(OH)_4^-$	416 mmol/L	14×10^6	
브롬	Br^-	0.84 mmol/L		100×10^6
스트론튬	Sr^{2+}	90 μmol/kg		6×10^6
불소	F^-	68 μmol/kg		
미량원소의 일부				
리튬	Li^+	26 μmol/kg	2×10^6	
바나듐	HVO_4^{2-}	36 nmol/L	10.000	
니켈	Ni^{2+}	8 nmol/L	4,700	
크롬	CrO_4^{2-}	5 nmol/L	2,000	
아연	Zn^{2+}	5 nmol/L	1,000	
구리	$CuCO_3$	3 nmol/L	1,400	
알루미늄	$Al(OH)_3$, $Al(OH)_4^-$	2 nmol/L	〈200	
카드뮴	$CdCl_2$	0.6 nmol/L	6,200	
철	$Fe(OH)^{2+}$, $Fe(OH)_3$	0.5 nmol/L	0.6	
망간	Mn^{2+}	0.3 nmol/L	12	
코발트	Co^{2+}	0.03 nmol/L	62	
납	$PbCO_3$	0.01 nmol/L	9	
영양염				
규소	H_4SiO_4	100 μmol/kg	20,000	
질소	NO_3^-	30 μmol/kg	28,000	
인	HPO_4^{2-}	2.3 μmol/kg	23,000	

*Chester and Jickelis(2012)[5], **Pilson(2013)[6]

1,000배 또는 그 이상의 긴 τ값을 나타내고 있으며 해양 어디서든지 균일한 농도를 나타낸다.

한편 τ값이 1,000년 보다 작은 경우는 그 원소가 해양 전체로 균일하게 퍼져나가기 전에 해수에서 생물화학반응에 의해 생물체로 흡수되거나 침강입자에 흡착되어 해수로부터 제거되고 있다는 것을 의미한다.

4. 암석권

지구 질량의 대부분은 고체지구가 차지하고 있으며, 그 세부내용은 앞에서 설명한 것과 같이 핵, 맨틀 및 대륙과 해양지각이다. 핵의 주성분은 철이며, 고체인 내핵은 10 ~ 20%의 니켈, 그리고 액체인 외핵은 약 10%의 황과 소량의 규소와 칼륨을 포함하고 있는 것으로 알려진다. 또한 맨틀은 감람암(peridotite)으로 불리는 철과 마그네슘을 함유하는 규산염으로 되어 있다.

핵과 맨틀에 비해 지각은 균일하지 않으며, 화학조성이 서로 다른 암석이 한곳에 모여 있다. 지각은 규소와 알루미늄이 맨틀보다 풍부한 반면 철과 마그네슘이 부족하다. 이러한 경향은 해양지각에 비해 대륙지각에서 뚜렷하다.

지각과 맨틀 최상부를 합친 두께 50 ~ 100 ㎞ 부분을 암석권(lithosphere)이라 한다. 암석권은 제1장 4절의 나항에서 설명하는 판구조론(plate tectonics)에서 중요한 위치를 차지하는 부분이다.

가. 지각의 암석과 광물

암석(岩石, rock)이란 광물의 혼합체를 말하며, 광물이란 어떤 특정의 화학조성을 가진 결정체이다. 지각을 구성하는 다양한 암석은 그들의 형성 메커니즘 차이에 의해 화성암(igneous rock), 퇴적암(sedimentary rock) 및 변성암(metamorphic rock)으로 구분된다.

화성암(igneous rock)은 지하에 있는 고온의 마그마(규산염 용융체)가 고결(古結, consolidation)된 것이다. 마그마가 용암류(溶岩流)로 지표에 노출되어 생성된 암석을 분출암이라고 하며, 마그마가 지표내부에서 결정화 된 것은 심성암이라 한다. 분출암은 보통 맨틀상부 기원이며, 마그네슘과 철이 풍부하다(고철질 또는 mafic이라 부름). 가장 흔한 고철질(高鐵質) 화성암은 현무암(basalt)으로 중앙해령 주변에서 심해저까지 널리 분포하고 있다. 한편 심성암은 보통 지각기원의 마그마로부터 생성되기 때문에 규소(Si)와 알루미늄(Al)이 풍부하다(Si + Al로 시알이라 부름). 이 형태의 화성암은 주로 화강암(granite)이다.

퇴적암(sedimentary rock)은 해저에 퇴적된 다양한 물질이 압축되어 생성된다. 퇴적암에는 3종류가 있다. ① 쇄설에 의한 퇴적암 : 풍화와 침식에 의해 생성된 고체물질이 기계적으로 퇴적되어 굳어진 것으로 펄(점토)로부터 생성되는 이판암(또는 혈암), 모래로부터 생성되는 사암 등. ② 생물작용에 의한 퇴적암 : 생물이 죽은 후의 유기물질로부터 생성되는 것으로 (a)패각과 산호초에서 유래하는 석회암(주성분은 $CaCO_3$)과 (b)규조와 방산충에서 유래하는 각암(chert, 주성분은 SiO_2) 등 ③ 증발암 : 육지 내부에 갇혀 남겨진 해수와 호수와 늪의 물이 증발하여 생성된다. 석고($CaSO_4 \cdot 2H_2O$), 경석고($CaSO_4$), 암염(NaCl), 방해석($CaCO_3$) 등이 여기에 속한다.

변성암(metamorphic rock)은 기존의 암석이 외부요인에 의해 광물조성과 조직에 변화를 받은 것으로 지표보다는 고온, 고압이지만 용융되어 화성암이 생성될 정도는 아닌 조건에서 생성된다. 이판암으로부터 생성되는 점판암(slate)과 석회암으로부터 생성되는 대리석 등이 여기에 해당된다.

나. 판구조론

판구조론(板構造論, plate tectonics)은 대륙과 해양이 항상 움직이면서 서로의 상대적 위치를 바꾸거나 대륙이 집결하거나 분열하는 메커니즘을 극히 합리적으로 설명하는 이론이다. 이 이론이 세워지고 그 타당성이 증명된 것은 20세기 지구과학의 최대성과라고 해도 과언이 아닐 것이다.

대륙의 해안선 형태에서 대륙이 이동하였다는 발상은 옛날부터 있었다. 예로서 17세기의 철학자 프란시스 베이컨(Francis Bacon, 1561~1626)은 서아프리카와 남아메리카 해안선 모양이 서로 맞물려 일치하는 것에 대해 언급하였다. 그러나 대륙이동설을 학문적인 수준까지 높인 선구자는 독일의 기상학자 알프레드 베게너(Alfred Wegener, 1880~1930)이다. 그는 1915년에 출판한 저서 『대륙과 해양의 기원』에서 대륙은 원래 하나의 초대륙(supercontinent)으로 모여 있었으며(베게너는 이것을 판게아(pangaea)라고 불렀다), 약 2억 년 전부터 이 초대륙의 분열 및 이동하여 현재와 같은 형태가 되었다는 대륙이동설을 주장하였다.

베게너는 당시 알려진 지질학적, 고생물학적 그리고 기후학적 데이터를 검토하여 이 가설을 지지하는 많은 간접적인 증거를 발견하였다. 그러나 가장 기본적인 문제 즉 거대한 질량을 가진 대륙을 어떻게 움직일 수 있는 것일까? 라는 역학적 메커니즘을 제대로 설명할 수가 없었다. 대륙이동설은 당시 지구과학계로부터 이단시되어 베게너가 1930년 그린란드 조사 중에 조난으로 죽은 다음 점차 잊혀졌다.

그런데 1960년 후반부터 1970년대 초기에 걸쳐 이 학설은 극적으로 다시 되살아났다. 새로운 증거로서 분출암에 남겨진 고지자기의 변동 패턴과 해저암석의 연대측정 데이터가 전 세계에서 축적되어, 대륙을 이동시킨 것이 대양의 중앙해령에 근원을 둔 해저확장인 것이 밝혀졌다. 베게너를 고민하게 만든 대륙이동의 원동력은 지구내부의 열에너지가 구동하는 맨틀대류였던 것이다. 이렇게 하여 대륙을 포함한 지구 표층부의 형태는 대류하는 맨틀 상부에 있는 판(plate)의 움직임에 지배된다는 혁신적인 패러다임 '판구조론(plate tectonics)'이 확립되었다. 이 이론에 따르면 지구 표면은 그림 1.12와 같이 약 20개의 딱딱한 판(plate)으로 덮여있으며, 각각의 판은 그 바로 아래에 있는 맨틀의 움직임에 따라 지구 표면을 천천히 이동한다는 것이다(그림 1.13 참조). 여기에서 판은 해양지각과 상부맨틀의 일부 즉 암석권에 해당한다. 판의 아래쪽에는 가소성(可塑性, plasticity)이 더 큰 대류층이 있으며, 이 부분을 연약권(asthenosphere)이라 한다.

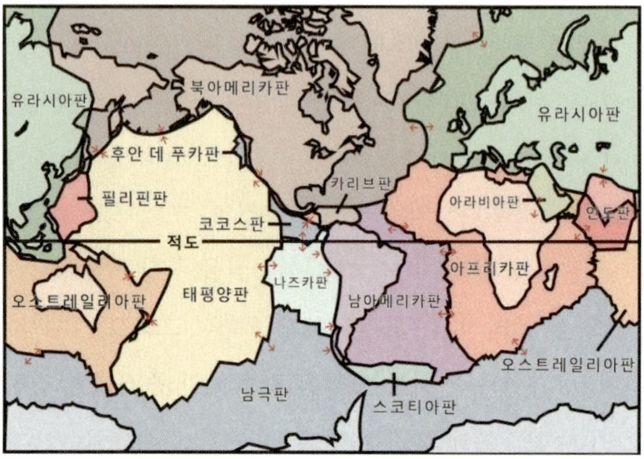

그림 1.12. 지구표면을 퍼즐과 같이 덮고 있는 판(plate)의 분포와 모양. 빨강색 화살표는 판의 움직임을 나타낸다(USGS의 홈페이지(http://pubs.usgs.gov/publicaLlons/textJslabs.html) 인용).

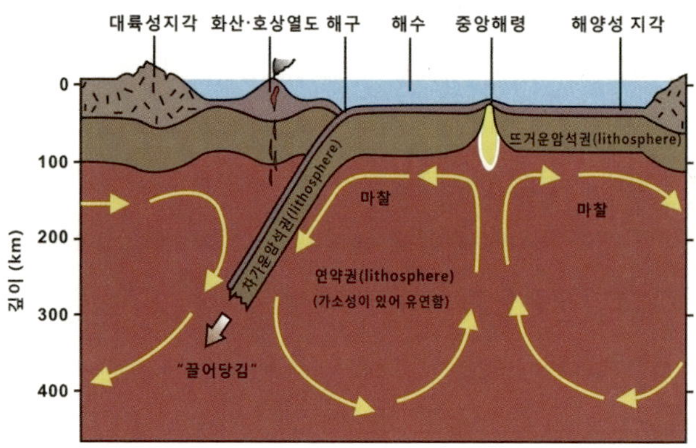

그림 1.13. 암석권을 이동시키는 맨틀대류(Paul R. Pinet/도쿄대학 해양연구소(2010)[7]을 수정).

다. 판의 움직임과 해저열수활동

판(plate)은 연간 수cm에서 10cm 정도의 속도로 이동한다. 이러한 판의 움직임이 지각을 융기시켜 우리들이 살고 있는 지구표면의 요철(凹凸)을 지배하고 있다. 이러한 판 움직임의 극단적인 사례가 지진과 같은 대규모 지각변동으로 서로 반대방향으로 움직이는 판들끼리 부딪히는 장소 즉 수렴이 일어나는 판의 경계(plate boundary)에서 발생한다.

서태평양의 가장자리에 있는 해구는 수렴하는 판의 경계에 해당하며 바다쪽 판이 육지쪽 판 아래의 서쪽방향으로 침입하고 있다(침입하고 있는 것을 subduction이라 한다). 수렴이 일어나는 판 경계에서는 뒤틀림(에너지)이 축적되어 주기적으로 일어나는 뒤틀림 해소가 거대한 지진을 일으킨다. 2011년 3월 11일에 발생한 토호쿠(東北)지방 태평양연안의 지진(매그니튜드 9.0)은 전형적인 뒤틀림 해소에 의해 발생된 지진이다. 또한 침입하는 판은 심부에서 마그마를 발생시켜 해구 뒤쪽의 호상열도(island arc)와 후열도분지(back-arc basin)에서 화산활동을 일으킨다.

한편 인접하는 판이 서로 떨어져 멀어지는 장소를 발산판 경계라고 하며 해저의 화산산맥 즉 중앙해령이 여기에 해당된다. 해령 중앙부(확장축)에는 균열이 있고 판이 좌우로 이동한 후, 빈공간을 채우듯이 해저의 아래쪽에서 맨틀기원 마그마가 새롭게 솟아 올라온다. 마그마가 냉각되고 굳어져서 현무암이 만들어 지면서 서서히 새로운 해저(해양지각)가 형성되어 해령의 양쪽으로 확장되어 간다. 이것이 대양저의 확장(ocean-floor spreading)이라는 현상이다. 태평양에서는 동태평양 해령(그림 1.5)에서 생성되는 해양지각이 연간 약 10㎝의 속도로 동쪽과 서쪽 방향으로 이동하고 있다. 서쪽 방향으로 이동하는 판은 1 ~ 1.5억년 걸려서 태평양을 횡단하여 서태평양의 해구를 통해 지구내부로 침입해 들어간다.

해저화산 주변에서는 해수가 가열되어 열수로 분출되는 현상 즉 해저열수활동(submarine hydrothermal activity)이 일어난다. 열수가 해저를 순환할 때 해수의 화학성분 일부가 빠져나가거나, 역으로 새로운 화학성분이 추가되기도(그림 1.11)하기 때문에 해저열수활동은 해수의 화학조성에 큰 영향을 미치고 있다. 또한 해저열수활동은 중앙해령 부근에서 활발하게 나타나지만, 판의 확장에 의해 지각이 냉각될 때까지는 시간이 걸리기 때문에 중앙해령으로부터 떨어진 해저에서도 남은 열에 의한 열수활동이 완만하게 지속될 것으로 생각된다(제9장 참조).

라. 해양지각을 덮고 있는 퇴적물

중앙해령에서 생성된 직후의 해양지각은 해수와 접촉하고 있지만 중앙해령으로부터 멀어질수록 표면이 침강된 퇴적물에 의해 덮여진다. 이러한 해저퇴적물은 해수 속을 침강하는 무기물 및 유기물의 입자가 해저에 도달하여 계속 쌓인 것이다.

해령으로부터 멀어질수록 해양저의 연령은 오래되었고 그 위에 쌓인 퇴적물 두께도 증가한다. 이동하는 판이 해구에서 육지판 하부로 들어갈 때는 판 상부에 퇴적된 퇴적물은 판과 함께 맨틀내부로 들어가거나 일부는 육지 쪽으로 떠밀리기도 한다.

앞에서도 설명한 것과 같이 해양 전체의 부피는 $1.35 \times 10^{18} m^3$이다. 육상의 침식작용으로 연간 약 $10^{10} m^3$의 대륙기원 물질이 해양으로 유입된다. 이것들 대부분은 최종적으로 해저로 퇴적되어 바다를 매립해 간다. 단순하게 나눗셈으로 계산하면 1.35억년에 바다는 완전히 매립되어 버린다. 한편 지구에 바다가 탄생한 후부터 이미 40억년 정도 경과한 것이 오래된 퇴적암의 연대측정에 의해 밝혀져 있다. 어디서 잘못된 것일까?

판구조론은 이러한 패러독스(paradox, 역설)에 답을 준다. 즉 판의 침입에 의해 해저가 새롭게 만들어지기 때문에 해저퇴적물이 계속 무제한으로 해저에 축적되지는 않는다.

해수와 접촉하는 퇴적물 표면 부근은 산화적인 환경이지만 표면에서 지각 속으로 들어갈수록 유기물의 산화분해가 진행되어 환원적인 환경으로 바뀌어간다. 또한 해저퇴적물에 보존된 화학원소와 동위원소에 관한 정보는 과거의 해양환경을 복원하는 고해양학 분야에서 중요한 역할을 하게 된다(제10장 참조).

5. 대기권

대기권(atmosphere)은 질량으로 보면 고체지구의 불과 100만분의 1밖에 되지 않지만 해양표면과 경계를 이루고 있어 생물지구화학적 순환에 큰 영향을 미치고 있다. 대기와 해양 사이에서는 활발하게 물질과 에너지가 교환되고 있으며, 대기의 기체와 에어로졸 입자 등 화학물질은 대기의 운동에 의해 빠르게 멀리까지 운반된다.

가. 대기조성

대기는 질소분자(N_2)와 산소분자(O_2)가 대기 질량의 거의 99%를 차지하고 있다. 나머지 1%가 아르곤(Ar), 이산화탄소(CO_2) 및 기타 미량기체로 구성되어 있다. 그리고 실제 대기에는 1 ~ 5%정도의 수증기도 포함되어 있다. 대기의 화학조성(제7장 참조)은 대기의 기원과 대기가 지구시스템 속에서 수행하는 역할 등을 생각할 때 중요한다.

비활성 기체(noble gas)*는 화학반응에 관여하지 않기 때문에 보존성이 강하다. 현재 지구대기의 비활성 기체의 존재도를 살펴보면 태양계에서 존재도에 비해 매우 낮을 뿐만 아니라 존재도 패턴과 동위원소비에서도 다른 것을 알 수 있다. 원시 태양계 성운에서 지구가 형성된 시점에 동일한 조성을 가진 비활성 기체가 지구의 원시대기에 존재하였을 것이지만, 그것이 현재 지구대기 중에 존재하지 않는 것은, 지구 역사의 초기 단계에서 강력한 태양풍 또는 소행성의 충돌에 의해 비활성 기체를 포함한 모든 기체가 원시대기로부터 우주공간으로 날아가 버렸기 때

* 종래에는 「희유가스(rare gas)」라는 용어로 사용되었지만 이 책에서는 IUPAC(International Union of Pure and Applied Chemistry, 국제순정응용화학연합)의 권고에 따라 비활성 가스(noble gas)를 사용함.

문으로 생각된다.

현재 지구대기는 지구가 형성된 후 2차적으로 지구내부에서 대기권으로 방출되어 만들어 진 것으로, 현재에도 대양의 중앙해령과 육상에서 일어나는 화산활동에 의해 지속적으로 지구내부에서 대기로 가스가 방출되고 있다. 이와 같은 가스방출에 의해 대기에 수증기가 공급되고 응축되어 해양이 형성된 것으로 생각된다. 그러나 2차적인 가스방출이 지구 역사를 통해 천천히 정상적으로 지속되어 온 것으로 생각하면, 여러 가지 설명하기 어려운 내용들이 발생한다. 예를 들어 그린란드의 이수아(isua) 지방에서 발견된 연대가 38억년인 변성암은 심해저에서 형성된 퇴적암이기 때문에, 당시에 이미 지표에는 대량의 물(해양)이 존재하였다는 것을 시사하고 있지만, 이것은 정상적인 2차 가스방출로 설명할 수 없다. Ozima and Kudo(1972)[8]는 아르곤 동위원소를 이용한 선구적인 연구를 통하여 지구 역사의 극히 초기에 대량의 가스방출이 일어난 것을 밝혔다. 그 후의 연구에 의해 지구 형성 후 수억 년의 기간에 현재 대기의 80% 정도에 상당하는 양이 집중적으로 방출 되었으며, 그 후는 온화한 가스방출이 현재까지 지속되어 온 것으로 생각된다.

대기의 화학조성은 지구의 생명활동에 강한 영향을 받으면서 진화해왔다. 태양계 행성 중에서 대기에 산소가 산소분자(O_2) 형태로 존재하는 것은 지구뿐이다. 화성과 금성에서 산소는 O_2 형태가 아닌 거의 CO_2로 존재한다. 이와 같은 지구대기의 특이성은 육상의 녹색식물과 해양의 식물플랑크톤에 의해 광합성으로 생산된 O_2에서 유래한다. 그리고 산소 이외에도 대기의 미량 가스성분 대부분(이산화탄소, 메탄, 수소, 일산화이질소)이 지구의 생물활동(특히 인간 활동)과 강하게 연결되어 있다.

나. 대기의 움직임과 기체혼합

그림 1.14는 지구규모에서 평균적인 대기 흐름에 대한 개념도이다.

남·북반구 및 적도에서 극해역에 걸쳐서 수직방향으로 대기를 혼합하는 3개의 순환 셀(cell)이 벨트 형태로 지구를 둘러싸고 있다. 그리고 수평방향으로는 저위도 지역에서 동풍(무역풍), 고위도 지역에서 서풍(편서풍)이 불고 있으며, 15일 정도에 지구를 한 바퀴 돌고 있다. 실제로는 이러한 평균적인 흐름에 소규모의 복잡한 시공간적 변동을 수반하는 대기의 움직임이 더해져있으며, 이러한 현상들은 우리들이 일상에서 경험하고 있는 것과 같다.

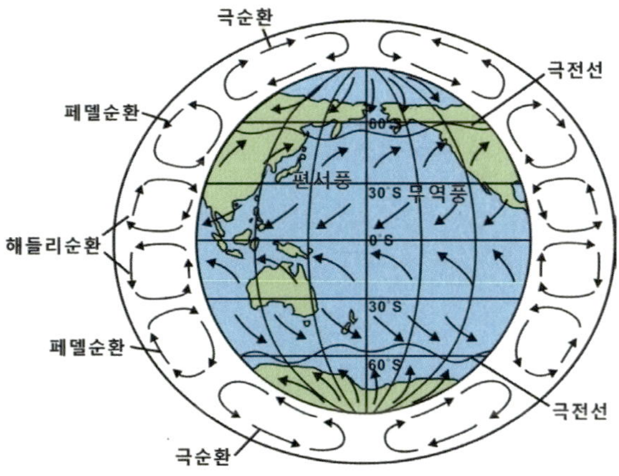

그림 1.14. 대기의 일반적인 바람의 흐름(대기 대순환)(田近(1996)[9]을 수정).

활발한 대기의 움직임에 의해 대기의 화학성분은 빠르게 혼합된다. 그림 1.15는 고도에 따른 O_2와 N_2의 혼합비가 어떻게 변화하는지를 나타낸 것이다. O_2가 N_2보다 조금 무겁기 때문에 중력의 영향만을 고려하면 고도에 따라 O_2/N_2 비는 작아질 것이다. 그러나 실제로는 대기의 혼합효과에 의해 O_2/N_2 비는 지표면에서 아주 높은 곳까지 균일하게 유지된다. 다만 고도 약 100 ㎞의 난류경계면을 넘어가면 교란에 의한 혼합효과는 작아져서 대기의 기체는 중력에 의해 분별(fractionation)되기 때문에(O_2가 태양의 자외선에 의해 O로 분리되는 효과도 더해짐) O_2/N_2 비는 고도가 높아짐에 따라 감소한다.

북반구 내부 또는 남반구 내부만 살펴보면 대기의 기체는 1 ~ 2개월 정도의 시간스케일에서 혼합된다. 북반구과 남반구 사이의 기체 교환은 조금 더 긴 시간이 필요하여 1 ~ 2년 정도이다. 이와 같이 대기혼합의 시간스케일은 천년 규모인 해양순환에 비해 매우 짧다.

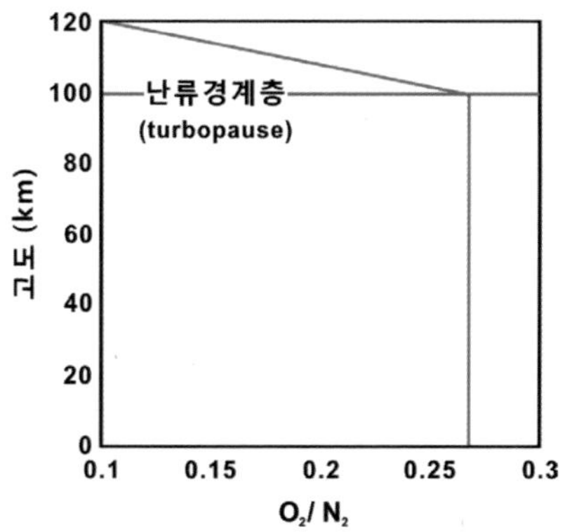

그림 1.15. 지표로부터 고도에 따른 대기의 산소/질소 비의 변화(Chameides and Perdue(1997)[10]을 수정).

다. 대기-해양 사이의 기체교환

대기와 해양은 해양표면에서 경계면을 이루고 있다. 이 경계면을 통해 기체교환(gas exchange), 즉 대기로부터 해양으로 또는 해양으로부터 대기로 기체가 이동한다. 인류가 방출하는 CO_2 일부를 해양이 흡수하는 것은 대기로부터 해양으로 CO_2 이동이 일어나기 때문이다. 그러나 이러한 기체 이동은 대기와 해양의 경계면에서 아무런 저항 없이 원활하게 진행되지는 않는다. 그 이유는 해양표면을 덮고 있는 극히 얇은 해면박막층(surface micro-layer)이 대기-해양 사이에 장벽으로 존재하고 있기 때문이다. 이 층은 두께 약 수 ~ 수십 ㎛ 정도로 유기물질, 입자성 물질, 미생물 등이 풍부한 것으로 알려져 있지만, 정확한 상황은 아직 제대로 파악되어 있지 않다. 기체는 분자확산에 의해 이 박막을 통과 하여야만 한다.

박막층을 통한 대기와 해양이 접촉하고 있는 양상을 그림 1.16에 모식도로 나타내었다. 대기와 해양표층 모두 대류에 의해 상하로 잘 혼합되어 수직방향의 농도는 균일하다. 박막층 내부에서는 기체분자가 무작위로 움직여 대기에서 해양으로 또는 해양에서 대기로 분자확산 만으로 이동한다. 여기서 박막층 내부에 농도구배가 존재하는 경우에는 농도가 높은 곳에서 낮은 쪽으로 향하여 실질적인 기체의 플럭스가 발생한다.

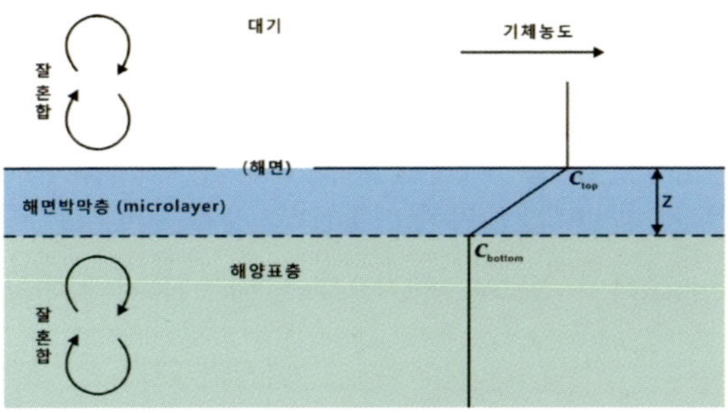

그림 1.16. 대기-해양 사이의 박막층(microlayer) 모델

박막층 상부의 기체농도를 C_{top}, 하부의 농도를 C_{bottom}으로 하고 박막 두께를 z라고 하면 해양으로부터 대기를 향해 박막층을 통과하는 기체 플럭스 F는 픽스법칙(Fick's law)에 의해

$$F = -K\frac{C_{top} - C_{bottoom}}{z} \tag{1.3}$$

으로 나타낼 수 있다($C_{bottom} < C_{top}$인 경우는 대기로부터 해양으로 플럭스가 발생한다). 여기서 K는 각 기체가 가지고 있는 특유의 상수(분자확산계수)이다. C_{bottom}은 표층수의 농도이며 실측이 가능하다. 또한 C_{top}은 대기의 기체농도(분압)와 표면수의 온도와 염분으로부터 용해도(포화평형값)를 이론적으로 산출할 수 있다(부록 참조).

자연 방사성 핵종인 라돈-222(^{222}Rn, 반감기 : 3.82일)가 해양에서 대기를 향해 일방적으로 비산되는 것을 이용하여 표층수의 ^{222}Rn 부족분(그림 6.6 참조)으로부터 박막 두께 z를 추정하는 방법이 있다. 대기-해양 사이의 기체교환 속도는 해면 풍속의 거의 제곱에 비례하여 증가하는 것이 풍동실험 등에서 밝혀져 있다. 이것은 풍속의 증가와 함께 z값이 작아져 기체가 박막 속을 통과하기 쉬워지기 때문이다.

6. 생물권

지구의 생물지구화학시스템 중 마지막으로 설명할 생물권(biosphere)은 지금까지 설명한 수권, 암석권 및 대기권과는 다르며 실질적인 부피를 가지는 공간은 아니다. 지구에 서식하는 생물과 생물체 유래의 유기물질을 모두 포함하여 생물권이라 부른다. 생물권은 수권 및 암석권과 오버랩(overlap)되어 있으며, 양적으로는 매우 작지만 대기권에도 걸쳐있다.

현대의 지구 생물권 규모와 생물권 내부에서 탄소순환 속도는 화석연료의 연소에 의해 대기로 방출된 CO_2가 앞으로 어떻게 거동할 것인지? 어느 정도 온실효과와 기후변화를 일으키는지 등 가까운 미래의 지구환경 문제와 크게 관련되어 있다. 생물권이 점점 커지고 있는지 작아지고 있는지를 밝히는 것은 해양지구화학 분야에 맡겨진 중요한 연구테마의 하나이다.

가. 대사과정

생명체와 무생물의 차이는 대사과정(metabolic process)의 동반 여부에 의해 구별된다. 대사과정이란 생물체 내부에서 진행되는 다양한 화학적 과정을 총칭하는 것으로 크게 2가지로 분류할 수 있다. 하나는 동화작용 또는 생합성으로 불리며 생물체가 스스로를 구성하는 생물분자를 만드는 합성반응이다. 나머지 하나는 이화작용(異化作用, catabolism)으로 불리는 유기물질의 분해반응으로 생존에 필요한 에너지를 획득하기 위한 것이다.

생합성(生合成, biosynthesis)에는 독립영양방식과 종속영양방식이 있다. 독립영양방식은 유기물(생물체)을 합성하기 위한 원료로 무기물질을 이용한다. 한편 종속영향방식은 독립영양생물에 의해 이미 합성된 유기물질을 섭취하여 이루어지는 생합성이다. 이러한 생합성을 진행시키기 위해서는 에너지가 필요하게 된다.

독립영양생물 중 녹색식물처럼 태양광으로부터 에너지를 얻는 것을 광합성 독립영양생물이라 부른다. 한편 특정 종류의 박테리아와 같이 화학반응에서 에너지를 얻는 것을 화학합성 독립영양생물이라 부른다. 종속영양생물은 그것에 필요로 하는 에너지를 이화작용에 의해 획득하기 때문에 독립영양생물과 같은 분류법에 따르면 화학합성 종속영양생물이 된다. 이들 생물의 분류와 그들이 대사과정에서 이용하고 있는 대표적인 화학반응을 표 1.2에 나타내었다.

나. 생물권의 화학조성

생물체에는 유기중합체(단순한 유기분자가 2개 또는 그 이상이 결합하여 만들어지는 대형분자)가 혼재하고 있다. 이것들은 표 1.3과 같이 탄수화물(당과 전분), 단백질, 지방, 리그닌 등으로 생물종에 따라 들어있는 비율이 서로 다르다(육상 생물권의 대부분은 수목이기 때문에 리그닌이 풍부하다). 이러한 화합물은 탄소, 수소, 산소, 질소 및 많은 미량원소를 다양한 비율로 함유하고 있다(그림 1.3).

지구규모의 생물지구화학적 순환에서 생물에 의한 다양한 과정을 화학적으로 표현할 때 생물체의 화학조성을 대표할 수 있는 화학식이 있으면 편리하다. 예를 들면 표 1.2에서 사용한 "CH_2O"가 있다. 이 C:H:O

= 1:2:1의 비율은 포도당(글루코스) 화학식 $C_6H_{12}O_6$와 같다. 글루코스는 녹색식물의 광합성 작용에서 가장 먼저 합성되는 화합물로 이것을 기반으로 다른 복잡한 분자를 중합하거나 합성한다. 또한 대부분의 화학합성 종속영양생물에서 글루코스는 소화과정의 최종생성물이다.

표 1.2. 자연에서 일어나는 대사과정의 정리(Chameides and Perdue(1997)[10])

영양방식	실제 사례	대사과정(반응)	깁스자유에너지 변화 (ΔG^0(kJ/mole C)
화학합성 독립영양	메탄박테리아	$CO_2+4H_2 \rightarrow CH_4+2H_2O$	-114
광합성 독립영양	홍색세균	$2CO_2+H_2S+2H_2O+h\nu \rightarrow 2``CH_2O"+H_2SO_4$	126
	녹색황세균 녹색식물	$CO_2+H_2O+h\nu \rightarrow ``CH_2O"+O_2$	478
화학합성 종속영양	발효박테리아	$2``CH_2O" \rightarrow CO_2+CH_4$	-70
	황산환원박테리아	$H_2SO_4+2``CH_2O" \rightarrow 2CO_2+H_2S+2H_2O$	-126
	탈질박테리아	$4HNO_3+5``CH_2O" \rightarrow 2N_2+5CO_2+7H_2O$	-397
	호기성세균	$``CH_2O"+O_2 \rightarrow CO_2+2H_2O$	-478

주 : "CH_2O"는 글루코스($C_6H_{12}O_6$)의 약식 표현으로 생물체의 화학조성을 근사적으로 나타내고 있다. ΔG^0값으로 보면 광합성 독립영양의 대사반응은 자발적으로 진행되지 않지만 실제로는 태양에너지($h\nu$)가 더해져 반응이 촉진된다.

그러나 "CH_2O"로 대표하는 것에는 문제도 나타난다. 생체 내에는 C, H, O의 3원소 이외에 다른 영양염 원소도 들어있기 때문이다. 특히 N(질소)과 P(인)가 중요하다. 1950년대부터 1960년대 초기에 걸쳐 알프레드 레드필드(Alfred Redfield)는 해양의 식물플랑크톤의 평균적인 C:N:P 비가 106:16:1인 것을 밝혔다. 이 비율을 레드필드 비(redfield ratio)라 하며 그 후 많은 연구자들에 의해 검증되어 현재는 보다 확실한 값인 117(±14):16(±1):1 로 되어 있다(제3장 참조).

표 1.3. 지구 생물체의 일반적인 화학조성(Chameides and Perdue (1997)[10] 인용)

생체내 물질	생물종				원소비		
	조류	박테리아	요각류	육상식물	H/C	O/C	N/C
탄수화물	30	40	2	45	1.67	0.83	0
단백질	40	50	75	5	1.54	0.38	0.27
지질	5	10	15	1	2	0.1	0
리그닌	0	0	0	20	1.1	0.37	0
미네랄(무기물)	25	0	8	29			
계(%)	100	100	100	100			

생물체는 또 다른 미량원소(철과 규소 등)를 추가로 함유하고 있다. 이들 원소의 생물지구화학적 순환을 명확하게 해결하면 앞으로 보다 상세하고 정확한 레드필드비가 밝혀질 것이다.

7. 지구시스템의 정리

지구표층이 4개의 주요한 하부시스템인 '권(subsystem)', 즉 암석권, 수권, 대기권 및 생물권으로 구성되어 있는 것과 이 4개의 권들 사이의 복잡한 상호작용이 지구의 화학원소를 유지하고 순환시키는데 극히 중요한 역할을 하고 있는 것을 이 책을 통하여 점차 알 수 있게 될 것이다. 각 하부시스템의 크기와 화학물질의 출입규모가 어느 정도인지 쉽게 상상할 수 있도록 표 1.4에 각 하부시스템의 질량과 물질플럭스 및 물질순환의 시간스케일을 정리하여 나타내었다.

18세기 산업혁명 이후 지구환경에 인류의 관여가 급속하게 증가하고 있다. 따라서 지구시스템에 '인간권'이라는 독립된 하부시스템을 추가하는 것(또는 '생물권'에서 '인간권'을 분리하는 것)이 지구시스템을 정확하게 이해하기 위해 필요하게 되었다. 이 점에 대해서는 제11장에서 다루도록 하겠다.

표 1.4. 지구시스템의 정리(Chameids and Perdue(1997)[10]를 수정). 육지와 바다의 순기초생산(NPP) 수치는 Eglington and Repeta(2006)[11]을 인용. 수치는 연구자에 따라서 다소 차이가 있기 때문에 대략적인 기준으로 생각할 것

권	파라미터	항목	크기	비고
대기권	대기의 질량	대기전체	5×10^{9} (Tg)	T : Tera (10^{12})
		대류권	4.5×10^{9} (Tg)	
	혼합의 시간 scale	북반구 또는 남반구내	~0.1 (년)	
		지구전체	~2 (년)	
수권	물의 질량	해양표층	1.1×10^{11} (Tg)	수심 300m까지
		해양심층	1.3×10^{12} (Tg)	
		해양전체	1.4×10^{12} (Tg)	
	물의 플럭스 (flux)	하천으로부터 해양으로 유입량	4.0×10^{7} (Tg/년)	
		강수량	3.9×10^{8} (Tg/년)	
		증발량	4.3×10^{8} (Tg/년)	
		해양표층과 심층사이의 교환량	7×10^{8} (Tg/년)	
	순환의 시간 scale	해양표층	~100 (년)	
		해양심층	~1,000 (년)	
암석권	고체의 질량	대륙지각	2×10^{13} (Tg)	
		토양	2×10^{8} (Tg)	
		해양지각	7×10^{12} (Tg)	
		해저퇴적물	2×10^{12} (Tg)	
	플럭스(flux)	대륙의 풍화속도	2×10^{4} (Tg/년)	
		해저로의 퇴적속도	2×10^{4} (Tg/년)	
	순환의 시간 scale	토양	$\sim10^{4}$ (년)	
		해저퇴적물	$\sim10^{8}$ (년)	
		대류지각	$\sim10^{9}$ (년)	
생물권	생물의 질량	살아있는 생물체(대륙)	8.3×10^{5} (Tg탄소)	
		살아있는 생물체(해양)	1.8×10^{3} (Tg탄소)	
		죽은 생물체(대륙)	1.5×10^{6} (Tg탄소)	
		죽은 생물체(해양)	3×10^{6} (Tg탄소)	
		생물권 전체	5×10^{6} (Tg탄소)	
	순기초생산 (NPP)	육상 생물권	6×10^{4} (Tg탄소/년)	NPP : Net Primary Production (제3장 참조)
		해양표층 생물권	5×10^{4} (Tg탄소/년)	
		생물권 전체	11×10^{4} (Tg탄소/년)	
	순환의 시간 scale	살아있는 생물체(대륙)	~10 (년)	
		살아있는 생물체(해양)	~0.03 (년)	
		죽은 생물체(대륙)	~30 (년)	
		죽은 생물체(해양)	~75 (년)	

칼럼 1

머린스노(marine snow)

미세한 해양생물의 사체와 배설물 등 유기물질은 중력에 의해 해저로 가라앉는다. 무겁고 큰 입자일수록 빠르게 해저로 침강한다. 잠수정의 창을 통해 캄캄한 해수 속을 라이트로 비추면 이러한 침강입자가 함박눈이 휘날리면서 떨어지는 것처럼 보인다는 것에서 머린스노(marine snow)라고 불리게 되었다.

전 세계 해양학자들에게 익숙한 머린스노라는 용어가 최초로 등장하는 학술논문은 2차 세계대전 이후에 발표되었다. 즉 1952년 10~11월에 홋카이도(北海道)대학 수산학부의 실습선 '오쇼로마루'에서 내려진 잠수정 '구로시오호'(수심 200 m까지 잠수 가능)에 승선한 가토 켄지(加藤 健司) 조교수는 츠가루(津軽)해협, 무츠(陸奥)만 및 가고시마(鹿児島)만에 잠항하여 바다 속에 흩날리는 아름다운 바다의 눈에 강한 흥미를 느꼈다. 그리고 다음해 발행된 홋카이도대학 수산학부 연구휘보(4권 2호)에 상사인 스즈키 노보르(鈴木 昇)교수와 함께 "Studies on Suspended Materials *Marine Snow* in the Sea : Part Ⅰ. Sources of *Marine Snow*"란 논문을 발표하였다. 발표 이후 머린스노가 해양의 수직방향 물질수송에 담당하는 중요한 역할이 해명됨에 따라 국제적인 학술용어로 정착되었다.

머린스노를 채취하기 위해 세디멘트 트랩(침강입자포집기, sediment trap)라는 해양관측 장비가 있다. 미국 우즈홀 해양연구소(Woods Hole Oceanographic Institution)의 혼죠 스스무(本庄 丞)박사에 의해 고안된 것으로 거대한 깔때기를 개구부가 위로 향하게 하여 바다 속에 계류하여 떨어지는 입자물질을 포집하는 것이다. 깔때기 아래쪽에는 여러 개의 시료회수용 용기가 배열되어 있어 미리 설정한 시간이 경과하면 용기가 자동적으로 다음 용기로 바뀌어 시계열(time scale) 시료를 포집할 수 있는 구조로 되어있다.

02

해수의 화학조성

1. 물의 물리화학적 성질
2. 해수의 염분과 화학조성
3. 용존물질과 입자성 물질
4. 해양관측

제 2 장

해수의 화학조성

1. 물의 물리화학적 성질

지구는 '물의 행성'이라고 한다. 그러나 우리가 일상생활에서 사용하는 호수와 늪 및 하천의 담수는 지구에 존재하는 물 전체에서 불과 0.01% 밖에 되지 않는다(표 2.1). 지구의 물 중 약 2%는 얼음으로, 97%는 해수로 존재한다. 이 장에서 해수에 대한 기본적인 내용을 살펴보자.

표 2.1, 지구에서* 물의 분포(Berner and Berner(1987)[1)] 인용)

저장소	부피(10^6 ㎦)	비율(%)
해양	1370	97.25
얼음	29	2.05
지하수	9.5	0.68
호소	0.125	0.01
대기	0.013	0.001
하천	0.0017	0.0001
생물	0.0006	0.00001
합계	1408.64	99.98

*해저퇴적물의 간극수, 해저 지각 속 유체 및 암석권의 물은 포함 되어 있지 않음.

물(水, water)은 수소원자 2개와 산소원자 1개로 이루어진 분자이다. 물은 우리에게 너무나도 익숙한 액체이지만 실제로는 매우 특수한 분자이다. 그림 2.1에 물의 분자구조를 나타내었다. 일반적으로 서로 다른 원자사이에 있는 공유전자대는 전기음성도가 더 큰 원자 쪽으로 끌린다. 물에서 산소원자는 전자를 끌어 당기기 때문에 약간 음(-) 전하를 띠며, 반대로 수소원자는 약간 양(+) 전하를 띤다. 즉 극성을 가지는 결합을 한다. 만약 이 극성이 있는 결합이 대칭으로 배치되어 있다면 극성이 상쇄되어 전체적으로는 극성을 가지지 않는 분자가 된다. 그러나 물은 수소원자 2개가 약 104.5°의 각도로 산소와 결합되어 있기 때문에(그림 2.1) 전체적으로 극성을 가지는 분자(극성분자)가 되었다.

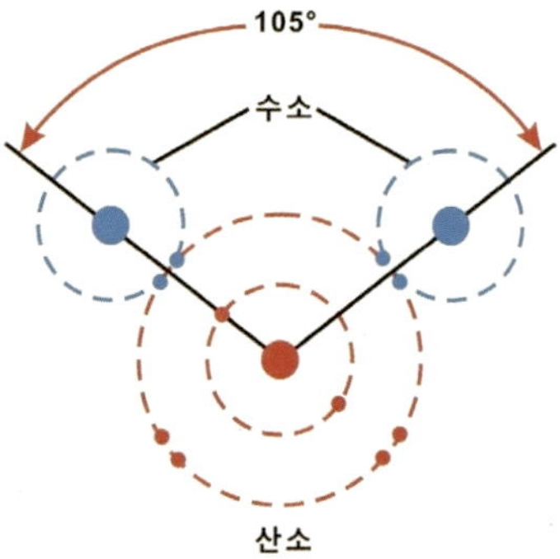

그림 2.1. 물의 분자구조 (Paul R. Pinet/도쿄(東京)대학 해양연구소(2010)[2]을 수정), 큰 점은 원자핵, 작은 점은 전자를 나타냄.

물(H_2O)과 비교하기 위하여 산소와 같은 제16족 원소인 황(S), 셀레늄(Se), Te(텔루륨)과 수소 2개가 결합된 분자에 대해 끓는점과 녹는점을 나타내었다(그림 2.2). 판데르발스힘(van der Waals force) 등 일반적으로 분자 사이에 작용하는 힘은 분자량이 커질수록 강해진다. 이 때문에 황화수소(H_2S), 셀레늄화수소((H_2Se), 텔누륨화수소(H_2Te)의 순서로 끓는점과 녹는점이 높아진다. 그러나 물은 다른 무거운 분자에 비해 분자 사이의 결합이 강하고, 끓는점과 녹는점도 높다.

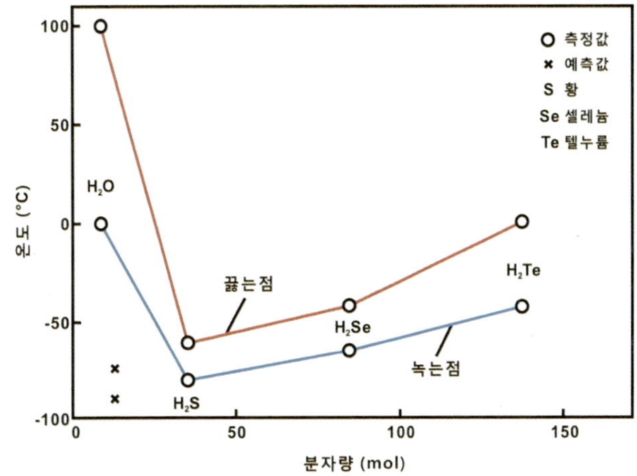

그림 2.2. 물, 황화수소, 셀레늄화수소, 텔누륨화수소의 끓는점과 녹는점(Paul R. Pinet/도쿄대학 해양연구소(2010)[2])을 수정).

물은 전기음성도가 큰 산소원자와 수소원자가 결합하고 있기 때문에 전자가 산소원자 쪽으로 이동하여 수소원자는 그 주변에 전자각을 하나도 가지지 못하는 프로톤(H^+, 양성자)에 가까운 상태가 된다. 이 수소원자가 (-) 전하를 띤 산소원자를 끌어당기기 때문에 분자사이의 힘이 강하다. 수소와 전기음성도가 큰 원자(O, F, N 등)가 결합하여 일어나는 분자 사이의 힘에 의한 결합은 「수소결합」이라고 하며, 그 결합력은 판데르발스힘 등 분자사이의 힘보다도 훨씬 강하다. 지구에서 물이 고체(얼음), 액체(물), 기체(수증기)라는 3 종류의 형태를 가지는 것은 이러한 화학적 성질 때문이다.

물의 밀도는 온도가 낮아질수록 커지지만 그림 2.3과 같이 밀도가 최대가 되는 온도는 약 4℃ (3.98℃)이다. 그리고 4℃ 이하에서는 온도가 낮아질수록 밀도가 작아진다. 이 때문에 담수가 냉각되면 일반적으로 4℃ 물이 침강하고, 표층에는 4℃ 보다도 낮은 물이 남아 점점 얼기 시작한다. 물과 얼음의 밀도를 비교하면 얼음이 밀도가 낮기 때문에 얼음은 물에 뜬다. 그림 2.1과 같은 구조를 가진 분자는 저온에서 수소원자와 산소원자가 서로 가까워져 전기가 흐르지 않는 안정된 구조를 유지하려고 한다. 이와 같은 안정된 구조가 형성되면 원자 사이에는 틈새가 만들어져 밀도는 작아진다. 그리고 고체가 될 때에는 특히 틈새가 많은 구조를 가지게 된다. 액체는 분자가 어느 정도 자유롭게 움직일 수 있기 때문에 제약이 약해져서, 4℃까지는 조밀한 형태가 될 수 있다.

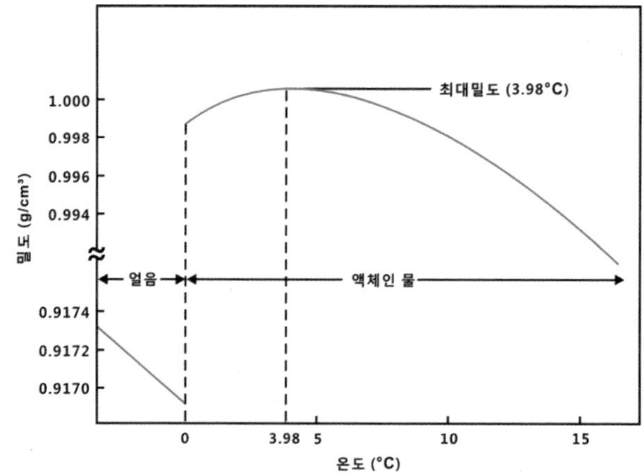

그림 2.3. 온도 변화에 따른 물의 밀도변화(Paul R. Pinet/도쿄대학 해양연구소(2010)[2]을 수정).

물은 물질을 녹인다는 측면에서도 독특한 성질을 가진다. 모든 용액에서 물질을 녹이는 액체를 용매, 녹아 있는 물질을 용질이라 한다. 해수에서 물은 용매의 역할을 한다. 용매는 그 분자의 성질에 따라 무극성 용매와 극성 용매로 나누어진다. 일반적으로 극성분자에서 (+)전하의 극과 (-)전하의 극이 멀어질수록 쌍극자 모멘트가 커진다. 물은 큰 쌍극자 모멘트를 가진 대표적인 극성용매의 하나이다. 극성을 가진 용매는 극성을 가진 용질을 녹이기 쉽기 때문에 극성이 높은 물 분자는 이온결합한 결정에 쉽게 배위된다(수화). 다양한 무기염류가 쉽게 물에 용해되는 것은 극성용매인 물의 성질이 해수에 반영되어 있기 때문이다.

2. 해수의 염분과 화학조성

가. 주요원소

해수에는 다양한 원소가 존재한다. 이 중 농도가 높은 11개의 원소를 '주요원소(major elements)'라고 하고 있다(표 1.1 참조). 농도가 1 ppm (part per million, 즉 10^{-6}. 예를 들어 1 ㎏의 해수에 1 ㎎ 존재) 이상 존재하는 것이다. 주요원소 이외의 1 ppm 이하로 존재하는 원소는 미량원소라고 한다. 농도가 1 ppm 이하이면서 1 ppb (part per billion, 즉 10^{-9}. 예를 들어 1 ㎏의 해수에 1 ㎍ 존재) 이상 존재하는 원소를 minor elements, 1 ppb 이하의 원소를 trace elements로 부르기도 하지만, 일반적으로 주요원소 이외의 원소를 미량원소(trace elements)라고 한다.

해양에서 주요원소의 조성비는 거의 일정한 것으로 알려져 있다. 해수의 주요원소 조성비가 일정한 이유를 이해하기 위해서는 해양에서 원소의 거동에 대한 시간 스케일을 이해할 필요가 있다. 여기에 흔히 이용되는 것이 제1장에서 설명한 평균체류시간이다(표 1.1 참조). 제1장에서 설명한 것처럼 주요원소는 모두 긴 체류시간을 가지고 있으며, 해양에서 매우 균일하게 분포하고 있다.

나. 염분과 염소량

주요원소의 조성비가 전 세계적으로 거의 일정하다면 주요원소를 일괄적(하나로 묶어서)으로 취급하는 것은 비교적 간단하다. 여기서 범용적으로 사용되는 개념이 해수의 '염분(salinity)'이다. 이 염분이라는 용어는 오래전부터 사용되어 왔지만 이 용어의 정의는 다양한 변천을 거쳐 현재에 이르렀다. 그러한 변천과 현재의 상황을 간단히 설명한다.

해수의 염분은 고전적으로는 해수 1 ㎏에 들어있는 고형염류의 총량으로 정의하였다. 그러나 해수를 증발건조 시켜서 그 중량을 측정하는 방법으로는 정밀도가 높은 값을 얻을 수 없었다. 따라서 주요원소 조성비가 전 세계에서 거의 일정하다고 가정하는 내용이 성립하면 주요원소 하나를 정확하게 측정하면 염분을 간접적으로 계산 할 수 있게 된다.

해수에 가장 많은 양으로 존재하는 염화물이온에 은 이온을 첨가하여 염화은 침전을 만들면 비교적 간단하게 염소량을 측정할 수 있다(은 적정). 이 때문에 주요원소 조성이 일정하다는 가정에서 해수의 염소량(chlorinity)을 '해수 1 ㎏에 들어있는 염소, 브롬, 요오드의 총량을 g으로 나타낸 것, 다만 브롬과 요오드는 염소로 치환 한 것으로 한다'라고 정의하여, 이 염소량 값에서 염분으로 환산하였다. 이 방법은 오랫동안 사용되어 왔지만 1960년대 이후는 전기전도도(conductivity)를 측정하여 보다 정밀한 염분의 측정이 가능하게 되면서, 거의 사용하지 않고 있다.

다. 실용염분

해수의 전기전도도를 측정하는 기술이 향상되어 점점 측정 정밀도가 높아졌다. 그러나 높은 정밀도의 측정값으로 얻어진 해수의 주요 원소비가 일정하다는 전제에 맞지 않게 되어 전기전도도를 해수의 주요 원소량과 연결할 수 없게 되었다. 따라서 1978년 유네스코(국제연합 교육과학문화기구, UNESCO)에서 전기전도도를 이용한 새로운 '실용염분(practical salinity, S_P)'이 제안되어 1981년부터 사용되었다(PSS 1978). 실용염분은 '1㎏에 32.4356g의 염화칼륨을 포함하는 용액과 15℃, 1기압에서 전기전도도가 같은 해수의 염분을 35로 함'으로 정의되어 해수의 주요원소와 직접적인 관계가 없는 것으로 단위가 없는 값이다. 그러나 일반적으로는 절대염분과 구분하여 실용염분단위(practical salinity unit, psu)를 붙여 사용하기도 한다.

실용염분을 정의하는 식은 다음과 같다. K_5=(해수시료의 전기전도도)/(표준 염화칼륨 용액)의 전기전도도라고 하면, 실용염분 S_P는

$$S_P = 0.0080 - 0.1692K_{15}^{\frac{1}{2}} + 25.3851K_{15} + 14.0941K_{15}^{\frac{3}{2}} - 7.0261K_{15}^{2} + 2.7081K_{15}^{\frac{5}{2}} \quad (2.1)$$

가 된다. 이 식은 2〈S_P〈42의 범위에서 적용가능하다[3].

한편 기존의 해수 용존물질량을 나타내는 염분은 '절대염분(absolute salinity, S_A)'이라 하여 서로 구별하였다. 실용염분은 비교적 쉽게 높은 정밀도로 측정할 수 있기 때문에 현재에도 널리 사용되고 있다.

라. 절대염분

실용염분은 널리 사용되고 있지만 절대염분과의 사이에 차이가 있는 것도 알려져 있다. 그 외에도 실용염분은 몇 가지 문제점이 있었다. 예를 들어 실용염분은 국제단위계(SI단위계)가 아닌 해양학에서만 사용되는 특수한 값인 것이다. 또한 전기전도도를 변화시키지 않는 물질이 해수에 용해되어 있는 경우 전기전도도가 변하지 않은 채 밀도만 변하게 된다.

이러한 문제는 절대염분을 사용하여 해소할 수 있다. 염분뿐만 아니라 또 다른 해수 특성 (밀도, 음속, 열용량 등)을 열역학적으로 모순되는 점을 방지하기 위해 2009년 유네스코 정부간해양학위원회(Intergovernmental Oceanographic Commission: IOC)에서 새로운 해수의 상태방정식 TEOS-10 (thermodynamic equation of seawater 2010, TEOS-10)이 제안되어 승인되었다. TEOS-10은 아주 복잡하기 때문에 이 책에서는 취급하지 않지만 그 전체 내용은 웹사이트에서 확인 할 수 있다[4]. 간단한 해설도 웹사이트에 게재되어 있으며[5], 일본어로 된 해설도 있다[6]. 여기서는 간단하게 염분에 관한 요점만을 설명하겠다.

TEOS-10에서 사용되는 염분은 '절대염분(S_A)'이다. 그러나 실용염분(S_P)」은 이전과 다름없이 사용되고 있으며 기본적으로 염분 측정값은 실용염분으로 기록하는 것이 요구되고 있다[5]. 여기서 중요한 점은 양쪽을 엄밀하게 구별하여 어느 쪽을 사용하였는지를 명확하게 기재하는 것이다.

실용염분에서 몇 단계를 거쳐 절대염분을 산출할 수 있다. 우선 $2 < S_P < 42$, $-2℃ < t < 35℃$의 범위이면 '참조성분 염분(reference composition salinity, S_R)'을

$$S_R\,(g/kg) = \left(\frac{35.16504}{35}\right) \times S_P \tag{2.2}$$

로 근사시킬 수 있다. 정밀하게 성분을 조제한 인공해수(IAPSO의 표준해수와 조성이 유사함)를 기준으로 S_R이 정의되어 있기 때문에 단위는 중량비율로 되어 있다. 다만 실제 해수의 화학조성은 탄산염계 인자, 영양염, 칼슘 등의 영향에 의해 변하기 때문에 이 인공해수의 조성과는 일치하지 않기에 보정이 필요하다. 그 보정값을 δS_A라고하면 $S_A = S_R + \delta S_A$가 된다.

δS_A를 보정하는 방법이 몇 가지 제안되어 있지만(예를 들어 McDougall et al.(2012)[7]) 현 시점에서는 논의의 여지가 남아 있다. 해수에서 규산은 주로 $Si(OH)_4$의 형태로 존재하며 전기전도도를 변화시키지 않는 용존물질이다. 규산의 농도가 높아지는 태평양 심층의 δS_A 값이 높아지는 것으로부터 규산이 δS_A 값에 큰 영향을 미치고 있다는 것을 예상할 수 있다.

현시점에서 실용염분이 측정하기 쉽고 범용성이 높기 때문에 해양관측 현장에서는 계속 사용될 것이다. 절대염분은 계산방법에 논의의 여지가 있기 때문에 앞으로도 동향을 살펴볼 필요가 있다. 그러나 절대염분이 화학의 입장에서는 이해하기 쉬운 개념이기 때문에 그 중요성은 변하지 않을 것이다.

마. 해수밀도

제1장에서 설명한 것처럼 해수밀도(seawater density)는 해양의 순환 및 구조에 크게 연계되어 있다. 특히 해양의 심층 순환은 밀도가 큰 수괴(water mass) 형성이 구동력이 된다(그림 1.8 참조). 또한 해양의 수직구조는 해수의 밀도 차이에 의해 지배되며 밀도약층(pycnocline)의 존재가 물질순환에도 관여하고 있다. 밀도약층이란 제1장에서 설명한 수온약층과 마찬가지로 해양표층 아래쪽에 존재하며 수심 변화에 대해 밀도가 급격하게 변화하는 층이다. 예를 들어 표층에 밀도가 매우 작은 해수가 존재하여 성층구조가 강해지면 해수의 수직방향 순환은 방해를 받는다. 그 결과 심층으로 산소 공급이 제한되어 무산소층이 형성되기 쉬워진다.

해수밀도는 주로 수온과 염분에 의해 결정된다. 여기에 1978년 UNESCO에서 정의된 1기압(p=0)에서 해수의 밀도 ρ (kg/m³)를 계산하기 위한 식을 다음과 같이 나타내었다. 염분 S_P와 온도 t (℃)에 대해

$$\begin{aligned}\rho(S_p,t,0) = \rho_w &+ (8.24493\times10^{-1} - 4.0899\times10^{-3}t + 7.6438\times10^{-5}t^2 \\ &- 8.2467\times10^{-7}t^3 + 5.3875\times10^{-9}t^3 + 5.3875\times10^{-9}t^4)S_p \\ &+ (-5.72466\times10^{-3} + 1.0227\times10^{-4}t - 1.6546\times10^{-6}t^2)S_p^{\frac{3}{2}} \\ &+ 4.8314\times10^{-4}S_p^2\end{aligned} \quad (2.3)$$

라는 관계가 성립된다[8]. 여기서 ρ_W는 순수한 물의 밀도이며,

$$\begin{aligned}\rho_w = 999.842594 &+ 6.793952\times10^{-2}t - 9.095290\times10^{-3}t^2 + 1.001685\times10^{-4}t^3 \\ &- 1.120083\times10^{-6}t^4 + 6.536332\times10^{-9}t^5\end{aligned} \quad (2.4)$$

가 된다. $\rho(S_P,\ t,\ 0)$는 $0 < S_P < 42$, $-2 < t < 40$℃의 범위에서 적용가능하다[6]. 절대 염분에 기반을 둔 해수의 밀도는 더욱 복잡하다[2].

바. 염분변화

해수의 염분변화는 일부 환경요인에 기인한다. 표층 해수의 염분은 주로 해양에서 물의 증발량과 강우량의 균형에 의해 결정된다. 물의 증발량이 큰 해역에서 표층수의 염분은 높게 된다. 예를 들어 건조지대로 둘러싸인 지중해 동부의 표층수는 염분이 39를 넘는 경우가 있다. 게다가 홍해와 페르시아만에는 표층수의 염분 40을 넘는 곳도 있다. 따라서 이러한 해역에서는 고염분 및 고밀도 해수가 생성되어 심층수의 기원이 된다. 북대서양 동부에서는 고염분인 지중해 기원수(Mediterranean water)가 북대서양 심층수(North Atlantic deep water)에 영향을 미치고 있다. 한편 북인도양에서는 홍해 기원수(Red Sea water) 및 페르시아만 기원수(Persian Gulf water)가 심층수 순환에 영향을 미치고 있다.

외양역과는 달리 반폐쇄계 해역에서는 해수에서 물이 증발되면 염분이 아주 높은 브라인(brine)이 형성된다. 증발이 더 진행되어 염의 포화량을 초과하면 고체 염이 석출된다. 우선 탄산염(돌로마이트〈$CaMg(CO_3)_2$〉 등)이 석출되고, 다음으로 황산나트륨(Na_2SO_4)이 석출되는 것으로 알려져 있다. 증발이 더욱 진행되면 염화나트륨(NaCl)이 석출되고 이들 염은 증발암(evaporite)을 구성하는 광물이 된다.

한편 해수가 저온이 되면 고농도의 염을 함유하는 해수에서 어는점 강하가 일어난다. 이러한 염분과 어는점의 관계를 그림 2.4에 나타내었다. 또한 각 염분에서 최대밀도가 되는 온도도 그림 2.4에 나타내었다. 앞서 설명한 것과 같이 염분이 들어있지 않은 물에서 최대 밀도가 되는 온도는 약 4℃이다. 그러나 염분이 높아질수록 최대 밀도가 되는 온도는 낮아져서 염분 24.63에서 어는점과 일치하게 된다(-1.3℃). 이보다 높은 염분을 가진 물은 어는점 근처에서 밀도가 가장 높아진다. 염분 35인 해수의 어는점은 -1.9℃이기 때문에 이 염분에서는 어는점의 온도에서 밀도가 가장 높아진다.

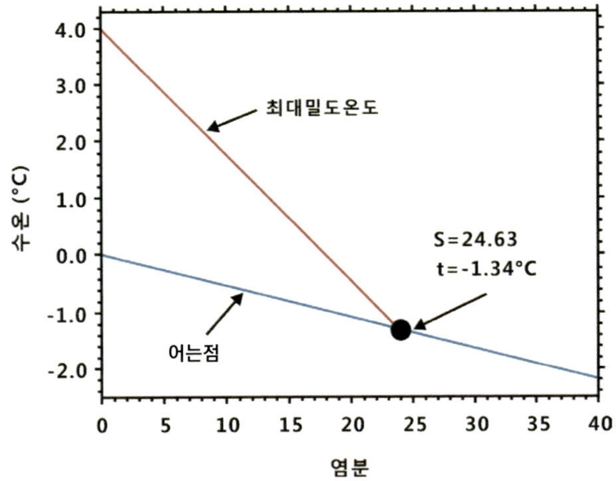

그림 2.4. 해수의 최대밀도와 어는점에 대한 염분의 효과(Pilson(2013)[9]을 수정).

해수가 어는점 보다 저온이 되면 해빙이 생성된다. 해수가 얼 때는 염을 포함하지 않는 순수한 물 부분이 먼저 얼고 남은 해수에 염이 농축된다. 이렇게 얼음으로부터 빠져 나온 물이 브라인이 된다. 온도가 더 내려가면 염이 고체로 석출된다. -2.2℃에서 탄산칼슘($CaCO_3$), -8.2℃에서 Na_2SO_4, -23℃에서 NaCl이 석출된다[10].

해빙의 생성과정에서 얼음, 고체상태의 염, 브라인(brine)과 같이 3개의 상(phase)이 불균일하게 나타나기 때문에 그 조성을 관측하여 살펴보는 것은 어렵지만 실험실에서의 주성분 조성은 모델화되어 있다(그림 2.5). 해빙에서 만들어지는 저온, 고염분의 브라인은 밀도가 매우 높기 때문에 극해역에서 심층수 형성에 기여하는 것으로 생각된다.

3. 용존물질과 입자성 물질

해수의 화학성분은 크게 용존물질(dissolved material)과 입자성 물질(particulate material)로 나눌 수 있다. 해양지구화학에서의 정의는 어디

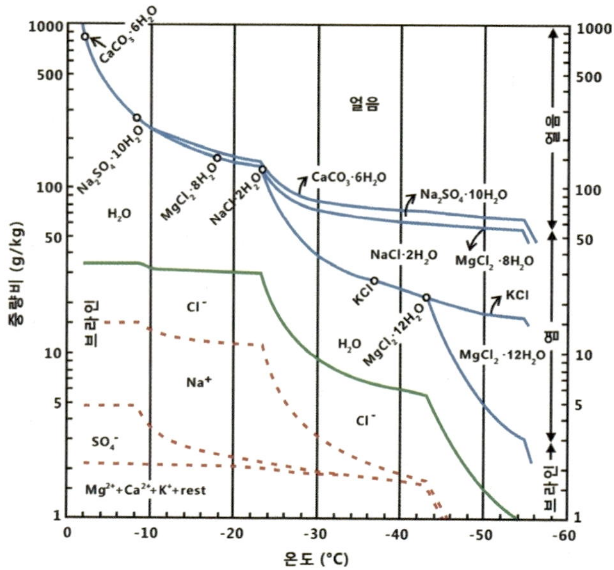

그림 2.5. 저온에서 해수의 상태변화(Hunkel et al.(2011)[10]을 수정).

까지나 실험조작(예를 들어 여과 등)에 의해 분리 할 수 있는 부분을 말한다. 일반적으로는 0.2 ~ 0.6 ㎛ 정도의 공경을 가진 필터를 통과한 해수에 들어 있는 물질을 용존물질로 하고, 필터를 통과하지 못한 물질을 입자성 물질이라 부른다.

가. 해수 중의 입자

해수 중의 입자를 크기별로 나눈 경우의 개념적인 분포를 그림 2.6에 나타내었다. 실제 해양에서 얻어지는 입자는 성질에 따라 크게 2 종류로 나눌 수 있다. 하나는 미세한 입자성 물질(fine particulate material)이며, 나머지 하나는 조립한 입자성 물질 (coarse particulate material)이다. 전자는 5 ㎛ 정도의 입경에서 피크를 나타내며 비교적 오랜 기간 해수에서 부유하지만 후자는 50 ㎛ 정도의 입경에서 피크를 나타내는 큰 입자로 스스로 중력에 의해 빠르게 침강한다. 전자는 주로 해수를 채취하여 여과하면 얻을 수 있다. 이러한 채취방법으로 포집되는 입자를 여기서는 현탁입자(suspended particle)로 명명하여 설명한다. 후자는 주로 세디멘트 트랩(sediment trap)라고 하는 깔대기 또는 원통형태의 포집기(칼럼 1 참조)를 해양에 설치하여 침강하는 입자를 포집한다. 이렇게 포집된 입자를 침강입자(settling particle 또는 sinking particle)라고 한다.

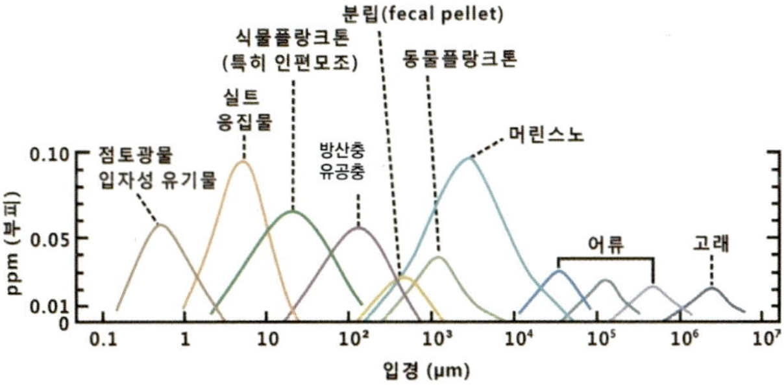

그림 2.6. 해양에서 입자크기와 존재량(Chester(2000)[11])을 수정).

입자는 생성과정으로도 분류할 수 있다. 우선 외부로부터 공급된 입자와 해양내부에서 생성된 입자로 나눌 수 있다. 전자의 대표적인 것은 대륙으로부터 운반된 점토광물 등의 석질입자(lithogenic particle)이다. 이것들은 대륙의 풍화에 의해 육상에서 생성되어 하천을 통해 주로 유입된다. 하천으로부터 유입되는 입자의 양은 많지만 대부분이 하구역에서 침강되어 버리기 때문에 장거리 운반에는 오히려 대기를 경유하여 운반되는 에어로졸이 기여하고 있다는 것이 알려져 있다. 빙하가 이동할 때 대륙을 깎아 내어 생성되는 입자가 포함되어 있는 해역도 있다. 해양내부에서 생성되는 입자에는 생물기원입자(biogenic particle), 해성기원입자(hydrogenic particle)가 있고, 생물기원입자에는 유기물, 탄산염, 생물기원 규소(biogenic silica) 등이 포함된다.

생물기원 유기물 입자에 대해서는 제5장에 상세하게 기술되어 있다. 탄산염은 주로 인편모조류, 부유성 유공충, 익족류가 가지고 있는 탄산칼슘 각이 기원이며 방해석(calcite)으로 구성되는 경우가 많지만 일부는 아라고나이트(aragonite)의 각이 들어있는 경우도 있다. 생물기원 규소는 주로 규조류(diatoms)가 가진 각이 기원이다. 특히 남극해 등 생물생산이 높은 해역에서는 식물플랑크톤 중에서 규조류가 탁월하며 생물기원 규소도 많이 생산되고 있다. 방산충(radiolaria)도 규산각을 가진 동물플랑크톤이다.

해성기원 입자에는 하구역에서 응집에 의해 입자화 된 물질, 열수역에서 생성된 철, 망간산화물 등이 포함된다.

지금까지 외양역에서 채취된 현탁물질의 분포를 개념적으로 나타낸 것이 그림 2.7이다. 현탁물질은 표층에 많이 존재하며 중층으로 갈수록 감소한다. 생물기원 입자의 대부분은 유광층에서 생산되지만 최종적으로는 침강하여 분해 및 용해된다. 한편 저층에서 다시 입자가 증가하는 경향도 자주 관측된다. 해저부근에서 관측되는 저탁류(底濁流, bottom turbidity current)에 의해 퇴적물의 재부유에 의한 영향으로 생각된다. 그러나 저층에서의 재부유는 정상적으로 일어나는 현상은 아니며 공간적, 시간적 변화가 큰 것이 알려져 있다. 그림 2.7은 입자의 수직분포를 개념적으로 나타내고 있으며 외양역에서 항상 이와 같은 분포가 관측되는 것은 아니다. 대륙붕 퇴적물의 수평이동과 해저열수활동이 활발한 해역에서는 중층에 입자성물질의 극대값이 나타나는 경우도 있다.

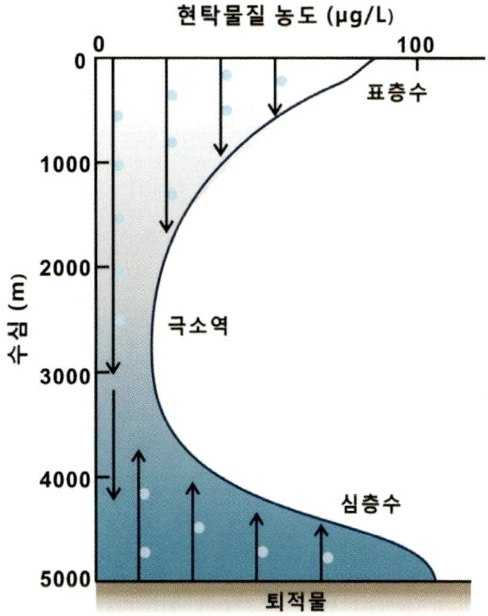

그림 2.7. 해양 현탁입자의 수직분포 (Chester(2000)[11]을 수정).

나. 용존물질과 콜로이드 입자

필터를 통과한 해수에 들어있는 물질을 편의적으로 용존물질이라 부르지만 이 안에는 콜로이드 입자(colloidal particle)도 많이 포함되어 있다. 예를 들어 태평양 해수에는 입경 0.4 ~ 1.0 ㎛의 콜로이드 입자가 존재하며 그 대부분이 비생물 입자였다[12]. 한편 입경 5 ~ 200 ㎚의 콜로이드 입자가 북태평양, 북대서양, 남극해 등의 해수에서 검출되고 있다[13,14]. 이들 대부분은 유기물이지만 퇴적물의 재부유에 의한 현탁입자도 포함되어 있다. 이 콜로이드 입자와 미소생물(바이러스와 박테리아 등)의 크기 비교를 그림 2.8에 나타내었다. 또한 해수의 철도 용존성 부분(〈0.2 ㎛)에 콜로이드 입자성 철(0.03 ㎛ 〈 d 〈 0.2 ㎛)이 많이 포함되어 있는 것이 밝혀졌다[15,16].

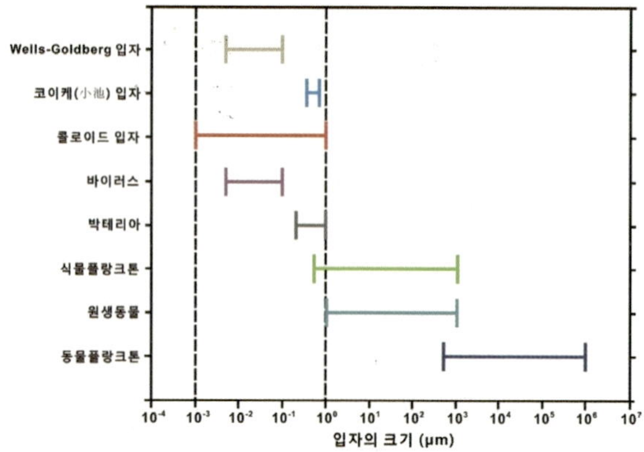

그림 2.8. 해양에서 콜로이드 입자와 미생물 크기의 분포(Nagata and Kirchman(1997)[18]을 수정).

다만 이 콜로이드 입자와 해수에 녹아 있는 진정(true) 용존물질은 각각 독립적으로 존재하는 것은 아니다. 해수 콜로이드 입자의 거동은 해수의 토륨 동위원소(^{234}Th, ^{230}Th 등)를 추적자(tracer)로 이용한 연구가 계속되고 있다(예를 들어 Anderson (2003)[17]). 그 결과 콜로이드 입자가 응집(aggregation), 붕괴(disaggregation) 및 분해(degradation) 등의 과정을 반복하면서 해수로부터 제거되는 과정이 밝혀지고 있다(그림 2.9).

진정(true) 용존물질과 콜로이드 입자와의 상호작용(흡착 및 탈착)은 다양한 용존물질(미량금속원소 및 유기물 등)의 거동을 해명하기 위해 중요하다. 용존물질-콜로이드 입자-현탁입자의 상호작용은 앞으로 중요한 연구과제의 하나이다.

4. 해양관측

해수의 화학조성 연구는 직접 해양관측을 하는 것이 첫걸음이다. 해양지구화학은 해수의 다양한 성분을 측정하고 그 데이터를 기반으로 논의해온 형태로 발전해 왔기 때문에 신뢰할 수 있는 관측을 계획적으로 실시하는 것이 중요하다. 다양한 관측기기의 발전에 의해 다양한 형태의 관측이 실현되고 있지만, 여기서는 가장 기본적인 관측에 대해 기술한다.

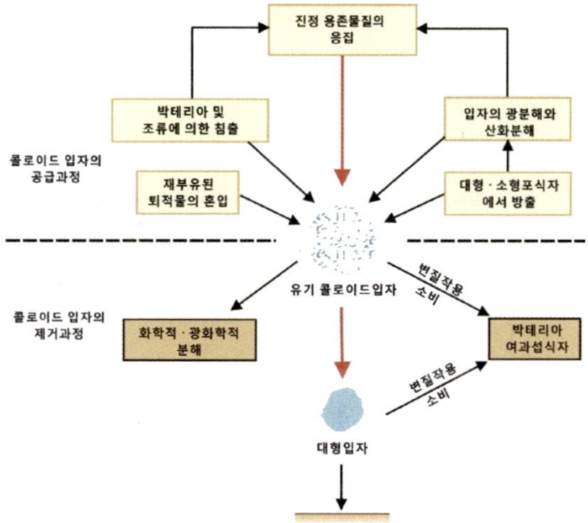

그림 2.9. 해양에서 콜로이드 입자의 거동(Wells and Goldberg(2011)[19]을 수정).

가. 센서를 이용한 해양관측

해양관측의 가장 기본적인 항목은 수온(T)과 염분(S)이다. 2장 2절 다항에서 설명한 것과 같이 해수의 밀도는 수온과 염분에 의해 결정된다. 또한 수괴(水塊, water mass)의 식별에는 T-S 다이아그램(T-S diagram)이 이용된다(그림 2.10). 이 다이아그램의 수온과 염분의 연속데이터는 센서에 의해 얻어진 것이다.

현재 해양관측에서 수온과 염분의 데이터는 일반적으로 CTD(conduc-tivity, temperature, depth) 센서를 이용하여 측정된다. 이 센서는 전기전도도, 수온, 압력을 동시에 연속적으로 측정할 수 있고, 그 측정값으로부터 수심에 따른 염분과 수온을 계산할 수 있다.

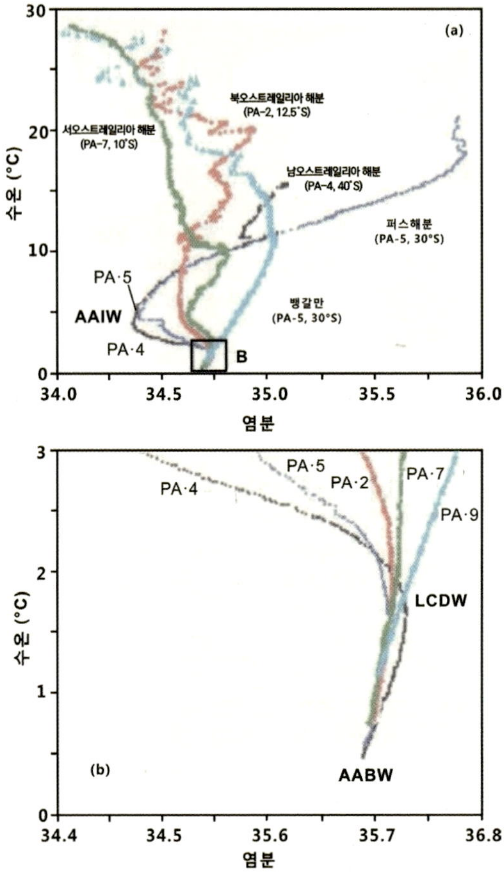

그림 2.10. 인도양 동부(9°N~40°S)의 T-S 다이아그램, AAIW: Atlantic Intermediate Water, LCDW: Lower Circumpolar Deep Water, AABW: Antarctic Bottom Water, (Obata et al. (2004)[20]를 수정).

센서를 이용하는 해양관측의 장점은 연속적으로 많은 수의 측정값을 얻을 수 있는 것이다. 그리고 최근 센서의 정밀도(precision)가 향상되어 측정값에 대한 신뢰도 커지고 있다. 정밀도라는 것은 측정값의 재현성을 의미하며, 반복 측정하여 얻어진 측정값 사이의 일치하는 정도를 말한다. 그러나 정밀도가 좋은 측정값이 아무리 많이 얻어지더라도 '정확도(accuracy)'가 떨어지면 그 측정값의 가치도 떨어진다. 예를 들어 계통적 오차가 크면 측정값을 그대로 데이터로 사용할 수 없다. 여기서 말하는 정확도는 측정값과 절대값이 얼마나 일치하는지를 나타내는 것이지만, 실제로 절대값을 얻는 것은 불가능에 가깝다. 따라서 다양한 노력을 통해 구한 '절대값으로 인정할 수 있는 측정값'을 절대값으로 할 수밖에 없는 것이 현재의 상황이다.

CTD 센서는 내압시험이 필요하기 때문에 일반적으로는 센서를 제작한 회사를 통해 정기적으로 교정하는 것이 바람직하다. 교정된 CTD 센서의 정확도는 전기전도도 ±0.0003 S/m, 수온 ±0.001℃, 수압 ±0.015% 정도이다. 이 데이터를 이용하여 퍼텐셜수온(수압에 의한 온도 상승효과를 제거한 수온)과 밀도를 계산할 수 있다.

해수의 산화환원반응에 가장 큰 영향을 미치는 것은 용존산소이다. 해수중 어떤 원소의 산화환원상태를 살펴보기 위해서는 용존산소는 필수 측정항목이다. 또한 해양에서 유기물 분해 및 수괴 이동의 추적자(tracer)로도 이용할 수 있기 때문에(제6장 참조) 해양지구화학 연구의 관측에서 많이 측정하는 항목이다. 현재는 센서를 사용하고 있어, 지금까지 해수를 채취하여 윙클러법(2장 4절 다항 참조)으로 측정하는 통상의 용존산소 측정방법으로 얻을 수 없었던 미세한 정보까지 얻을 수 있게 되었다. 용존산소 센서에는 전극식(예를 들어 격막 폴라로그래픽 검출방식) 및 광학식(예를 들어 산소 소광성 색소의 인광측정) 등이 있고, 높은 정밀도의 데이터를 얻을 수 있게 되었다. CTD센서와 마찬가지로 정확도에 대해서는 충분히 주의를 기울일 필요가 있으며, 채수기를 이용하여 별도로 채수한 해수의 분석결과와 비교하는 것도 중요하다.

이 외에 식물플랑크톤의 지표가 되는 클로로필에서 유래하는 형광을 측정하는 형광광도계, 해수의 입자성 물질의 많고 적음을 살펴보기 위한 투과도계 및 탁도계 등의 센서를 추가로 장착할 수도 있다. 이 센서들은 클로로필과 입자의 극대층이 존재하는 수심을 파악하는 것을 목적으로 상대적인 분포 조사를 위해 사용하는 경우가 많다. 또한 선상에서 데이터를 모니터링하면서 극대층에서 시료를 채취하는데도 편리하다.

나. 시료채취

시료 채취법은 관측하는 대상물질에 따라 결정된다. 해수의 용존성분 및 입자성 성분, 용존성분 중에서도 기체성분 및 금속원소 등 측정하고자 하는 연구대상에 따라 채취방법은 서로 다르다. 예를 들어 입자성 성분 중에서도 침강입자를 포집하고 싶은 경우는 세디멘트 트랩(sediment trap)을 이용한다(2장 3절 참조). 한편 현탁입자는 외양역에서 존재량의 낮기 때문에 연구를 위해서는 일반적으로 대량의 해수가 요구된다. 따라서 수층에 펌프를 내려 현장에서 바로 해수를 여과하여 여과지에 입자를 채집하는 현장여과기(*in-situ* pumping system)가 개발되어 있다.

해수의 용존성분을 측정하기 위해 오래 전부터 채수기를 이용한 해수시료의 채취가 이루어져 왔다. 북극관측으로 유명한 프리드쇼프 난센(Fridtjof Nansen, 1861-1930) 시대부터 금속재질의 난센식 채수기 등이 사용되어 왔다. 염분 등 일반적인 측정항목은 이와 같은 고전 형태의 채수기를 사용하더라도 문제없이 데이터를 얻을 수 있다. 한편 해수의 미량금속원소 등이 대상일 때에는 세심한 주의가 필요하다. 미량금속원소는 해수에서 농도가 매우 낮기 때문에 연구선과 육상의 실험실 환경에서 오염의 영향을 받을 가능성이 높다. 특히 채수하는 동안 채수기로부터 일어나는 오염이 심각한 문제가 되었다.

최근에는 내부에 금속을 전혀 사용하지 않은 채수기가 개발되어 오염없이 채수가 가능하게 되었다. 미량금속원소의 연구에서 흔히 사용되는 채수기는 볼밸브(ball valve)에 의해 덮개가 개폐되는 고플로채수기

(GO-FLO water sampler, 그림 2.11)와 외부에 장착된 스프링으로 채수기를 개폐하는 니스킨-X 채수기(NISKIN-X water sampler, 그림 2.12)이다. 다만 채수기 내벽을 테플론으로 코팅하거나 채수구를 테플론 재질로 제작하는 등의 개량도 필요하다. 그리고 채수기의 내부도 미리 계면활성제와 산 종류로 세척한 후에 사용한다.

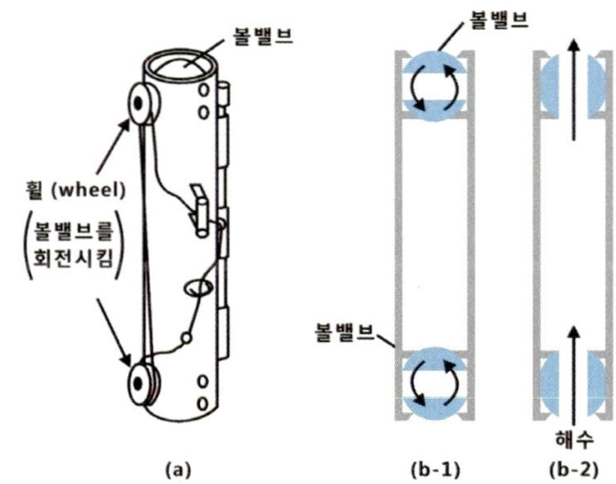

그림 2.11. Go-FLO형 채수기, (a)개념도, (b) 단면도, (b-1) 채수 후 닫힌 상태, (b-2) 채수 전 열린 상태.

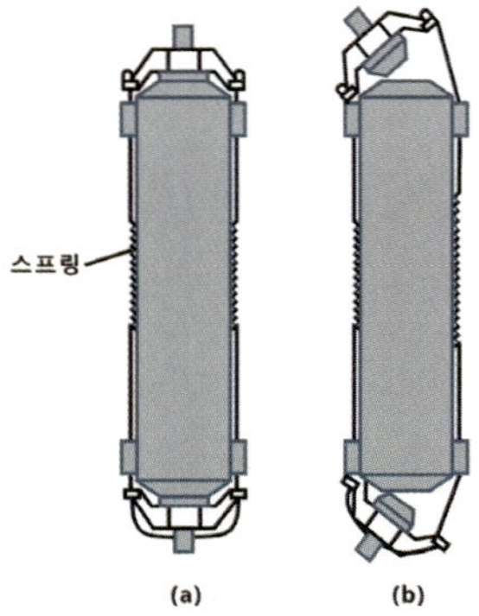

그림 2.12. X형 니스킨 채수기, (a) 채수 후 닫힌 상태 (b) 채수 전 열린 상태.

해양에서 미량금속원소 연구의 발전(제4장 참조)은 이러한 세심한 채수방법에 기반을 두고 있다. CTD센서와 함께 12 ~ 36개의 채수기를 내려 선상에서 센서의 데이터를 살펴보면서 전기신호로 채수기 덮개를 닫는 CTD-캐러셀 방식 다층 시료채취 시스템(CTD-Carousel multi-sampling systems: CMS)이 현재 흔히 사용되는 관측 시스템이다. CMS는 일반적으로 로젯샘플러(rosette sampler)라고도 한다.

다. 시료보존과 화학분석

측정하는 화학성분 중 농도와 상태가 변화하기 쉬운 성분은 신속하게 연구선 위에서 전처리 또는 분석 작업을 실시한다. 보존 가능한 시료도 보존법이 잘못되면 힘들게 고생하여 채취한 시료로부터 데이터를 얻을 수 없게 된다. 목적으로 하는 화학성분에 적합한 처리법을 채택할 필요가 있다.

예를 들어 해수시료를 공기에 노출된 상태로 방치하면 공기와 해수의 사이에서 기체교환이 일어나기 때문에 해수의 용존산소 농도가 변해버린다. 이 때문에 용존산소를 선상에서 윙클러법에 의해 측정할 경우는 공기와 접촉하지 않도록 해수를 채취하여 염화망간용액, 수산화나트륨(NaOH)과 요오드화칼륨(KI)의 혼합용액을 신속하게 순서대로 첨가하여 산소를 고정한 후 공기가 들어가지 않도록 마개를 닫고 잘 혼합시킨다. 분석원리는 다음과 같다. 알칼리성으로 된 해수에 흰색의 수산화망간($Mn(OH)_2$) 침전이 생성되지만 거기에 산소가 존재하면 $Mn(OH)_2$의 일부가 갈색의 $MnO(OH)_2$ 침전으로 산화된다. 이 $MnO(OH)_2$와 KI가 공존하는 상태에서 시험액을 산성으로 만들면 망간(IV)에 의해 요오드화합물 이온이 산화되어 분자상태의 요오드(I_2)가 생긴다. 이것을 티오황산나트륨 용액으로 적정하여 용존산소 농도로 환산한다. 외양역의 관측에서는 연구선에서 고정 후 바로 측정하는 것이 일반적이다.

한편 해수 금속원소의 농도를 측정할 때는 시료의 전처리와 보존법에 충분한 주의해야 한다. 여과 등과 같이 시료처리 중 또는 용기에 보존 중에 시료가 손상될 수 있다. 예를 들어 여과 필터와 보존용기의 벽면에 금속원소가 흡착되어 목적의 화학성분이 손실되기도 한다. 또한 필터와 용기의 벽면에서 목적으로 하는 화학성분이 오염이 되기도 있다. 목적으로 하는 화학성분이 흡착되기 어렵고, 오염되지 않는 소재를 선택하는 것과 함께 세척법에 대해서도 기초실험 단계에서 미리 확인하여 둘 필요가 있다. 연구선에서 채수와 시료를 처리할 때에 오염되기 쉽고 측정이 곤란한 원소(예를 들어 철과 아연)는 선상분석법으로 미리 오염을 체크하여 둘 것을 권고한다[21].

목적성분의 존재 상태를 분석할 때에는 선상에서 측정하지만 존재 상태를 변화시키지 않는 보존법을 개발할 필요가 있다. 냉장 및 냉동으로 보존이 가능한 경우도 있다. 관측목적에 적합한 방법을 미리 준비해 두어야 한다.

칼럼 2

해수는 왜 짠가?

'해수는 왜 짤까?'라고 하는 문제의 답은 상당히 어렵다. '해수는 왜 염분이 높은가?'라고 질문을 한다면, '태고에 화산활동에 의해 방출된 염소가스가 암석과 반응하여 나트륨을 녹여 해수에 많은 양의 염소이온과 나트륨이온이 녹을 수 있게 되었기 때문이다'라는 대답이 가능할 지도 모른다. 그러나 인간은 미각으로 짜다는 것을 느끼지만, 미각은 아직 해결되지 않은 부분이 많다. 특히 소금에 대한 미각은 복잡하다. 최근의 마스크를 사용한 실험에서 소금 농도가 낮으면 '맛있다'라고 느끼는 한편으로, 소금 농도가 높으면 쓴맛과 신맛을 느끼는 세포가 반응하여 '맛없다'라고 느끼는 것이 밝혀졌다[22]. 인간의 체액조성을 해수의 조성과 비교해보면, 나트륨 등의 주요원소는 해수가 고농도인 것을 알 수 있다(아래 표 참조). 해수는 고농도의 소금을 함유하고 있기 때문에 마시면 건강에 유해하다. 이와 같은 과잉섭취를 피하기 위하여 우리는 해수에서 불쾌한 '짠맛'을 느끼는 미각을 가지게 되었을 것이다.

〈표〉 인간혈청 및 해수의 주요원소 농도와 농도비(Haraguchi(2001)[23])

원소명	혈청[A](㎎/ℓ)	해수[B](㎎/ℓ)	[A]/[B]
Cl	3200	19350	0.17
Na	3130	10780	0.29
Mg	18	1280	0.014
S	1.1	898	0.0012
Ca	9.3	412	0.23
K	151	399	0.38
Br	4.4	67	0.066
Sr	0.033	7.8	0.0085
B	0.0021	4.5	0.00047
F	0.019	1.3	0.015
P	119	0.062	1920
Si	0.14	2.8	0.05
Al	0.018	0.00003	60
Fe	1.2	0.00003	40000
Zn	0.65	0.00035	1860
Mn	0.00057	0.00002	29

칼럼 3

현장 화학관측

해수의 화학성분에 관한 연구에서 채수 → 선상처리 → 분석은 기본적인 과정이다. 그러나 각각의 작업에서 시간과 수고가 필요하기 때문에 얻을 수 있는 데이터는 한정되어 있다. 수온과 염분과 같이 센서로 연속데이터가 얻어지면 해양에서 화학성분의 거동에 대한 정보는 비약적으로 증가할 것이다. 용존산소 농도는 제2장 4절 가항에서 설명한 것과 같이 센서가 개발되어 테이터의 양과 질적 수준을 향상시키고 있다. 그러나 그 이외의 화학성분은 센서의 관측항목으로서 아직 일반화 되어 있지는 않지만, 현장에서 관측할 수 있는 다양한 시스템이 개발되고 있다. 예를 들어 자외선흡수를 이용한 질산염 센서가 개발되어 수 µmol/kg의 정밀도까지 측정되고 있다. 자동승강식의 표류 플로트(Flot) 등에 장착하면 장기간 연속 관측도 가능해진다.

또한 해수 미량금속원소의 현장형 자동분석장치도 개발되고 있다. 해수의 망간은 열수분출구로부터 방출되어 해수에 의해 희석되면서 확산되는 모습(열수 플룸(plume))을 추적하는 연구에 유용하게 이용되는 것이 알려져 있다. 즉 심해에서 연속적인 데이터를 확보하여 열수분출구의 위치와 열수 플룸의 살펴볼 수 있다(아래 그림). 예를 들어 GMMOS (geochemical anomaly monitoring system)가 열수의 관측에 활용되고 있다[24]. 현장에서 검교정(calibration)을 할 수 있는 기능이 장착되어 있어 정확한 측정이 가능하다.

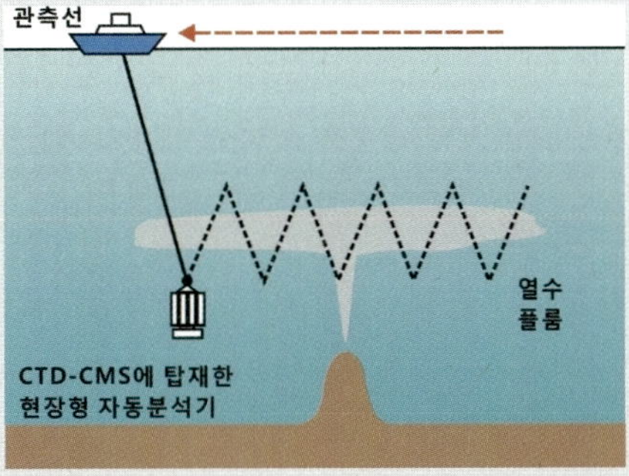

〈그림〉 CTD-CMS에 탑재된 현장형 자동분석기에 의한 열수플룸의 관측.

03

해양의 탄산염계 인자와 영양염

1. 해양의 기초생산과 영양염
2. 이산화탄소의 용해와 산염기 평형
3. 탄소순환

제3장

해양의 탄산염계 인자와 영양염

1. 해양의 기초생산과 영양염

가. 기초생산

탄소는 생물의 몸체와 몸체로부터 생성되는 유기물과 무기물 등 다양한 모습으로 변화하면서 해양, 대기, 육상의 식생(vegetation)이라는 생명이 공생하는 지구의 표층(생물권)을 순환하고 있다. 탄소순환은 지구의 생물에게 체조직의 재료와 활동에 필요한 에너지를 공급하고, 이용이 끝난 것은 재이용하는 과정(process)을 거친다. 또한 탄소순환은 순환과정에서 생기는 이산화탄소(CO_2)와 메탄(CH_4) 등의 온실효과기체(온실가스, greenhouse gas)와 대기를 떠다니는 미립자(에어로졸)에 의해 지구 기후에도 깊게 작용하여, 생물의 생존환경에 밀접하게 관여하고 있다.

탄소순환(carbon cycle)은 태양광을 에너지원으로 하는 2개의 프로세스에 의해 작동된다. 하나는 태양광에 의해 데워진 육상과 해양 표면의 온도상승에 의해 일어나는 물의 순환과 대기와 해양의 대류 등과 같은 물리적인 과정이다. 또 하나는 식물이 물(H_2O)과 CO_2를 원료로 탄수화물을 만드는 광합성(光合成, photosynthesis)이다. 육상 식물과 해양의 식물플랑크톤이라고 하는 독립영양(autotroph) 생물에 의해 이루어지는 광합성은 태양광 에너지를 화학에너지로 변환하여 유기물로 비축하는 과정으로, 먹이망을 통하여 이것에 의존하는 동물, 즉 종속영양(heterotroph) 생물의 성장과 번식을 지탱하고 있다. 따라서 광합성에 의한 유기물 생산을 기초생산(또는 일차생산)이라 부른다.

기초생산에 의해 만들어진 유기물은 독립영양생물 몸속에서 이루어지는 유기물의 산화분해에 의한 에너지 이용, 즉 호흡에 의해 일부가 소비된다. 따라서 식물이 일정기간 동안 생산한 유기물의 총량을 총기초생산(총생산, gross primary production: GPP), 총기초생산에서 독립영양생물의 호흡(R_a)에 의해 소비되는 양을 제외한 것을 순기초생산(순생산, net primary production NPP)이라 한다.

$$\mathrm{NPP} = \mathrm{GPP} - R_a \tag{3.1}$$

그리고 해양에서 NPP로부터 종속영양생물에 의한 호흡(R_h)을 뺀 생물군집 전체의 순수한 생산량을 순군집 생산(net community production: NCP)이라고 한다.

$$\mathrm{NCP} = \mathrm{NPP} - R_h \tag{3.2}$$

지구 전체에서 NPP는 연간 어느 정도일까? 이것을 계산하는 것은 쉽지 않다. 그러나 식물플랑크톤이 가지고 있는 클로로필 양 등을 인공위성으로 관측한 결과 해양 전체의 NPP는 약 50 PgC (페타그램 탄소: 1페타그램은 10억톤) 정도로 추정된다. 이것은 육상식생 전체의 NPP 추정값과 거의 같다(표 1.4 참조). 바다의 표층을 부유하는 작은 식물플랑크톤이 이 정도의 순기초생산을 하고 있다는 것은 실로 놀라운 일이다.

NPP가 높은 해역은 대륙붕 등의 연안해역, 적도동부해역, 북대서양과 북태평양 아한대역(subpolar zone)의 여름, 그리고 남극해의 아남극권(subantarctic zone) 등이다(그림 1.9 참조). 이들 해역은 태양광이 풍부하고, 영양염이 비교적 풍부한 해역이다.

나. 영양염

생물의 체조직은 단백질, 지방질, 탄수화물, 핵산 등 다양한 화합물로 이루어져 있다. 이러한 화합물의 대부분은 탄소(C), 수소(H), 산소(O)로 이루어진 유기물이지만, 이 외에도 단백질을 구성하는 아미노산과 핵산에 탄소와 결합한 질소(N)가 포함되어 있으며, 지방질과 핵산에는 인산에스터결합(phosphate ester bond)된 인(P)도 포함되어 있다. 또한 생체내의 화학반응에서 촉매 기능을 하는 다양한 효소활성의 중심에는 금속이온도 이용되고 있다.

이러한 과정들은 식물플랑크톤에도 적용된다. 식물플랑크톤이 기초생산으로 만든 생물체조직(유기물)에서 에너지를 추출하여 이용하기 위해서는 탄소, 수소, 산소 이외에도 다양한 원소가 필요하며, 이들 필요원소는 체외에서 얻어야 한다. 그러나 필요한 원소의 종류와 양은 식물플랑크톤이 서식하는 해수 환경에 항상 준비되어 있는 것은 아니다. 육상식물에서 부족하기 쉬운 원소는 토양에 부족한 이른바 비료의 삼대요소인 질소(N), 인(P), 칼륨(K)이다. 그러나 해양에는 해수에 칼륨이 풍부하게 존재하고 있어 식물플랑크톤의 증식은 질소와 인에 의한 제한을 받게 된다. 해양에서 널리 서식하며 중요한 기초생산자인 규조류에서는 규소(Si)도 필수 원소이다.

이들 원소는 질소가 암모늄염, 아질산염, 질산염, 인은 인산염, 규소는 규산염으로 대부분이 산화물 형태로 해수에 녹아있으며, 이들 화합물을 총칭하여 '영양염(nutrients)'이라 한다. 영양염은 아열대 해역의 표층에는 거의 고갈된 상태가 된다. 서부 북태평양의 아한대역과 같이 영양염 농도가 높은 해역에서도 표층에서 질산염이 20 μmol/kg, 인산염이 2 μmol/kg, 규산염이 40 μmol/kg 정도이다. 암모늄염은 생성되더라도 바로 식물플랑크톤이 이용해 버리기 때문에 농도는 수 μmol/kg 이하이다.

또한 철(Fe)등과 같이 해수 1L에 0.1 nmol 이하로 극히 미량으로 들어있는 금속염도 영양염에 포함되는 경우가 있다(4장 3절 참조). 철은 식물플랑크톤의 광합성 과정에서 전자전달계와 질산환원효소에도 반드시 필요한 원소이다.

다. 레드필드 비

1960년대 초, 미국의 해양학자 레드필드(Redfield) 등은 바다의 식물플랑크톤에 들어있는 유기물의 원소조성을 분석하여 기초생산과 호흡작용에서 식 (3.3)의 관계가 성립하는 것을 발표하였다.

$$106CO_2 + 16HNO_3 + H_3PO_4 + 122H_2O \rightleftarrows (CH_2O)_{106}(NH_3)_{16}(H_3PO_4) + 138O_2 \tag{3.3}$$

이 화학식의 좌변에는 기초생산의 원료가 되는 CO_2와 영양염류, 그리고 H_2O가 있다. 또한 우변에는 생산된 유기물과 생산에 의해 방출되는 산소분자(O_2)가 있다. 이 식에 따르면 생산과 호흡에 의해 변화하는 CO_2와 영양염류 및 용존산소의 화학량론 비는.

$$C : N : P : O_2 = 106 : 16 : 1 : -138 \tag{3.4}$$

이 된다. 이 비율을 레드필드 비(Redfield ratio)라고 한다.

레드필드 비는 이후에도 여러 해양학자에 의해 보다 정확한 값이 계산되었으며, 검토를 거쳐 해역과 수심에 따라 어느 정도 변동하는 것도 밝혀졌다. 현재는 로렌스 앤더슨(Lowrence Anderson)과 조지 살미엔토(Jorge Sarmiento)에 의해 1994년에 제안된 식 (3.5)[1]의 화학량론 비가 많이 이용된다.

$$C : N : P : O_2 = (117\pm14) : (16\pm1) : 1 : (-170\pm10) \qquad (3.5)$$

이러한 화학량론 비는 영양염류와 용존산소의 농도변화로부터 생물활동에 의한 전 탄소농도(3장 2절, 3장 3절 참조)의 변화를 평가할 때 매우 도움이 된다. 또한 대기와 산소교환이 단절된 해양 내부는 동일한 수괴의 인산염과 용존산소의 농도비가 1/170로 일정하다는 것을 식 (3.5)에서 가정할 수 있기 때문에 이 값을 수괴의 특성파악에 이용할 수도 있다(제6장 4절 참조).

그러나 이러한 화학량론 비는 언제나 성립하는 것은 아니라는 점에 주의해야만 한다. 원래 단백질, 지방질, 탄수화물, 핵산 등의 화합물은 원소조성이 서로 다르기 때문에, 이러한 화합물의 생산비율이 서로 다르면 원소조성도 바뀐다. 또한 온난한 아열대역의 해양표층은 질산염이 고갈되어 있지만, 이러한 해역에는 강한 삼중결합의 질소(N_2)를 환원시켜 기초생산에 이용하는 질소고정세균이 있다. 태평양 동부의 해양심층과 같이 유기물 분해에 의해 용존산소 농도가 매우 낮은 빈산소 상태의 환경에서는 질산(HNO_3)의 환원에 의해 분리된 산소를 유기물 분해에 이용하는 탈질작용도 일어나고 있다. 이러한 것들도 식 (3.5)의 화학량론 비에 영향을 미친다. 니콜라스 크루버(Nicolas Gruber)와 살미엔토는 이러한 질소고정과 탈질작용의 크기를 평가하기 위해 식 (3.6)에서 나타낸 추적자(tracer) N*의 이용을 제안하고 있다[2].

$$N^* = (N\text{-}16P + 2.90\mu mol/kg) \times 0.87 \qquad (3.6)$$

N과 P는 각각 질산염과 인산염의 농도를 나타낸다. 이 식은 N^*가 양(+)의 값일 때 질소고정에서 유래하는 질산염농도의 증가를 의미하고,

음(-)의 값일 때는 탈질작용에 의한 질산염농도의 감소를 의미한다.

2. 이산화탄소의 용해와 산염기 평형

이 절에서는 대기와 해양 사이의 이산화탄소 교환과 바다 속의 생물 활동에 의해 해수에 CO_2가 녹았을 때 화학적으로 어떻게 거동하는 지에 대해 설명한다.

가. 탄산염계 인자

CO_2가 물에 녹아서 만들어지는 탄산(H_2CO_3), 중탄산이온(HCO_3^-), 탄산이온(CO_3^{2-}) 및 이들의 염을 총칭하여 '탄산염계 인자'라고 한다. 예를 들어 가정에서 조리나 세척에 사용하는 중탄산소다(중탄산나트륨, $NaHCO_3$)는 HCO_3^-의 나트륨염으로 탄산염계 인자의 하나이다.

해수 1 kg에는 약 0.002 ㏖(2000 ㎛ol)의 탄산염계 인자가 녹아 있으며 그 대부분은 HCO_3^-이다. 탄산수소나트륨($NaHCO_3$)의 화학식량은 84.0이기 때문에 해수 1 kg에 녹아 있는 탄산염계 인자의 양은 $84.0 \times 0.002 \fallingdotseq 0.17$ g, 즉 작은 스푼 1개 정도의 $NaHCO_3$ 양에 해당된다. 염화나트륨(NaCl)등의 염이 해수 1 kg에 약 35 g이나 녹아 있는 것과 비교하면 탄산염계 인자의 양은 약 1/200 밖에 되지 않는다. 그러나 해양 전체에 녹아있는 탄산염계 인자의 양을 합산하여 탄소량으로 환산하면 약 38,000 PgC(페타그램 탄소)의 막대한 양이 된다. 이것은 대기에 있는 CO_2의 약 60배에 해당한다. 약간 과장되게 표현하면 해수는 '짠맛 나는 중탄산소다 수'라고 할 수 있을 것이다.

뒤에서 설명하는 것과 같이 해수에 녹아 있는 탄산염계 인자는 서로 화학적으로 평형상태에 있다. 이 화학 평형계 즉 '탄산염 체계(carbonate system)'는 해수의 산염기적인 성질을 지배하는 요인이 된다. 탄산염 체계는 여러 개의 화학평형으로 이루어져 있기 때문에 복잡하게 보이지만 '물질수지(화학량론)', '질량작용의 법칙에 의한 평형상수 표현' 그리고 '전해질 용액 중 총 이온 농도의 전기적 중성 원리'와 같은 3가지 현상을 바탕으로 풀 수 있다.

나. 이산화탄소에서 탄산으로

CO_2는 물에 녹으면 H_2CO_3이 된다. 이 반응은 식 (3.7)과 식 (3.8)의 화학 평형식으로 나타낼 수 있다. 해양생물이 호흡에 의해 방출한 CO_2에 대해서도 마찬가지다.

$$CO_2(g) \rightleftarrows CO_2(aq) \tag{3.7}$$

$$CO_2(aq) + H_2O(l) \rightleftarrows H_2CO_3(aq) \tag{3.8}$$

여기서 (g)는 기체, (l)은 액체, (aq)는 수용액에 녹아 있는 상태를 나타낸다. 식(3.7)은 기체 상태 CO_2와 수용액에 녹아서 수화(水和, hydration)된 CO_2 사이의 화학평형을 나타낸다. 식(3.8)은 수화된 CO_2와 H_2CO_3 사이의 화학평형이다. 식(3.8)의 화학평형은 좌변으로 크게 치우쳐 있으며, $CO_2(aq)$와 $H_2CO_3(aq)$의 농도비는 약 1000:1이다. 그러나 이것들은 산염기평형을 고려하여 구별할 필요가 없기 때문에 $CO_2(aq)$와 $H_2CO_3(aq)$을 합쳐 $CO_2^*(aq)$로 표기하고, 식 (3.7)과 식 (3.8)을 합쳐 식 (3.9)로 나타내는 것이 일반적이다.

$$CO_2(g) \rightleftarrows CO_2^*(aq) \tag{3.9}$$

CO_2를 포함하는 공기와 수용액이 접촉하면 CO_2가 수용액으로 녹아든다. 또한 사이다와 같이 CO_2를 많이 함유하고 있는 수용액이 공기와 접촉하면 CO_2가 공기로 빠져나간다. 그러나 어느 정도 시간이 지나면 CO_2가 공기에서 수용액으로 녹아 들어가는 속도와 수용액에서 공기로 빠져

나가는 속도가 균형을 이루어 공기의 $CO_2(g)$ 농도와 수용액의 $CO_2^*(aq)$ 농도가 겉보기로는 변화하지 않는다. 이 상태가 식 (3.9)에서 표현되는 평형상태이다.

식 (3.9) 평형식의 평형상수는 식 (3.10)으로 나타낼 수 있다(이하 (aq)는 생략함).

$$K_0 = \frac{[CO_2^*]}{pCO_2} \tag{3.10}$$

[ ]는 수용액의 농도(여기서는 해수 1 kg 중의 몰농도(molarity) : 단위는 ㎖/kg을 사용한다)를 나타낸다. 또한 pCO_2는 공기의 CO_2 분압을 나타낸다. 분압(partial pressure)은 이상기체(ideal gas)의 특성을 정의하는 돌턴법칙(Dolton's law)에 의한 개념이다. 돌턴의 법칙은 식 (3.11)과 같이 '혼합기체의 전체 압력(총 압력: P) 은 각 개별 기체의 부분압력(분압: pi) 의 합과 같다'라는 것을 의미한다. 이때 어떠한 기체 i 의 분압 p_i는 그 기체의 몰분율 x_i와 총압력 P의 누적으로 나타낼 수 있다.

$$P = p_1 + p_2 + \cdots\cdots + p_n = x_1 \cdot P + x_2 \cdot P + \cdots\cdots + x_n \cdot P \tag{3.11}$$

대기의 주성분은 N_2와 O_2이며 그 외에 H_2O, 아르곤(Ar). CO_2 등의 미량 기체가 포함되어 있다(표 7.1 참조). 대기의 총 압력은 약 1 atm이지만, 돌턴법칙에서 총 압력이 각 기체의 농도(몰분율(molar fraction))에 대응하는 분압의 합으로 생각하기 때문이다. 또한 식 (3.10)에서는 CO_2의 분압 대신에 실제기체의 물리화학평형의 표현에 사용하는 '퓨개시티(fugacity)'의 개념을 사용하며 열역학적으로 보다 정확한 개념이 된다. 공기의 CO_2는 기체분자 사이의 상호작용을 무시할 수 없어 이상기체라 할 수 없기 때문이다. 그러나 공기의 CO_2농도가 400 ppm (1 ppm은 100만분의 1)

정도일 때의 분압과 퓨개시티에서 수치로 나타나는 차이가 0.5% 밖에 되지 않을 것으로 생각되기 때문에 이 책에서는 간단하게 분압으로 표현한다.

공기의 CO_2농도는 일반적으로 건조 공기의 CO_2 몰분율(xCO_2)로 보고된다. 따라서 CO_2농도의 측정값을 CO_2 분압으로 환산할 때는 식 (3.12)와 같이 대기압으로부터 수중기압(P_W)의 기여분을 빼서 계산한다.

$$PCO_2 = xCO_2 \cdot (P - P_w) \quad (3.12)$$

예를 들어 대기압 P가 1 atm, 수증기압 P_W가 0.02 atm, 공기의 CO_2농도가 400 ppm일 때 CO_2 분압은 $400\times10^{-8}\times(1\ \text{atm}-0.02\ \text{atm}) = 392\times10^{-8}$ atm = 392 μatm으로 계산된다.

식 (3.10)은 기체의 용해에 관한 헨리법칙(Henry`s law)을 CO_2에 적용한 것으로, 평형상태에서는 수용액(해수)의 CO_2* 농도가 공기의 CO_2 분압에 비례하는 것을 나타낸다. 식 (3.10)의 평형상수 K_0를 용해도라고 부른다. K_0는 수온 25℃, 염분 35의 조건에서는 0.0284 mol/kg/atm이며, 수온과 염분이 낮을 수 록 값은 커진다. Weiss의 실험에 의해 K_0,는 해수의 수온 T(절대온도)와 염분 S의 함수이며, 식 (3.13)과 같은 경험식으로 나타낼 수 있다[3].

$$\begin{aligned}\ln K_0 &= 934517\times\frac{100}{T} - 60.2409 + 23.3585\times\ln\frac{T}{100}\\ &\quad + s\left\{0.023517 - 0.023656\times\frac{T}{100} + 0.0047036\times\left(\frac{T}{100}\right)^2\right\}\end{aligned} \quad (3.13)$$

해수를 소량의 공기와 잘 혼합하여 식 (3.10)과 같은 평형상태로 만들어 그 공기의 CO_2농도를 측정하여 분압을 계산하면, 바다가 대기로부터 CO_2를 흡수하고 있는지 아니면 대기로 CO_2를 방출하고 있는지를 추정할 수 있다. 해수와 기체-액체 평형이 이루어진 공기의 CO_2 분압(pCO_{2sw})과 해상대기의 CO_2 분압(pCO_{2air})을 비교했을 때 $pCO_{2sw} < pCO_{2air}$의 상태라면 해수는 CO_2가 불포화이기 때문에 $pCO_{2sw} = pCO_{2air}$인 평형상태에 도달할 때까지 대기로부터 해수로 CO_2가 흡수된다. 반대로 $pCO_{2sw} > pCO_{2air}$의 상태라면 해수는 CO_2가 과포화이기 때문에 역시 평형상태에 도달할 때까지 해수로부터 대기로 CO_2가 방출된다.

단위면적당 해양 표면을 통한 대기-해양 사이의 CO_2 이동속도(플럭스, F)는 식 (3.14)로 나타낼 수 있다.

$$F = k \cdot K_0 \cdot (pCO_{2sw} - pCO_{2air}) \tag{3.14}$$

k는 피스톤 속도(piston velocity)라고 하며, 주로 해수면 교란에 의해 변화하기 때문에 일반적으로 풍속에 대한 함수로 나타낸다. 대기의 CO_2농도는 400 ppm 정도로 낮기 때문에 분압도 낮다. 따라서 대기-해양 사이의 CO_2 이동속도는 느리며, 평형에 도달하는데 까지는 연(年)단위의 시간이 걸린다. 실제로는 대기의 CO_2 분압은 북반구 고위도 지역에서 10 ppm 이상으로 계절에 따라 변화하며, 해양에서는 수온변화, 해수의 운동 또는 생물활동에 의해 표층수의 CO_2 분압이 계절에 따른 변화가 100 μatm 이상인 해역도 있다. 따라서 대기와 해양이 CO_2 평형상태가 되는 것은 매우 드문 일이다.

다. 탄산의 산염기 평형

해수에 용해된 H_2CO_3의 거동을 산염기 평형으로 살펴보자. H_2CO_3은 해리될 수 있는 2개의 양성자($H^+(aq)$)를 가진 2염기산이다. H_2CO_3에서 양성자 1개가 해리되면 $HCO_3^-(aq)$이 되고, 2개가 해리되면 $CO_2^{3-}(aq)$이 된다. 이러한 반응도 가역적이며 빠르게 식 (3.15)와 식 (3.16)과 같은 산염기 평형상태가 된다.

$$CO_2^*(aq) \rightleftarrows H^+(aq) + HCO_3^-(aq) \quad (3.15)$$

$$HCO_3^-(aq) \rightleftarrows H^+(aq) + CO_3^{2-}(aq) \quad (3.16)$$

이러한 산염기평형에서 산의 해리상수 K_1과 K_2,는 식 (3.17) 및 식 (3.18)로 나타낼 수 있다.

$$K_1 = \frac{[H^+][HCO_3^-]}{[CO_2^*]} \quad (3.17)$$

$$K_2 = \frac{[H^+][CO_3^{2-}]}{[HCO_3^-]} \quad (3.18)$$

K_1과 K_2는 수온 T(K). 염분 S, 수압에 의해 변한다. 지금까지 많은 물리화학자가 실험에 의해 K_1과 K_2를 계산해 왔지만 여기서는 1973년에 Mehrbach 등이 계산하여 2000년에 Luekert와 Dickson 등이 재평가한 1 기압에서의 경험식을 나타내었다[4].

$$PK_1 = \frac{3633.86}{T} - 61.2172 + 9.6770 \ln T - 0.011555S + 0.0001152S^2 \quad (3.19)$$

$$PK_2 = \frac{471.78}{T} + 25.9290 - 3.1696 \ln T - 0.01781S + 0.0001122S^2 \quad (3.20)$$

여기서 pK_n = $-\log_{10}K_n$이며, 예를 들어 수온 25℃, 염분 35의 조건에서는 $pK_1 = 5.847$, $pK_2 = 8.966$이다.

해수의 양성자 농도(수소이온 농도)가 어떠한 원인에 의해 낮아지면(pH가 높아지면), 식 (3.15)의 산염기평형은 오른쪽으로 움직이고 $CO_2^*(aq)$ 농도가 낮아져 $HCO_3^-(aq)$ 농도가 높아진다. 양성자 농도가 더욱 내려가면 식 (3.16)의 산염기평형이 오른쪽으로 움직여 이번에는 $HCO_3^-(aq)$ 농도가 낮아져 $CO_3^{2-}(aq)$ 농도가 높아진다.

이러한 것들을 정량양적으로 표현하여 보자. 우선 수용액에 녹아있는 탄산염계 인자의 농도 총합을 '총용존무기탄소(total dissolved inorganic carbon)'라고 하여 C_T로 표기한다. C_T는 식 (3.21)로 나타낼 수 있다.

$$C_T = [CO_2^*] + [HCO_3^-] + [CO_3^{2-}] \tag{3.21}$$

다음으로 식 (3.17), (3.18), (3.21)로부터 $[HCO_3^-]$을 C_T와 $[H^+]$의 함수로 나타내어보자 식 (3.17)과 식 (3.18)을 변형하면 식 (3.17)′와 식 (3.18)′가 된다.

$$[CO_2^*] = \frac{[H^+][HCO_3^-]}{K_1} \qquad (3.17)'$$

$$[CO_3^{2-}] = \frac{K_2[HCO_3^-]}{[H^+]} \qquad (3.18)'$$

식 (3.17)′과 식 (3.18)′을 각각 식 (3.21)에 대입하면

$$\begin{aligned} C_T &= \frac{[H^+][HCO_3^-]}{K_1} + [HCO_3^-] + \frac{K_2[HCO_3^-]}{[H^+]} \\ &= [HCO_3^-] \times \left(\frac{[H^+]}{K_1} + 1 + \frac{K_2}{H^+} \right) \end{aligned} \tag{3.22}$$

가 된다. 따라서

$$[HCO_3^-] = \frac{C_T}{([H^+]/K_1) + 1 + (K_2/[H^+])} \tag{3.23}$$

이 된다. 같은 방법으로 식 (3.17), (3.18), (3.21)의 각 식으로부터

$$[CO_2^*] = \frac{C_T}{1 + (K_1/[H^+]) + (K_1K_2/[H^+]^2)} \tag{3.24}$$

$$[CO_3^{2-}] = \frac{C_T}{([H^+]^2/K_1K_2) + ([H^+]/K_2) + 1} \tag{3.25}$$

가 된다. 식 (3.23)에서 식 (3.25)까지에서 알 수 있듯이 각각의 탄산염계 인자 농도는 C_T와 K_1, K_2 그리고 $[H^+]$의 함수가 된다. 수온, 염분, 수압이 일정한 조건에서는 K_1과 K_2도 일정하기 때문에 탄산염계 인자의 농도는 C_T와 양성자 농도(pH)만의 함수가 된다.

그림 3.1에 C_T가 일정할 때 각각의 탄산염계 인자 농도와 pH (= $-\log[H^+]$)의 관계를 나타내었다. 이 그림에서 $[CO_2^*]$ 분포곡선과 $[HCO_3^-]$ 분포곡선의 교차점, 즉 $[CO_2^*] = [HCO_3^-]$의 점에서는 pH = pK_1이 된다(식 (3.17) 참조). 같은 방법으로 $[HCO_3^-]$ 분포곡선과 $[CO_3^{2-}]$ 분포곡선의 교차점에서는 pH = pK$_2$가 된다(식 (3.18) 참조). 해수는 약한 알카리성으로 pH는 수온 25℃에서 약 7.2 ~ 8.2의 범위이며, 해양표층수에서 높고 심층수에서 낮다. 이 pH 영역에서는 탄산물질의 85 ~ 95%가 중탄산이온이며, 1 ~ 14%가 탄산이온으로 되어 있다. 해수가 CO_2 불포화인지 과포화인지의 여부에 관여하는 CO_2^*의 농도는 pH가 낮은 심층수에서 총용존무기탄소 농도의 약 4%일 때도 있지만, pH가 높은 아열대역 표층수에서는 0.5% 이하이다.

라. 탄산수의 pH

전 세계 바다의 해수 중 총용존무기탄소 농도는 표층에서 심층까지 약 1900 ~ 2400 μmol/kg의 범위이다. 그럼에도 불구하고 해수가 pH 7.2

~ 8.2의 약알카리성을 나타내는 것은 해수가 단순한 탄산수가 아닌 탄산염계 인자 이외에 많은 알카리성 물질이 녹아 있다는 증거이다. 이 알카리성 물질의 당량농도를 '총알칼리도(total alkalinity)'라고 한다. 총알칼리도는 총용존무기탄소 농도와 함께 탄산염 체계를 설명할 때 중요한 변수이다.

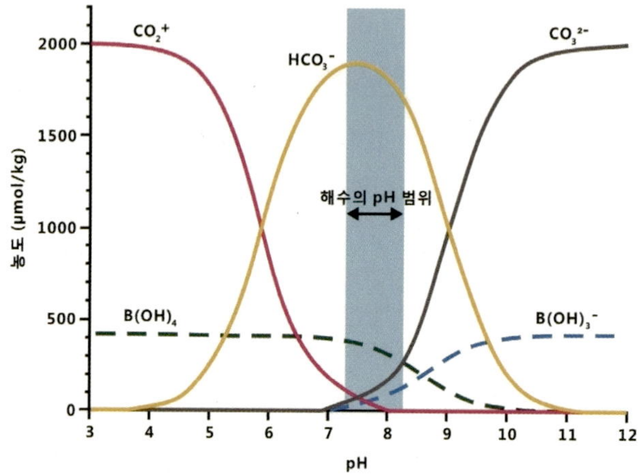

그림 3.1. 탄산과 붕산의 용존화학종과 pH의 관계(수온 20℃. 염분 35, 총용존무기탄소 농도 2000 μmol/kg일 때).

이 절에서는 총알칼리도를 이해하기 위해 염분이 해수와 같고 산과 염기가 전혀 없는 염화나트륨 용액을 예로 들어보자. 그리고 CO_2가 들어있는 공기를 이 용액에 접촉시켜 평형으로 만들었을 때 용액의 총용존무기탄소와 pH의 값을 계산해보자. 계산조건은 수온이 25℃, 염분이 35, pCO_{2air}가 392 μatm이며, 공기의 CO_2가 용액으로 녹아들어가더라도 pCO_{2air}는 변하지 않는다고 가정한다.

염화나트륨 용액으로는 공기의 CO_2가 기체-액체 평형에 도달할 때까지 녹아들어간다. 녹아들어간 CO_2*의 일부는 양성자를 해리시켜 HCO_3^-과 CO_3^{2-}가 될 수도 있다. 이 때 용액에 녹아있는 양이온 전하의 총합과

음이온 전하의 총합은 함께 보존되기 때문에 전기적 중성을 나타내는 식 (3.26)이 성립될 것이다.

$$[Na^+]+[H^+] = [Cl^-]+[HCO_3^-]+2[CO_3^{2-}]+[OH^-] \quad (3.26)$$

여기서 나트륨 이온(Na^+)과 염화이온(Cl^-)은 모두 처음부터 수용액에 녹아 있던 NaCl이 기원이며, 탄산염계 인자와는 반응하지 않기 때문에 $[Na^+] = [Cl^-]$이 성립한다. 또한 염기를 전혀 포함하지 않는 염화나트륨 용액에 CO_2를 녹이면 용액은 산성이 된다. 약한 산성이면 그림 3.1로부터 $[HCO_3^-] \gg [CO_3^{2-}]$가 성립할 것이다. 따라서 식 (3.26)은 식 (3.26)′에 근사될 수 있다.

$$[H^+] = [HCO_3^-]+[OH^-] \quad (3.26)'$$

또한 양성자(H^+)와 수산화이온(OH^-)은 물 분자(H_2O)가 해리되어 생기는 이온으로 이들의 농도 사이에는 식 (3.27)의 관계가 성립된다.

$$[H^+] \cdot [OH^-] = K_W \quad (3.27)$$

K_W를 물의 이온 곱이라 한다. K_1과 K_2와 마찬가지로 수온, 염분, 압력이 일정하면 K_W도 일정한 값이 된다. 식 (3.27)을 변형하여 식 (3.26)′에 대입하면

$$[H^+] = [HCO_3^-] + \frac{K_W}{[H^+]} \quad (3.28)$$

이 된다. 그리고 식 (3.17)을 변형하면 $[HCO_3^-] = K_1[CO_2^*]/[H^+]$가 되기 때문에 이것을 식 (3.28)에 대입하고 기체-액체 평형에 관한 식 (3.10)을 대입하면 식 (3.29)가 된다.

$$[H^+]^2 = K_1 \cdot K_1 \cdot pCO_2 + K_W \tag{3.29}$$

이 식에 $K_0 = 0.0284$ mol/kg/atm, $K_1 = 10^{-5.847}$ mol/kg, $K_W = 10^{-13.127}$ (mol/kg)^2, $pCO_2 = 392 \times 10^{-6}$ atm의 값을 대입하여 풀면 $[H^+] = 3.989 \times 10^{-6}$ mol/kg, 즉 pH = 5.399의 계산결과가 얻어진다.

이 때 총용존무기탄소 농도는

$$C_T = [CO_2^*] + [HCO_3^-] = [CO_2^*]\left(1 + \frac{K_1}{[H^+]}\right) = K_0 \times pCO_2\left(1 + \frac{K_1}{[H^+]}\right) \tag{3.30}$$
$$= 11.13 \times 10^{-6} \times (1 + 0.357) = 15.11 \times 10^{-6} \text{mol/kg}$$

으로 계산되어 CO_2^*와 HCO_3^-의 농도비는 1:0.357이 된다.

마. 총알칼리도

제3장 2절 라항에서 계산한 공기와 기체-액체 평형이 되어 있는 탄산수의 pH를 실제 해수의 pH와 비교해 보면 해수의 pH가 탄산수 보다 1.8에서 2.8이나 높다. 또한 해수의 총용존무기탄소 농도는 120배에서 160배나 높다. 이것은 실제 해수에 염기의 농도가 높으며, 그 대부분이 탄산에 의해 중화되어 있다는 것을 의미한다.

해수에 녹아있는 염기의 총 농도에 해당하는 것이 총알칼리도이다. 여기서는 해수의 총알칼리도를 탄산염계 인자 등의 농도에 의해 어떻게 나타낼 수 있는지 생각해보자.

해수에 첨가된 염기의 총 농도를 C_B로 한다. 염기는 NaOH도 좋으며 또 다른 물질이라도 좋지만 여기서는 간단히 하기 위해 NaOH로 설명하겠다. 제3장 2절 라항에서 사용한 염화나트륨 용액에 NaOH를 첨가하면 식 (3.26)의 $[Na^+]$와 $[Cl^-]$의 균형이 깨진다. 이러한 이온 농도의 차이는 첨가한 NaOH에서 유래하는 Na^+의 농도에 해당한다.

$$C_B = [Na^+] - [Cl^-] \tag{3.31}$$

그러나 전기적 중성을 나타내는 식 (3.26)은 여전히 성립하고 있다. 따라서 식 (3.26)과 식 (3.31)로부터,

$$C_B = [HCO_3^-] + 2[CO_3^{2-}] + \frac{K_W}{[H^+]} - [H^+] \tag{3.32}$$

가 된다. 식 (3.32)로 나타내는 C_B를 '탄산알칼리도(carbonate alkalinity)'라고 하고 A_C로 표기한다.

실제의 해수에는 탄산염계 인자 이외에 붕산($B(OH)_3$), 규산, 황산(H_2SO_4) 등 산염기평형에 관여하는 다양한 물질(양성자 수용체와 양성자 공여체)이 녹아있다. 이것들의 기여도 고려하여 총알칼리도(A_T)를 표현한 것이 식 (3.33)이다.

$$A_T = A_C + [B(OH)_4^-] + [HPO_4^{2-}] + 2[PO_4^{3-}] + [SiO(OH)_3^-] + [NH_3] + [HS^-] + \cdots\cdots - [HSO_4^-] - [HF] - [H_3PO_4] \tag{3.33}$$

식 (3.33)에 포함되어 있는 화학종의 해수 농도 수준을 고려하면, 총알칼리도에 주로 기여하는 것은 HCO_3^-, CO_3^{2-}, 붕산이온($B(OH)_4^-$) 등 3개이다.

총알칼리도는 해수를 염산(HCl)으로 적정하여 $A_T = 0$의 상태, 즉 해수의 알카리성 물질이 HCl과 과하거나 부족함 없이 반응하는 상태에 도달하기까지 필요한 HCl의 양으로 측정한다. 해양의 총알칼리도는 약 2,150 ~ 2,450 μmol/kg의 범위이며 총용존무기탄소 농도에 비해 약간 높다.

바다 속에는 산호, 조개, 유공충, 식물플랑크톤인 인편모조류(cocolitho-phorid) 등 탄산칼슘($CaCO_3$) 각을 몸에 지닌 다양한 생물이 살고 있다.

이러한 생물들이 $CaCO_3$을 만들 때(석회화될 때) 해수에 녹아있는 CO_3^{2-}가 사용된다. 이 때 총용존무기탄소 농도와 총알칼리도는 함께 낮아지며, 이 때 낮아지는 비율은 총용존무기탄소 농도 1에 대해 총알칼리도가 2이다 (그림 3.2 참조). 반대로 $CaCO_3$의 각이 녹으면 총용존무기탄소 농도 1에 대해 총알칼리도는 2만큼 증가한다.

바. 탄산칼슘 포화도

바다의 생물들이 몸에 지닌 각에 $CaCO_3$을 이용할 수 있는 것은 해수의 $CaCO_3$ 용해도가 낮고, $CaCO_3$이 고체상태를 유지할 수 있기 때문이다. 해양 표층은 pH가 높기 때문에 CO_3^{2-} 농도가 높고 $CaCO_3$은 과포화되어 있다. 그렇다고 해서 해양표층에서 $CaCO_3$ 결정이 화학적으로 성장하는 것은 아니다. 그 대신에 생물들이 만든 아라고나이트(선석, aragonite)와 칼사이트(방해석, calcite) 같은 결정형의 $CaCO_3$ 각은 생물이 죽은 후에도 녹지 않고, 패각, 산호초 파편, 별모양 모래(유공충의 각) 등으로 남는다. 한편 해양 심층에서는 pH가 낮기 때문에 CO_3^{2-} 농도도 낮아서 $CaCO_3$은 불포화되어 있다. 따라서 예를 들면 인편모조류와 유공충의 각이 심해로 침강되어 $CaCO_3$이 불포화되는 수심에 도달하면 각이 녹아버려 해저에 퇴적되지 않는다.

$CaCO_3$이 과포화인지 불포화인지를 파악하는 지표는 식 (3.34)으로 표현되는 Ω값으로 정의된다.

$$\Omega = \frac{[Ca^{2+}][CO_3^{2-}]}{K_{sp}} \tag{3.34}$$

Ω 〉1이면 $CaCO_3$ 과포화이고 Ω〈1이면 불포화이다. K_{sp}는 $CaCO_3$의 용해도곱을 나타낸다. K_{sp} 값은 아라고나이트와 칼사이트에서 서로 다르며, 아라고나이트는 칼사이트에 비해 K_{sp} 값이 크기 때문에 해수에서

는 흔히 아라고나이트가 높다. 아라고나이트의 Ω값은 온난한 열대역과 아열대역에서 약 4 정도로 가장 높다. 산호골격이 아라고나이트로 되어 있으며, $CaCO_3$이 과포화라는 점에서도 이러한 해역은 산호초 형성에 적합하다. 반대로 한랭한 해역에서는 Ω값이 작아지며, 북극해에서는 1을 밑돌기도 한다.

사. 해양에서 탄산염 체계의 변화요인

산염기평형에 관여하는 화학반응은 일반적으로 매우 빠르게 진행되기 때문에 용액의 탄산염계 인자를 각각 간단하게 분리하여 개별로 농도를 측정하는 것은 불가능하다. 그 대신에 총용존무기탄소(C_T), 총알칼리도(A_T), pCO_{2sw}, pH와 같은 4개의 변수 중 2개를 측정하고, 수온, 염분, 수압을 측정한 후 평형상수를 계산하면, 개개의 탄산염계 인자 농도와 다른 측정변수의 값을 산출할 수 있다.

예를 들어 C_T, A_T, 수온, 염분의 값으로 pCO_{2sw}, pH를 계산하기 위해서는 다음의 방법을 사용한다.

식 (3.33)은 식 (3.23)과 식 (3.25)를 대입하여 식 (3.33)′와 같이 C_T와 $[H^+]$의 함수로 표현할 수 있다(다만 식 (3.33)의 $[HPO_4^{2-}]$ 이후의 항은 기여가 작기 때문에 여기서는 생략한다).

$$A_T = \frac{C_T}{\left(\frac{[H^+]}{K_1}\right)+1+\left(\frac{K_2}{[H^+]}\right)} + \frac{2C_T}{\left(\frac{[H^+]^2}{K_1K_2}\right)+\left(\frac{[H^+]}{K_2}\right)+1} + \frac{B_T}{\left(\frac{[H^+]}{K_B}\right)+1} + \frac{K_W}{[H^+]} \qquad (3.33)'$$

B_T는 해수에 녹아있는 붕산과 붕산이온의 총 농도이며, 경험적으로 염분 S의 함수로 $B_T=4.1576\times10^{-4}\cdot S/35$ mol/L로 나타낸다. K_B는 식 (3.35)에서 나타낸 $B(OH)_3$의 산해리상수이다.

$$K_B = \frac{[H^+][B(OH)_4^-]}{[B(OH)_3]} \tag{3.35}$$

$B(OH)_3$ 산해리상수의 상세한 내용은 Dickson et al.(2007)을 참조하기 바란다[5].

식 (3.33)′의 C_T에 측정값을 대입하여 식 (3.33)′에서 계산되는 A_T가 측정값과 일치하도록 $[H^+]$의 값을 이분법 등으로 구한다. $[H^+]$의 값이 구해지면 이것을 C_T의 측정값과 함께 식 (3.23)에서 식 (3.25)에 대입하여 각각의 탄산염계 인자 농도를 구할 수 있다. 그리고 식 (3.10)과 식 (3.34)로부터 pCO_{2sw}와 Ω의 값을 구할 수 있다.

그림 3.2에 수온과 염분이 일정한 조건에서 C_T와 A_T의 변화에 의해 pCO_{2sw}와 Ω가 어떻게 변하는지를 등치선(等値線)으로 나타내었다. 또한 대기-해양 사이의 CO_2 교환, 유기물 생산과 호흡, 탄산칼슘각의 형성과 용해에 의해 C_T와 A_T가 어느 방향으로 변화하는지를 화살표로 함께 나타내었다.

그림 3.2에서 알 수 있듯이 해수가 대기로부터 CO_2를 흡수하면 A_T는 변하지 않지만 C_T의 상승에 의해 pH와 Ω값은 낮아지고 pCO_{2sw}는 증가한다. 생물의 호흡으로 해수로 CO_2가 방출되었을 때도 거의 같은 효과가 있지만, 호흡과 함께 HNO_3도 배출되는 것으로 생각되기 때문에, 그

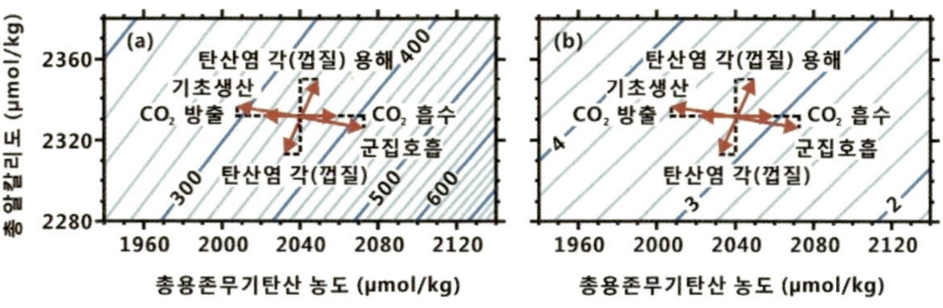

그림 3.2. 총용존무기탄소 농도와 총알칼리도의 변화에 의한 (a) pCO_{2sw}의 변화와 (b) Ω(아라고나이트)의 변화(수온 20℃, 염분 35).

림 3.2의 화살표는 탄소와 질소의 레드필드 비에 해당하는 만큼 기울어져있다. 또한 생물활동에 의한 총용존무기탄소 농도의 변화는 일반적으로 대기-해양 사이의 CO_2 교환에 의한 변화에 비해 크다. 인편모조류 등이 $CaCO_3$ 각을 만들 때 CO_3^{2-}가 이용되기 때문에 C_T와 A_T는 1:2의 비율로 감소한다. 다만 인편모조류는 광합성을 하기 때문에, 실제로 탄산염 체계가 어떻게 변화하는지는 광합성에 의한 C_T 감소 크기와 탄산칼슘 각 형성에 의한 A_T 및 C_T 감소 크기에 의해 결정된다.

그림 3.3에는 C_T와 A_T가 일정한 조건에서 수온과 염분 변화에 의해 pCO_{2sw}가 어떻게 변하는지를 나타내었다. 수온 변화는 해수의 CO_2용해도를 크게 변화시켜 수온 1℃가 pCO_{2sw}를 약 4%나 변화시킨다.

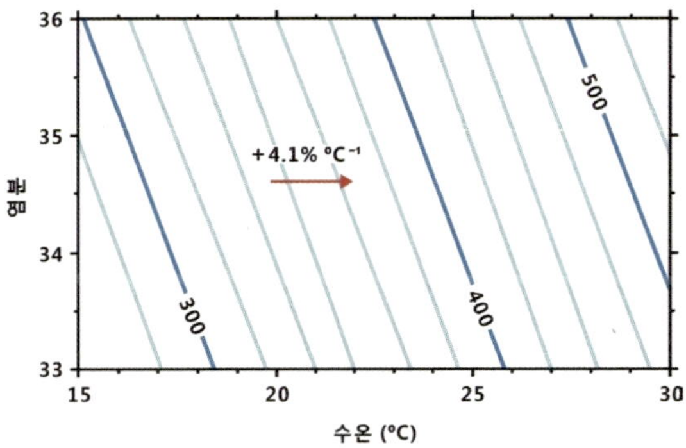

그림 3.3. 수온과 염분의 변화에 의한 pCO_{2sw} 변화(총용존무기탄소 농도 2000㎛ol/kg, 총알칼리도 2300㎛ol/kg).

3. 탄소순환

가. 지구표층의 탄소순환

대기, 해양, 육상의 식생에는 막대한 양의 탄소가 CO_2, 탄산염계 인자, 유기물의 형태로 저장되어 있다. 탄소는 주로 CO_2의 형태로 다양한 탄소저장소 사이를 활발하게 이동하고 있다(그림 3.4).

1980년대 스위스와 프랑스의 과학자들이 남극대륙의 깊은 얼음 속에 기포로 갇혀있는 과거 공기의 채취와 분석에 성공하여, 18세기 이전의 대기 CO_2농도가 약 280 ppm이었다는 것을 밝혔다. 이것은 산업혁명 이전의 대기에 총 589 PgC의 CO_2가 들어있었다는 것을 의미한다.

또한 산업혁명 이후에 화석연료 연소에 의해 대기로 배출된 CO_2 총량은 약 365 PgC에 이르는 것으로 추정된다. 실제로는 여기에 삼림파괴에 의해 배출된 많은 양의 CO_2가 추가되어 있을 것이다. 이러한 인위적인 CO_2 배출 결과, 대기 CO_2농도는 급격하게 상승하여 2000 ~ 2009년 사이의 평균값은 산업혁명 이전에 비해 100 ppm 이상 높아져 약 390 ppm에 이르렀다. 그러나 대기의 CO_2농도 상승 데이터로부터 계산하면, 산업혁명 이후에 대기에서 증가한 CO_2 총량은 240 PgC이며, 화석연료 소비에 의한 총배출량인 365 PgC와 비교하면 약 66% 정도밖에 되지 않는다. 또한 대기 CO_2농도의 상승속도는 엘리뇨 현상에 의해 크게 변하지만, 최근에는 평균적으로 매년 2 ppm씩 증가하고 있다. 이들로부터 계산되는 대기 전체의 CO_2 증가량은 매년 4 PgC으로, 2000 ~ 2009년 사이의 화석연료 소비와 삼림파괴를 합한 평균 CO_2 배출량인 8 PgC에 대해 50% 정도이다.

나머지 CO_2는 어디로 갔을까? 아마도 지구표층의 탄소순환 흐름 속에서 해양과 육상의 식생에 흡수된 것으로 생각된다. 엘리뇨 발생에 의해 대기의 CO_2농도 상승속도가 변하는 것도 해양과 육상식생으로 CO_2 흡수량이 변하기 때문이다. 지구규모의 해양관측 결과에서 해양은 특히 산업혁명 이후에 배출된 CO_2 중 155 PgC을 흡수한 것으로 추정 된다[7]. 최근에는 해양과 육상의 식생에서 매년 약 2 PgC의 CO_2를 흡수하고 있는 것으로 평가 된다[8]. 그러나 산업혁명 이후의 CO_2 수지(収支, budget)를 살펴보면, 대기의 CO_2 증가량과 해양으로 축적량의 합계는 395 PgC이

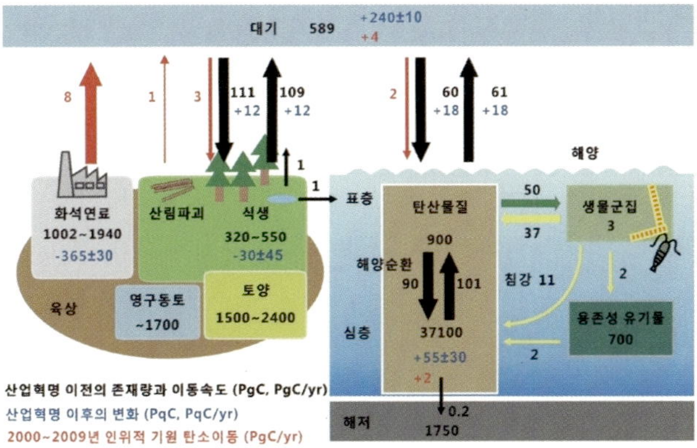

그림 3.4. 지구표층의 탄소순환(IPCC 제5차 보고서[6])을 수정).

며, 화석연료 소비에 의한 CO_2 총량보다 30 PgC 많다. 이러한 것들로부터 역사적인 삼림파괴에 의한 CO_2 총배출량은 삼림의 기초생산 증가에 의한 CO_2 흡수량 증가보다도 아직 30 PgC 정도 많은 것으로 생각된다.

해양이 왜 대기로부터 CO_2를 흡수할 수 있는 것일까? 그리고 대기-해양 사이에서 CO_2가 활발하게 이동하는데에도 불구하고, 해양이 대기의 약 60배나(제3장 2절 가항 참조) 탄산염계 인자를 축적하는 것은 어떻게 가능한 것일까?

그것은 제3장 2절에서 설명한 것과 같이 해수가 약알칼리성이기 때문에, 탄산염계 인자 대부분이 CO_2가 아닌 HCO_3^-와 CO_3^{2-} 형태로 바뀌어 녹아있기 때문이다. 그리고 다음 절에서 설명하는 것과 같이 해양표층으로부터 심층으로 CO_2를 운반하여 많은 양의 탄산염계 인자를 심층에 계속 축적시키는 '펌프'역할을 해양이 하고 있기 때문이다.

나. 용해도 펌프와 생물펌프

대기의 CO_2는 어떠한 메커니즘에 의해 해양 심층으로 운반될까? 그 메커니즘에는 '용해도 펌프'와 '생물펌프'가 있다.

1) 용해도 펌프

'용해도 펌프(solubility pump)'는 물리적인 효과에 의해 대기로부터 해양표층으로, 그리고 해양표층에서 심층으로 CO_2를 운반하는 기능이며, '물리펌프'라고 바꿔 말할 수 있다. 식 (3.13)에서 나타낸 것과 같이 수온이 내려갈수록 해수의 CO_2 용해도는 높아지기 때문에 pCO_{2sw}는 낮아진다(그림 3.3 참조). 북태평양의 아열대해역에는 시계방향으로 돌고 있는 큰 해류가 있다(그림 1.7 참조). 이것을 아열대순환이라고 하며, 그 북서쪽 가장자리에 있는 강한 흐름이 구로시오(黒潮)이다. 구로시오에 의해 여름철에 수온이 30℃까지 도달하는 필리핀과 타이완의 근해로부터 일본연안 부근까지 운반되어 온 표층해수는 겨울철 계절풍에 의해 냉각되어, 수온이 약 20℃까지 내려간다. 이 때문에 해양 표층의 pCO_{2sw}는 대기의 pCO_{2air}에 비해 50 μatm 이상이나 낮게 되어 대기로부터 해양으로 CO_2가 흡수된다. 이것이 용해도 펌프의 한 가지 예이다.

용해도 펌프가 강하게 작용하고 있기 때문에 일본 부근의 북태평양은 겨울이 되면 CO_2를 활발하게 흡수하는 해역이 된다. 또한 구로시오는 보소반도(房総半島) 연안에서 동쪽으로 이안(離岸)되는 흐름을 구로시오 속류(Kuroshio extension)라고 하며, 구로시오 속류 인근에서는 표층해수가 겨울철 계절풍에 의해 더욱 냉각되어 밀도가 커지가 때문에, 표층에서 침강하여 아열대 모드수(subtropical mode water)와 중앙 모드수(central mode water)라는 수괴가 형성된다. 대기로부터 해양으로 흡수된 CO_2는 이들 수괴에 의해 해양의 깊은 수심으로 더욱 운반된다. 이러한 현상은 전 세계의 다양한 해역에서 일어나고 있다. 특히 북대서양에서는 따뜻한 멕시코만류가 아이슬란드 근해까지 북상한 후 냉각되어 심층수가 형성될 때 많은 양의 CO_2를 대기로부터 해양 심층으로 운반하고 있다.

2) 생물펌프

'생물펌프(biological pump)'는 '유기물 펌프'와 '탄산염 펌프'로 구분할 수 있다. 제3장 1절에서 설명한 것과 같이 해양표층에서는 기초생산에 의해 CO_2에서 유기물이 생산된다. 생산된 유기물 대부분은 해양표층에서 소비되어 CO_2로 되돌아오지만 일부는 입자성으로 머린스노(marine snow) 처럼 침강하거나, 해수에 녹아서 해수와 함께 침강된 이후에 심층에서 박테리아에 의해 분해되어 CO_2로 되돌아온다. 유기물이 개입된 이와 같은 과정에 의해 해양표층의 CO_2는 심층으로 운반되는 것이 '유기물 펌프'이다.

또한 해양표층에서 인편모조류 등 생물의 각으로 만들어진 $CaCO_3$도 생물이 죽은 후에 침강되어 Ω 값이 낮은 심층에서 녹아서 CO_3^{2-}와 칼슘이온(Ca^{2+})으로 되돌아 간다. 탄산염이 개입된 이러한 프로세스에 의해 해양표층의 CO_2가 해양 심층으로 운반되는 것을 '탄산염 펌프'라고 한다.

유기물 펌프(기초생산)는 해양표층의 총용존무기탄소 농도를 낮추며, pH를 올림으로서 pCO_{2sw}을 내려(그림 3.2(a) 참조), 대기에서 해양으로 CO_2 흡수를 촉진시킨다. 한편 탄산염 펌프는 해양표층의 총용존무기탄소 농도를 낮추지만, 동시에 그 2배에 해당하는 총알칼리도를 낮추기 때문에, 오히려 pCO_{2sw}를 높여서 해양에서 대기로 CO_2를 방출시키게 된다(그림 3.2(a) 참조). 따라서 어떠한 원인으로 유기물 펌프의 주역으로 생각되는 규조의 증식이 촉진되어 그것과 경쟁하는 인편모조류의 증식이 억제되면, 탄산염 펌프가 약해져서 표층해수의 총알칼리도가 증가한다. 그 결과 pCO_{2sw}가 낮아져 대기로부터 해양으로 CO_2 흡수가 증가하게 된다[6].

다. 대기의 이산화탄소 농도 변화와 해양의 탄소순환

용해도 펌프와 생물펌프에 의해 해양내부로 운반된 탄산염계 인자는 해수의 물리적인 순환에 의해 최종적으로 해양 표층으로 되돌아온다.

태평양의 적도역 중부에서 동부에 걸쳐 일어나는 적도 용승이 대표적인 사례이다. 이러한 용해도 펌프와 생물펌프는 대기의 CO_2와 해양 심층의 CO_2를 연결시키는 역할을 하고 있다. 그 중에서도 유기물 펌프의 효과는 커서, 해양표층의 총용존무기탄소 농도와 pCO_{2sw}를 낮은 수준으로 유지시켜 대기로부터 CO_2를 흡수하여 대기 CO_2농도를 낮은 수준으로 유지하는 중요한 역할을 담당하고 있다(그림 3.5).

남극대륙의 얼음에 갇힌 과거 공기의 분석에서는 과거 수십만 년 동안 반복되었던 빙하기 및 간빙기에서 빙하기에는 대기 CO_2농도가 200 ppm 보다 낮았으며, 간빙기보다도 80 ppm 이상이나 낮았다는 것이 밝혀졌다. 이러한 기후변화에 따른 대기 CO_2농도의 현저한 변화에는 대기의 약 60배나 탄소를 가지고 있는 해양의 용해도 펌프와 생물펌프의 크기 변화를 통해 중요한 역할을 담당하고 있는 것은 틀림없다. 수온변화에 의한 용해도 펌프의 변화와 육상에서 대기로 방출된 에어로졸에 의해 해양에 공급되는 철과 규소의 양의 변화에 의해 일어나는 유기물

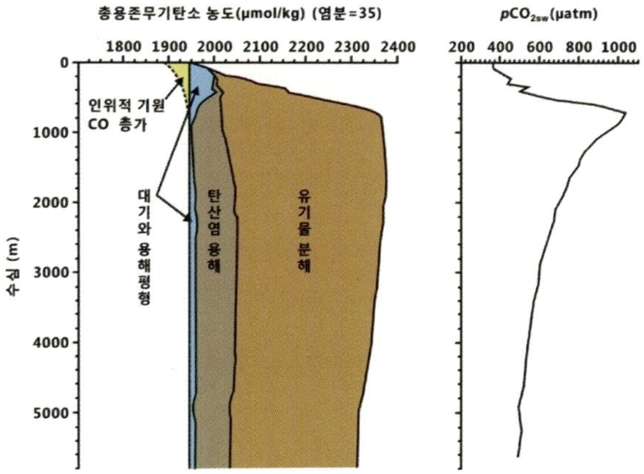

그림 3.5. 총용존무기탄소 농도와 pCO_{2sw}의 수직분포(2011년 7월, 북태평양 서부의 동경 165도, 북위 20도의 기상청에 의한 관측사례). 총용존무기탄소 농도의 수직분포에는 해양표층 부근을 기준으로 했을 경우의 생물펌프와 용해도 펌프의 기여의 크기를 나타내었다.

펌프와 탄산염 펌프의 변화가 대기 CO_2농도의 변동을 일으킨 원인으로 이야기되고 있다[9].

현대로 눈을 돌리면 화석연료 소비와 삼림파괴에 의한 대기 CO_2농도 증가에 따라 해수 CO_2도 증가하는 메커니즘도 용해도 펌프의 일종이라 할 수 있다. 식 (3.14)에 나타낸 것과 같이 표층해수가 대기 CO_2에 대해 불포화인지 과포화인지는 pCO_{2air}와 pCO_{2sw}를 비교하면 알 수 있다. 대기의 CO_2농도가 계속 증가하고 있는 지금, 해양은 CO_2 불포화의 정도가 증가하는 방향이지만, CO_2 과포화의 정도가 감소하는 방향의 상황에 항상 지속적으로 노출되어 있다. 이 결과로 대기에서 해양으로 CO_2가 계속 흡수되고 있는 것이다.

앞으로 대기 CO_2농도는 점점 상승하여 지구온난화가 더욱 진행 될 것으로 예측된다. 그렇게 되었을 때 탄소순환은 어떻게 변화하며, 해양으로 CO_2 흡수량은 어떻게 변화하게 될까?

물리화학적으로는 해양으로 CO_2 축적량이 증가하면 해수는 CO_2를 흡수하기 어렵게 되어, 대기 CO_2농도의 증가에 박차를 가하게 될 것으로 예상된다. 그림 3.2(a)를 다시 살펴보자. 총알칼리도가 일정한 조건에서 총용존무기탄소 농도가 증가 할수록 pCO_{2sw} 등직선의 간격이 좁아진다. 다시 말하면 일정한 속도의 pCO_{2sw} 증가에 대해 해수 중 총용존무기탄소 농도의 증가속도는 낮아진다. 이 효과는 앞으로 더 현저하게 될 것이다. 기후변화에 따른 용해도 펌프의 변화 -특히 해수온도 상승에 의한 해양표층으로부터 해양내부로 해수 침강의 감소- 의 영향과 영양염 공급속도의 변화에 의한 생물펌프의 변화도 탄소순환에 큰 영향을 미치게 될 것이다.

칼럼 4

해양산성화(ocean acidification)

인위적인 활동에 의한 CO_2 배출 때문에 해수의 CO_2가 상승하고 있다는 것은 해양에서 장기적인 pCO_{2sw}와 총용존무기탄소 농도의 관측에 의해 밝혀지고 있다. 이러한 것은 pH가 약 8.0인 약알카리성의 해양표층수가 조금씩 산성으로 변하고 있는 것을 의미한다.

해양으로의 CO_2 축적은 대기의 CO_2농도 증가를 억제하는 한편, 그에 따른 산성화는 해양생태계에 커다란 위협이 된다. 원래 총용존무기탄소 농도가 높으며, Ω값이 낮은 북극해와 남극해에서 이러한 영향이 매우 염려된다. 열대해역과 아열대해역도 Ω값의 착실하게 감소되고 있으며, 이러한 것이 산호골격 등의 탄산칼슘 형성을 방해함과 동시에 풍화를 조장하여, 해수온도 상승에 의한 백화현상과 부영양화에 의해 산호초와 산호초를 기본으로 하는 풍요로운 열대 및 아열대 해양생태계의 파괴를 급속하게 촉진시킬 가능성이 높다.

이러한 해양산성화는 식량문제 등을 통하여 인류의 생활과 사회 안전에 큰 영향을 미칠 가능성이 높기 때문에 '또 하나의 CO_2 문제'로 생각하고 있다. 현재 이런 해양산성화의 실태를 파악하고 영향을 예측하기 위한 조사 및 연구가 국내·외에서 활발하게 진행되고 있다.

04

미량원소와 동위원소

1. 미량원소란?
2. 농도 분포패턴과 순환
3. 해양의 미량영양염과 철 가설
4. 미량원소의 방사성 동위원소
5. 미량원소의 안전동위원소

제4장

미량원소와 동위원소

1. 미량원소란?

가. 해수의 미량원소

해수에는 지구에 존재하는 모든 원소가 녹아있다. 그림 4.1은 대륙지각과 해수에 있는 원소의 평균농도를 비교한 것이다. 먼저 농도 단위가 지각에서 ㎍/g인 것에 비해 해수에서는 ng/kg으로 10^6배나 낮은 것에 주의하자. 원소농도의 변동 폭은 지각에서는 10 자릿수(10억의 범위)이지만, 해수에서는 14 자릿수(10조의 범위)에 이른다. 또한 각각의 원소 농도도 지각과 해수에서 크게 다르다. 해수의 미량원소는 일반적으로 농도가 10^6 ng/kg(즉 1 ppb, 몰농도로는 약 10 μmol/kg) 미만의 것을 말한다[1]. 따라서 이 정의에 의하면 해수의 11개 주요원소를 제외한 대부분 원소는 미량원소가 된다.

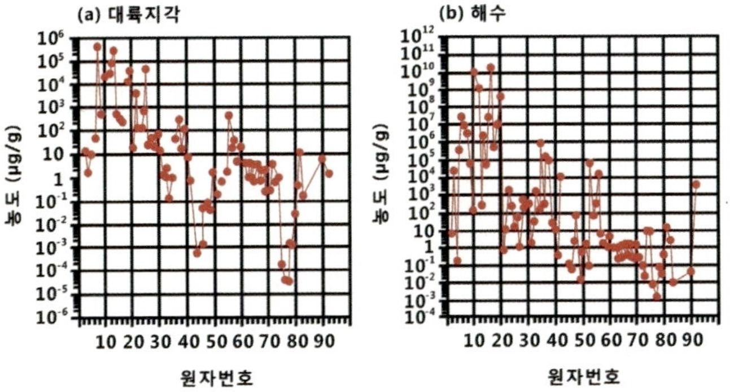

그림 4.1. 대륙지각과 해수의 평균 원소농도.

주요원소가 해양에 균일하게 분포하는 것과 다르게 미량원소의 농도와 분포는 해양과 지각 및 대기와 경계면에서의 물질수지(하천, 대기분진, 열수활동 등), 그리고 해양내부에 일어나고 있는 해수순환, 생물활동, 화학반응 등의 영향에 의해 다양하게 변화한다. 이 때문에 해수의 미량원소는 해양생물의 미량영양염(micronutrient), 해수 및 물질순환의 추적자(tracer) 및 고해양의 프록시(proxy)로서 주목된다(제6장, 제10장 참조). 표 4.1에 해양의 미량원소 및 동위원소를 대상으로 하는 국제공동관측 프로그램 GEOTRACES(칼럼 5 참조)의 키 파라미터(key parameters)로 선정되어 있는 미량원소 및 동위원소를 나타내었다[2].

표 4.1. GEOTRACES프로그램의 키 파라미터

키 파라미터	특 징
미량금속	
Fe	미량영양염
Al	Fe 공급의 추적자(대기분진 및 기타)
Zn	미량영양염, 고농도에서 잠재적 독성
Mn	Fe 공급 및 산화환원 사이클의 추적자
Cd	미량영양염, 고해양 영양염 농도의 프록시
Cu	미량영양염, 고농도에서 잠재적 독성
안정동위원소	
δ^{15}N(질산이온)	현대 및 고해양의 질산이온 순환의 프록시
δ^{13}C	현대 및 고해양의 영양염 및 해양순환의 프록시
방사성동위원소	
^{230}Th	퇴적 플럭스의 지표, 현대 해양순환 및 입자 스케벤징(scavenging)의 추적자
^{231}Pa	고해양의 순환 및 생산력의 프록시, 현대 해양의 입자 프로세스의 추적자
방사성기원 동위원소	
Pb 동위원소	해양의 천연 및 오염기원 추적자
Nd 동위원소	해양의 천연기원 추적자

나. 미량원소의 정량

해수에 들어있는 미량원소 정량은 분석화학에서 최첨단 과제이다[3]. 여기에서는 해수의 미량원소를 정량할 때 어려움에 대해 설명한다.

첫째로 미량원소는 다양한 형태(speciation)로 해수에 존재하며, 존재형태에 따라 화학반응성과 생물에 대한 효과가 서로 다르다. 외양에서 대부분의 미량원소 농도는 입자성 화학종(particulate species)보다 용존성 화학종(dissolved species)으로 존재한다. 일반적으로 해수시료를 여과했을 때 공경 0.2 ~ 0.45㎛의 여과지를 통과하는 것을 용존성으로 정의한다. 용존성에는 다양한 화학종이 있다. 용존무기성에는 수산화물 착화합물, 염화물 착화합물, 탄산 착화합물 등이 있다. 용존유기성에는 유기배위자가 산소, 질소, 황 등을 배위원자로 하여, 금속원자와 배위결합한 유기 착화합물과, 메틸기 등이 탄소-금속의 공유결합에 의해 금속원자와 결합된 유기금속화합물이 있다. 그리고 산화적인 환경인 현대의 해수에는 일반적으로 산화수(oxidation number)가 높은 화학종(Cu(II), Mn(IV), Fe(III), As(V))은 열역학적으로 안정하지만, 생물과정과 화학반응에 의해 Cu(I), Mn(II), Fe(II), As(III) 등의 산화수가 낮은 화학종을 만들게 된다. 이들 중 분해속도가 느린 유기금속화합물에 대해서는 확실하게 분별정량하는 것이 가능해졌지만, 그 외의 화학종을 실험으로 정량하는 것은 매우 어렵다. 그리고 시료의 보존방법(pH, 온도, 시간 등), 분리 및 농축법, 정량법에 따라 측정되는 부분(fraction)이 변하는 것에도 주의해야 한다.

두 번째로 최신의 분석기기를 사용하더라도 해수시료에서 대부분 미량원소를 직접 정량하는 것은 불가능하다. 현재 알려져 있는 많은 분석법에서 해수의 주요성분이 미량원소를 직접 정량하는 것에 대해 방해요소가 되고있으며, 미량원소를 직접 정량할 수 있을 만큼 감도가 높지 않다. 따라서 측정에 앞서 목적으로 하는 금속을 분리 및 농축하는 과정이 필요하다.

세 번째로 시료의 채취, 보존, 전처리, 측정과 같은 모든 조작과정에서 목적 금속의 오염(contamination)을 막지 않으면 안 된다. 오염의 원인은 주변의 모든 곳에 존재한다. 공기 중의 먼지, 해양관측선으로부터 선외로 배출되는 폐수, 관측기기를 장착하여 내리는 와이어의 녹, 채수기와 보존용기, 시약, 의복과 인간자신 등, 초창기의 연구에서는 오염을 방지할 수 있는 충분한 수단(클린기술, clean technology)이 확실하게 수행되지 못하였다. 1980년대 이후 클린기술의 진보에 의해 겨우 신뢰할 수 있는 미량원소농도를 얻을 수 있게 되었다.

마지막으로 지금까지는 외양해수의 표준물질이 없었기 때문에 분석법의 정확도 확인과 서로 다른 연구자들의 데이터를 비교하는 것이 어려웠다. 그러나 최근 GEOTRACES 프로그램 등을 통해서 대표적인 미량원소 및 동위원소에 대해서는 동일한 외양의 해수시료를 사용한 국제상호검정이 가능하게 되었다. 이러한 연구에서는 GEOTRACES 프로그램의 표준해수 시료 등을 이용하여 데이터의 품질을 정확하게 평가하는 것이 중요하다.

2. 농도 분포패턴과 순환

가. 수직분포에 의한 분류

2000년 무렵에 대부분 외양해역 미량원소의 용존성 농도에 대한 수직분포가 보고되었다. 노자키(野崎, 2001)[4)]는 북태평양에서 원소의 수직분포를 주기율표 형태로 정리하였다(부록). 해수의 미량원소 수직분포는 기본적으로 다음과 같은 3개의 형태로 분류할 수 있다.

• 보존성 성분형(conservative-type): 농도가 염분에 비례하며, 외양에서는 표층에서 심층까지 거의 일정한 값을 나타낸다. 몰리브덴(Mo), 우라늄(U) 등이 여기에 속한다. 이들 원소는 해양에서 평균체류시간(oceanic residence time)이 10^5년 이상으로 해양대순환에 의해 잘 혼합

되어 있어, 해양에 균일한 분포를 한다.

• 리사이클형(recycled-type): 표층에서 농도가 낮고 심층에서 증가한다. 인산이온(PO_4^{3-}), 질산이온(NO_3^-), 규산($Si(OH)_4$) 등 영양염과 유사한 분포를 나타내기 때문에 영양염형(nutrient-type)이라고도 한다. 해양에서 체류시간은 10^3 ~ 10^5년이다. 카드뮴(Cd), 아연(Zn) 등이 여기에 속한다. 이들 원소는 표층에서 생물입자에 흡수되어 심층으로 침강되지만, 침강입자의 분해 및 용해에 의해 다시 해수로 재무기화(remineralization) 되어 용출된다. 표층에서 영양염 흡수는 식물플랑크톤 등의 생물에 의한 능동적 흡수에 의해 이루어진다. 미량원소가 영양염과 마찬가지로 능동적으로 흡수되는 것인지 우연히 같은 거동을 하는것인지에 대해서는 아직 제대로 파악되지 않았다. 심층수에는 재생된 영양염이 점차 축적된다. 따라서 연령이 오래된 태평양 심층수는 대서양 심층수에 비해 영양염이 풍부하다. 리사이클형 미량원소도 영양염과 마찬가지로 연령이 오래된 심층수에서 농도가 높다.

• 스케벤징형(scavenged-type): 표층에서 농도가 높고 심층에서 감소한다. 알루미늄(Al), 납(Pb) 등의 원소가 여기에 속한다. 해양에서 체류시간은 10^3년 미만이다. 이들 원소는 입자에 흡착되기 쉬워 해수로부터 빠르게 제거된다. 표층에서 농도가 높은 것은 대기분진과 표층해류에 의해 공급되기 때문이다(제7장 참조). 리사이클형 원소와는 반대로 스케벤징형 원소는 연령이 오래된 심층수에서 농도가 낮다. 이것은 해양 대순환 동안 심층수에서 서서히 제거되기 때문이다.

망간(Mn), 철(Fe), 코발트(Co) 등의 원소는 리사이클형과 스케벤징형 양쪽의 성질을 함께 가지고 있기 때문에 하이브리드형(hybrid-type)으로 불리기도 한다.

나. 삼차원 분포와 시간변동

미량원소의 삼차원 분포와 시간변동에 대한 연구는 아직 많이 부족하다. 미량원소와 동위원소의 해양단면관측(ocean section study)으로 미량원소의 전 지구적인 분포를 밝히는 GEOTRACES 프로그램에 큰 기대가 모아지고 있다.

GEOTRACES Japan의 성과 사례로써 인도양의 북위 17°에서 남위 38° 사이의 3개 관측점에서 측정된 9개 용존성 미량원소의 수직분포를 그림 4.2에 나타내었다[5]. 이들 원소는 동일한 해수시료로부터 킬레이트 수지 고상추출법에 의해 일괄적으로 분리 농축하여 유도결합플라즈마 질량분석법(ICP-MS)로 정량하였다[6]. 농도의 상관관계를 바탕으로 이들 9개 원소를 3개 그룹으로 나눌 수 있다.

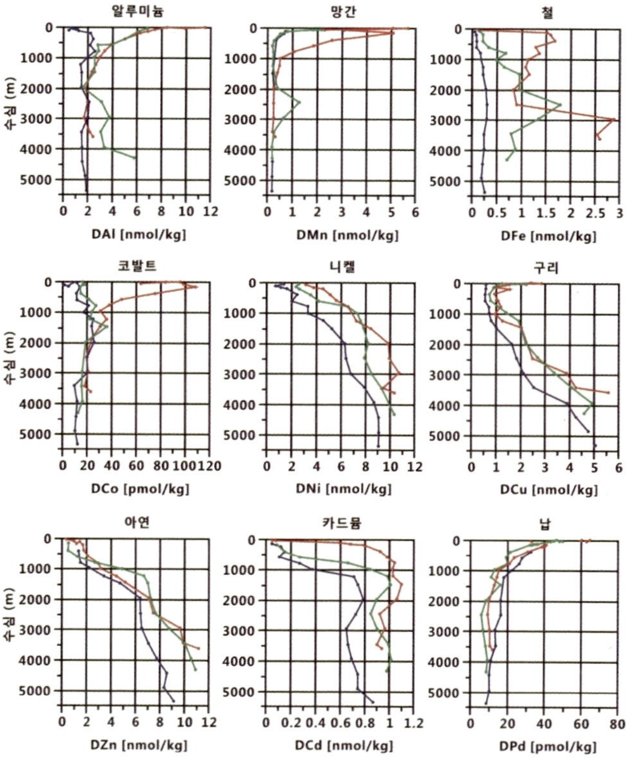

그림 4.2. 인도양에서 9개 용존성 미량 원소의 수직분포. 원소기호 앞의 D는 용존성(dissolved)를 의미함.
● ER-5(69°E, 16.8°N), ■ ER-10(72.5°E, 20°S), ◆ ER-12(57.6°E, 37.8°S)

제1그룹은 스케벤징형으로 Al, Mn, Co, Pb이 포함된다. 표층에서 이들 원소의 농도는 일반적으로 바람에 의해 인도대륙에서 운반된 대기분진의 영향 및 해류의 영향을 받는 관측점에서 높다. 심층의 농도는 국소적인 공급 영향을 제외하면 변동이 작다.

제2그룹은 리사이클형으로 니켈(Ni), 구리(Cu), 아연(Zn), 카드뮴(Cd)이다. 이들 원소는 원소 상호사이 및 영양염인 인(P)과 규소(Si)와 높은 상관관계를 나타낸다. ^{14}C의 데이터에 의하면 인도양 심층수는 약 300년에 걸쳐 북상한다. 이에 따라 심층에서 이들 4개 원소의 농도는 남쪽에서 북쪽을 향해 갈수록 상승한다.

제3그룹은 철(Fe)이다. 철은 매우 큰 농도변동을 나타낸다. 다른 8개 원소와 상관관계가 낮다. 특히 아라비아해 저층에서 높은 농도가 독특하다. 대륙사면 부근 저층에서 높은 철 농도는 다른 해역에서도 보고된다. 이러한 원인은 명확하지는 않지만 높은 생물생산에 의해 심층으로 침강, 퇴적물로 축적, 환원환경 퇴적물로부터 용출, 퇴적물의 재현탁 등이 복합적으로 기여하고 있다고 생각된다.

그림 4.3은 동경 70°를 따라서 측정된 Mn/Al 비의 수직 단면분포이다. Mn과 Al은 모두 스케벤징형이다. Mn은 산화 환경에서 +4가가 열역학적으로 안정하지만 +2가로 환원되면 용해도가 현저하게 높아진다. 한편 Al은 +3가 그대로이다. 표층에서 Mn/Al 비는 0.3 ~ 1.4이며 아라비

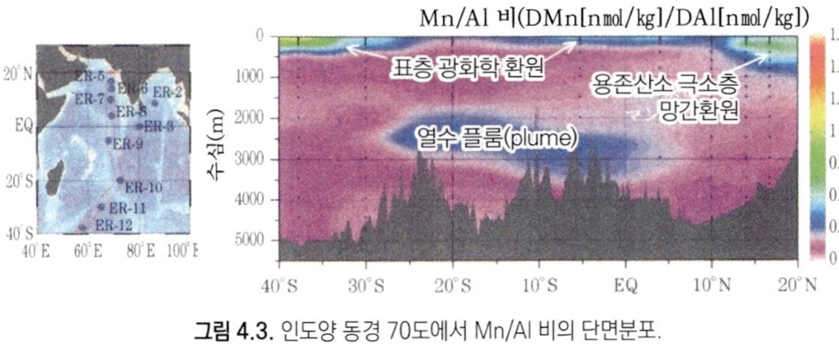

그림 4.3. 인도양 동경 70도에서 Mn/Al 비의 단면분포.

아해 에어로졸의 Mn/Al 비(0.007)에 비해 통계적으로 의미 있게 높다. 이것은 분진 등으로 공급된 망간산화물의 광학환원에 의해 생성된 망간이온(Mn^{2+})이 용해된 결과이다. 알루미늄이온(Al^{3+})은 환원되지 않기 때문에 상대적으로 Mn^{2+}이 보다 빠르게, 많이 용해된다. 아라비아해 북부에서는 80 ~ 1,500 m 수심에 용존산소 극소층(oxygen minimum zone)이 발달 되어 있다. 관측점 ER-5와 ER-6에서는 수심 200 m 부근에 아질산이온(NO_2^-)과 Mn, Co의 극대값이 확인되었다. 이것은 미생물에 의한 질산환원과 망간환원이 거의 같은 수심에서 일어나는 것을 의미한다. 그 결과 해수의 Mn/Al 비가 증가한다. 그리고 Mn/Al 비는 남위 5°~ 20°사이의 중앙 인도양 해령의 상부 수심 2,500 m 부근에서 극대값을 나타낸다. 이 극대층은 Fe의 극대층과 거의 일치한다. 중앙인도양 해령에서는 해저열수활동(제9장 참조)이 보고되어 있다. 극히 환원적인 열수 분출유체에는 매우 높은 농도의 Mn이 함유되어 있다. Mn/Al 비의 극대층은 유체가 해수와 혼합, 확산하여 생긴 열수플룸(plume)의 존재를 나타낸다. 이상과 같이 Mn/Al 비는 해양에서 일어나는 환원반응과 그 영향범위를 나타내는 좋은 추적자(tracer)이다.

용존성 Pb의 연간변동에 관한 데이터가 대서양의 시계열 관측점 BATS (31°40'N. 64°10'W) 및 주변 해역에서 수집되고 있다[7]. 1979년 및 1984년의 관측에서는 Pb의 극대층이 수심 500 m 부근이었으며 농도는 약 170 pmol/kg이었다. 이 극대층은 시간이 지날수록 작아져서 2008년의 관측에서는 소실되어 사라졌다. 2008년의 관측에서는 표층에 25 pmol/kg의 극대층 및 수심 900 ~ 2,000 m에 약 40 pmol/kg의 극대층이 확인되었다. 이러한 해양 상층에서 Pb농도 감소는 미국과 유럽에서 유연휘발류 사용금지를 반영하고 있는 것으로 생각된다. 이 결과는 인류활동이 이미 해양 미량원소의 거동에 큰 영향을 미치고 있다는 것과 해양 미량원소가 정상상태에 있다는 어프리오리(a priori)로 가정하는 것은 틀렸다는 것을 나타내고 있다.

3. 해양의 미량영양염과 철 가설

가. 미량영양염

생물이 정상적으로 성장하고 증식하기 위해서는 미량영양염으로서 다양한 미량원소가 필수적이다. 대표적인 것은 망간(Mn), 철(Fe), 코발트(Co), 니켈(Ni), 구리(Cu), 아연(Zn), 몰리브덴(Mo), 카드뮴(Cd)이다[8]. 미량원소가 생물에 이용가능한 것인지에 대한 여부는 농도와 화학적 형태(speciation)에 의해 다르다.

최근 학설에 따르면 해양은 24억 년 전까지는 산소(O_2)도 황(S)도 결핍이었다. 18 ~ 8억 년 전에 황화수소(H_2S)가 풍부해지고, 그 후 산소(O_2)를 포함하는 산화적인 환경으로 천이되었다. 이와 함께 해수의 미량원소 농도도 크게 변한 것으로 생각된다. 특히 철(Fe)은 크게 감소하였고, 반대로 몰리브덴(Mo)이 크게 증가하였다. 이와 같은 미량원소의 변동은 생물진화에 깊게 관여하였을 가능성이 크다.

현대의 산화적인 해양에서 미량원소는 생물에 의한 섭취, 철 · 망간산화물과 생물기원 입자 등에 흡착 및 스케벤징 때문에 표층해수에서 제거된다. 이 때문에 외양은 일반적으로 미량원소 농도가 낮고, 생물에게 매우 혹독한 환경이다. 한편 인류활동은 해양으로 미량원소 공급을 증가시켰다. 이것은 미량원소 농도가 낮은 환경에 적응하여 진화해온 생물에 심각한 영향을 미칠 위험이 있다. 따라서 현대 해양에서 미량원소의 화학적 형태(speciation) 및 순환과 생태계와의 상호관계를 밝히는 것은 매우 중요하다.

나. 미량영양염의 화학량론

일반적으로 탄소(C), 질소(N), 인(P) 등 마크로영양염(macro-nutrients)

사이에는 레드필드 비가 성립한다. 즉 식물플랑크톤의 원소조성은 전형적으로 C:N:P = 106:16:1이라는 몰 비로 나타난다(제3장 참조). 더욱이 해수에서 N과 P의 농도비도 거의 16:1이다. 이것과 유사한 화학량론(stoichiometry)이 미량영양염에서도 성립하는지의 여부는 오랫동안 논의의 주요 표적이 되어왔다[10].

미량영양염을 포함한 화학량론을 확장 레드필드 비라 한다. 식물플랑크톤의 미량원소 조성을 정확하게 파악하는 것은 고도의 분석기술이 필요하다. 최근에 들어서 겨우 어느 정도 확실한 값에 대한 보고가 증가하고 있다. 그것에 따르면 식물플랑크톤의 미량원소 농도비는 종과 환경조건에 따라 1자릿수 이상 변동한다.

최근 다원소분석법에 의해 해수 미량원소의 화학량론이 밝혀졌다. 그림 4.4는 심층 수괴의 용존성 금속/인(M/P) 비를 비교한 것이다[5]. 젊은 연령을 나타내는 북대서양 심층수(North Atlantic Deep Water: NADW)에서 다른 수괴에 비해 Al, Co, Pb 등의 스케벤징형 원소의 비가 의미 있게 높다. 한편 하부 남극순환 심층수(Lower Circumpolar Deep Water: LCDW), 인도양 심층수(Indian Deep Water: IDW) 및 북태평양 심층수(North Pacific Deep Water: NPDW)에서 M/P 비의 변동은 약 5배 이내이다. 즉 수 백 년 이상 경과한 오래된 심층수는 미량원소의 화학량론비가 거의 같다고 할 수 있다. 게다가 영양염형의 Ni, Cu, Zn, Cd에서 심층수와 식물플랑크톤의 M/P 비가 거의 일치한다. 표층으로 용승하는 심층수는 N과 P의 주요공급원이다. 심층수는 식물플랑크톤에게 필요한 양의 Ni, Cu, Zn, Cd을 동시에 공급할 수 있다. 그러나 Mn, Fe, Co에서는 심층수의 M/P 비가 식물플랑크톤 비 보다 1자릿수 이상 작다. 따라서 심층수만으로는 식물플랑크톤이 필요로 하는 양의 Mn, Fe, Co가 공급되지 않는다. 심층수가 운반한 N과 P를 이용하여 식물플랑크톤이 성장하고 증식할 때 Mn, Fe, Co는 다른 공급원으로부터 공급되지 않으면 안 된다.

생각할 수 있는 주된 공급원은 대륙, 섬 그리고 주변해역의 퇴적물이다.

이상과 같이 미량영양염에서는 단순한 확장 레드필드비가 성립하지 않는다. 또한 현대 해양에서는 Mn, Fe, Co가 식물플랑크톤의 제한인자(limited factor)가 되기 쉽다고 할 수 있다.

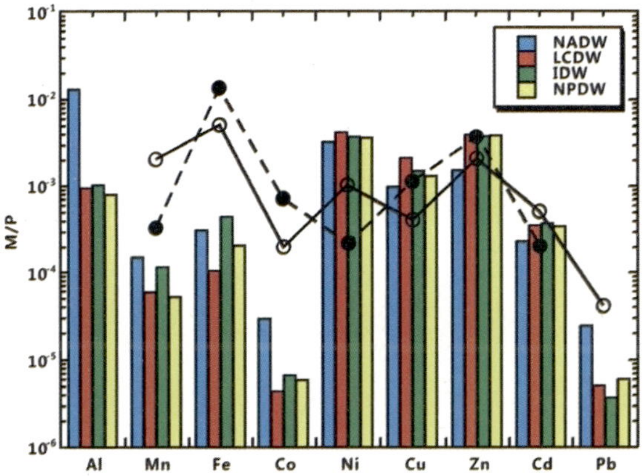

그림 4.4. 심층해수(막대그래프)와 식물플랑크톤(꺾은선 그래프)의 M/P비 비교. NADW(북대서양심층수), LCDW(하부남극순환심층수), IDW(인도양심층수), NPDW(북태평양심층수), ○ Kuss and Kremling(1999), ● Ho et al.(2007, 2009).

베링해 동부의 대륙붕역은 전 세계에서 손꼽히는 높은 생물생산 해역이다. 이 해역의 용존성 Mn, Fe, Co 농도는 태평양 심층수에 비해 수배 이상이 높다[11]. 입자성은 더욱 농도가 높다. Fe은 입자성이 총 농도의 80% 이상을 차지한다. 이들 금속은 유콘강 및 환원적인 대륙붕 퇴적물에서 공급된다. 이렇게 풍부한 Mn, Fe, Co의 공급이 높은 생물생산을 지지하는 원천으로 생각되고 있다.

다. 철 가설

일반적으로 식물플랑크톤은 용존하는 영양염을 소진할 때까지 증식하기 때문에 표층수의 영양염 농도는 거의 0에 가깝다. 그러나 남극해,

태평양의 적도해역 등에서는 N과 P 등이 풍부하게 용존하고 있음에도 불구하고 식물플랑크톤의 생물량이 낮은 해역이 존재한다. 이들 해역은 무엇이 생물생산을 제한하고 있는 것일까? 이것은 해양학의 오랜 수수께끼이었다. 1980년대말 존 마틴(John Martin)은 미량영양염인 Fe 부족이 이러한 원인이라는 가설을 제안하였다[12].

Fe은 대부분의 효소와 단백질에 들어있어 다양한 생리기능을 담당한다. Fe은 광합성과 질소고정에 반드시 필요한 원소이다. 식물플랑크톤이 필요로 하는 Fe의 양은 P에 대해 1/100 ~ 1/1,000 정도이다. Fe은 지각에서는 4번째로 풍부한 원소이지만, 산소를 포함하는 해수에서 Fe의 용해도는 매우 낮다. 따라서 현대의 해양에서 Fe은 N과 P보다 먼저 고갈되기 쉽다.

마틴의 철 가설(iron hypothesis)은 다음 3가지의 내용으로 이루어진다. ①현대의 넓은 해역에서 Fe 부족이 생물생산을 제한하고 있다. ② 빙하기에 강풍에 의해 남극해로 많은 양의 먼지가 유입되어 식물플랑크톤은 먼지에서 용출된 Fe을 이용하여 증식하였다. 그 결과 대기의 이산화탄소(CO_2) 농도가 감소하였다. ③ Fe이 부족한 남극해에 인위적으로 Fe을 산포(철시비, iron fertilization)하면 식물플랑크톤을 증식시켜 대기 CO_2의 고정을 촉진할 수 있다. 매년 30만톤의 철(대형 유조선 1.5척분)을 살포하면 1.8기가톤(매년 대기에 축적되는 인위기원 CO_2의 약 절반)의 CO_2 고정이 가능하다.

마틴의 철 가설은 해양학에 센세이션을 일으켰다. 이 가설의 진위를 평가하기 위하여 외양 수십 ㎢의 해역에서 약 100 ㎏의 철을 살포하는 중규모의 철 첨가실험(mesoscale iron enrichment experiment)이 기획되었다. 1993년부터 2005년까지 12회의 중규모 철 첨가실험이 적도태평양, 아한대북태평양, 남극해 등에서 실시되었다[13]. 이것은 인류가 수행한 최대 규모의 실험이었다. 그 결과 마틴 철 가설 ①의 타당성이 인정되었다. 그러나 마틴 철가설 ②와 ③에 대해서는 아직도 논의가 계속되고 있다.

해양의 철시비는 에너지효율이 극히 높은 CO_2 고정화 대책으로 주목되었다. 미국에서는 발 빠르게 철시비를 기반으로 한 벤처 비즈니스가 생겨났다. 그러나 많은 과학자들은 철시비에 미지의 부분이 많아 신중을 기해야한다는 의견이다. 철시비는 해양생태계에 심각한 영향을 미칠 위험이 있다[14). 유엔의 관련기관은 예방원칙을 기반으로 당면한 철시비를 법적으로 금지하려고 하고 있다.

4. 미량원소의 방사성 동위원소

가. 방사성 동위원소란?

원자핵은 양성자와 중성자로 되어 있다. 양성자의 수를 원자번호라고 하며, 양성자와 중성자의 수를 합한 것을 질량수라고 한다. 원자번호가 원소의 종류(특성)를 결정한다. 양성자 수가 같더라도 중성자 수가 다른 핵종을 동위원소(isotope)라고 한다. 동위원소에는 변화하지 않는 안정 동위원소(stable isotope)와 시간이 지남에 따라 붕괴하는 방사성 동위원소(radioisotope)가 있다. 방사성 동위원소는 다음의 식에 의해 붕괴하여 다른 핵종으로 변한다.

$$\frac{dN}{dt} = -\lambda N \tag{4.1}$$

여기서 N은 방사성 동위원소의 원자수, t는 시간, λ는 붕괴상수(decay constant) 이다. 붕괴상수는 핵종의 고유상수로 온도와 압력 등의 조건에 의존하지 않는다. 식 (4.1)을 변형하면

$$N = N_0 e^{-\lambda t} = N_0 \left(\frac{1}{2}\right)^{\frac{t}{T_{1/2}}} \tag{4.2}$$

여기서 N_0는 초기(t = 0)의 원자수, $T_{1/2}$는 반감기이다. 즉 방사성 동위원소의 원자수는 1반감기가 경과하면 절반으로 줄어든다. 이러한 성질 때문에 방사성 동위원소는 시계로 이용할 수 있다.

방사성 동위원소는 생성기원에 따라 크게 3개 그룹으로 나눌 수 있다. 제1그룹은 천연에 존재하는 긴 수명을 가진 방사성 동위원소(long-lived radioisotope)와 그것들을 기원으로 하는 핵종이다. 이 핵종들은 원래 항성과 초신성에서 원소합성에 의해 만들어져, 46억 년 전에 지구가 생성될 때 재료에 포함되어 있었다. 주된 핵종은 ^{40}K, ^{238}U, ^{235}U, ^{232}Th이다. ^{238}U, ^{235}U, ^{232}Th은 방사성을 가진 많은 딸 핵종으로 이루어진 붕괴계열(decay chain)을 만들어 최종적으로 Pb의 안정동위원소가 된다(부록 참조). 이들 방사성 동위원소가 붕괴할 때 발생하는 열은 지구내부의 열원으로 지구의 진화를 구동시킨 주된 에너지 중 하나이다. 현재에도 인간이 받는 천연방사선의 약 80%는 이들 핵종에서 방출되는 방사선이다. GEOTRACES 프로그램의 키 파라미터인 ^{230}Th과 ^{231}Pa은 각각 ^{238}U과 ^{235}U 붕괴계열에서 생성되는 딸 핵종이다. 또한 ^{238}U 붕괴계열에서 생성되는 딸 핵종인 ^{222}Rn도 해양에서 화학추적자(chemical tracer)로 이용되고 있다(제6장 참조).

제2그룹은 우주기원 동위원소이다. 여기에는 우주선(cosmic ray)으로서 날아온 방사성 핵종과 우주선이 지구 대기에서 핵반응을 일으켜 만들어진 방사성 핵종(우주생성 핵종, cosmogenic isotope)이 있다. 후자의 대표인 반감기 5,730년의 ^{14}C는 해양 대순환를 실증하는데 큰 역할을 하였다(제6장 참조).

제3그룹은 인공방사성 동위원소(artificial radioisotope)이다. 이들은 대기권 핵실험, 원자로 사고, 원자력 시설로부터 누출 등에 의해 환경으로 방출된다. 반감기 12.5년인 ^{3}H는 1950 ~ 1960년대 대기권 핵실험에 의해 대량으로 방출된 과도기적 추적자이다(제6장 참조). 이외에는 ^{90}Sr, ^{99}Tc, ^{131}I, ^{137}Cs, ^{239}Pu, ^{240}Pu, ^{241}Am 등이 있다.

나. 방사성 동위원소의 이용 사례

1) 토륨(Th)

토륨(Th)은 입자에 의해 운반되는 과정의 화학추적자로 이용된다. 반감기 75,380년인 ^{230}Th은 반감기 245,500년인 ^{234}U이 방사붕괴하여 생성된다. U(VI)는 탄산우라닐 착화합물로서 해수에서 안정하게 용해되어 전 해양에 균일하게 분포한다. 만약 방사평형(radioactive equilibrium)이 성립한다면 해수의 ^{230}Th과 ^{234}U의 방사능비(즉 농도비)는 일정해야 할 것이다. 그러나 실제로 ^{230}Th은 일정하지 않다.

초창기의 연구에서 ^{230}Th 총 농도 및 입자성 농도는 수심이 깊어질수록 같이 증가하는 수직분포를 나타내었다. 이것은 Th(IV)이 입자에 흡착되어 스케벤징 되기 때문이다. 방사성 동위원소는 그 자신이 시계이기 때문에 스케벤징에 포함되는 다양한 과정(핵종의 흡착과 탈착, 입자의 응집과 분해 등)의 속도를 계산하는데 이용된다. 수직 1차원 이류확산, 입자의 침강 및 핵종과 입자의 상호작용을 조합한 다양한 모델이 제시되어 왔다(그림 4.5). 그러나 최근 저층에서 ^{230}Th 농도가 감소하는 분포가 다수 관측되었다[15)]. 이와 같은 분포를 설명하기 위해서는 수평방향의 이류와 저층에서의 강한 스케벤징을 고려하지 않으면 안 된다.

^{238}U 방사붕괴로 생성되는 ^{234}Th의 반감기는 24.1일이다. 반감기가 짧기 때문에 보다 속도가 빠른 과정의 영향을 강하게 받게된다. 표층에서 ^{238}U과 ^{234}Th 사이의 비평형 적분량이 입자성 유기탄소의 침강플럭스(제5장 참조)에 비례한다는 개념이 있다[16)]. 또한 중층에서 과잉의 ^{234}Th은 침강입자의 재무기화(remineralization)의 지표가 될 수 있다.

2) 플루토늄(Pu)

플루토늄(Pu)은 인공방사성 핵종에 의한 환경오염에 이용되는 추적자(tracer)이다. 최근 ICP-MS를 사용하여 ^{240}Pu/^{239}Pu 비를 정밀하게 측

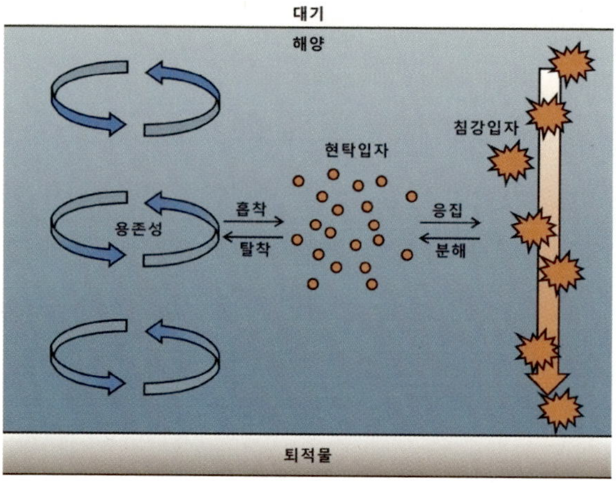

그림 4.5. 스케벤징 모델의 개념도.

정하는 것이 가능하게 되었다. 이 비는 핵연료와 연소 조건에 따라 변한다. 대기권 핵실험에 의한 글로벌 폴아웃(global fallout) $^{240}Pu/^{239}Pu$ 비는 약 0.18이다. 한편 마셜제도(Marshall Islands) 핵실험 유래 $^{240}Pu/^{239}Pu$ 비는 약 0.36이다. 1990년대 북태평양 서부와 동해/일본해에서 채수한 해수의 $^{240}Pu/^{239}Pu$ 비는 0.20 ~ 0.24로 마셜제도 핵실험으로부터 약 30년이 지난 후에도 그 영향이 태평양과 주변해역에 넓게 남아있는 것을 알 수 있다[17)].

5. 미량원소의 안정동위원소

가. 방사성 기원 동위원소

많은 원소가 복수의 안정동위원소를 가지고 있다. 원소의 원자량(atomic weight)은 각각 안정동위원소의 상대원자질량에 천연에서의 존재비를 곱한 것을 모두 더한 총합이다. 여기서는 지구에서 안정동위원소 존재비가 일정하다는 것을 가정하고 있다. 그러나 실제로 극히 작지만 존재비는 변동한다. 그 원인은 주로 다음의 두가지이다. 첫 번째는 이 절에서 설명하는 방사붕괴이다. 두 번째는 다음 절에서 설명하는 물리적 및 화학적 과정에서 일어나는 질량분별(mass fractionation)이다.

방사성 기원 동위원소(radiogenic isotope)는 방사붕괴에 의해 생성되는 안정동위원소이다. GEOTRACES 프로그램에서 중요시 되어 키 파라미터로 사용되는 방사성기원 동위원소는 납(Pb) 동위원소와 네오듐(Nd) 동위원소이다. Pb(II)과 Nd(III)은 해양에서 체류시간이 수 백 년 미만으로 해양의 혼합시간(약 1,500년)에 비해 짧기 때문에 이들 핵종의 기원차이가 분포에 영향을 미친다.

1) 납(Pb)

^{206}Pb은 ^{238}U($T_{1/2}$=4.468×10^9y) 붕괴계열의 최종 생성물이다. 마찬가지로 ^{207}Pb은 ^{230}U($T_{1/2}$=7.038×10^8y) 붕괴계열의 최종 생성물, ^{208}Pb는 ^{232}Th($T_{1/2}$=1.40×10^{10}y) 붕괴계열의 최종 생성물이다. 어떤 마그마에서 광물이 생성된 후 그 광물이 폐쇄계 상태에서 ^{238}U, ^{235}U, ^{232}Th 및 이들의 딸 핵종 모두가 전혀 분리되지 않은 채 시간 t가 경과했다고 하면, ^{206}Pb, ^{207}Pb, ^{208}Pb의 농도 사이에는 직선관계가 성립한다. 마그마의 초기조성, 광물생성 후 핵종 출입, 경과시간 등이 다르면, 광물은 다른 Pb 동위원소 비를 가진다. Pb 동위원소는 단시간에 변하지 않기 때문에 지각물질의 기원을 파악하는 지표가 된다.

인류는 다양한 광물자원을 채굴하여 이용하면서 지구표층을 순환하는 Pb 동위원소 비를 변화시켰다. 북태평양에서 ^{206}Pb/^{207}Pb 비는 표층에서 낮고 심층에서 높다[18]. 심층의 값은 약 1.188이며, 이것도 산업혁명 이전의 추정값(약 1.210)에 비해 의미 있게 낮다. 이것은 인위기원 Pb이 이미 북태평양 심층까지 들어가 있으며, 해수의 Pb 동위원소에 큰 비율을 차지하게 된 것을 나타낸다.

2) 네오듐(Nd)

^{143}Nd은 반감기 1.06×10^{11}년인 방사성 사마리움(^{147}Sm)의 붕괴로 생성된다. $^{143}Nd/^{144}Nd$ 비는 중앙해령 현무암에서 약 0.5131, 해양에 있는 섬들의 현무암은 약 0.5128이다. 화강암은 생성연대에 대응하여 0.508 ~ 0.511 범위로 변동한다. 따라서 해양에서 Nd 동위원소는 각 기원으로부터의 상대적인 기여량을 추정하기 위해 이용된다. Nd 동위원소 비의 변동은 극히 작기 때문에 다음과 같이 εNd 값으로 나타낸다.

$$\epsilon Nd = \left(\frac{\left(\frac{^{143}Nd}{^{144}Nd}\right)_{sample} - \left(\frac{^{143}Nd}{^{144}Nd}\right)_{standard}}{\left(\frac{^{143}Nd}{^{144}Nd}\right)_{standard}} \right) \times 10^4 \tag{4.3}$$

Nd 동위원소는 동위원소 비 표준에 콘드라이트운석의 평균값 0.512638을 사용한다. 북태평양에서 관측된 수직분포에서 εNd은 표층에서 극대층, 수심 약 200 m에서 극소층, 수심 800 ~ 1,000 m의 북태평양 중층수에서 극대층이 나타난다(εNd = -3.4 ~ -2.7)[19]. 특히 하와이제도 부근에서 표층의 εNd가 높은 것에서, 하와이제도 북태평양 중앙해역으로 해양의 섬을 기원으로 하는 Nd 공급이 있다는 것을 증명하였다.

3) 헬륨(He)

헬륨(He) 동위원소도 해양화학에서 유용한 원소이다. ^{3}He은 ^{3}H의 β 붕괴로 생성되지만 ^{3}H가 존재하지 않는 지질시료에서는 일정한 것으로 간주한다. ^{4}He은 U 및 Th 붕괴계열의 α붕괴과정에서 만들어지기 때문에 점점 증가한다. 따라서 지질학적 시간스케일로 보면 $^{3}He/^{4}He$ 비는 시간이 경과할수록 감소한다. 한편 지구 내부에는 지구가 형성되었을 때의 원시적인 He이 잔존하고 있으며, 그것이 화산활동에 의해 지구 표면으로 운반된다(제9장 참조). 이 원시적인 가스의 $^{3}He/^{4}He$ 비는 높다. 해양

화학에서는 $^3He/^4He$ 비의 변동은 일반적으로 다음 δ^3He(%)로 나타낸다.

$$\delta^3He = \left(\frac{\left(\frac{^3He}{^4He}\right)_{sample} - \left(\frac{^3He}{^4He}\right)_{standard}}{\left(\frac{^3He}{^4He}\right)_{standard}} \right) \times 10^2 \tag{4.4}$$

He 동위원소 표준에는 대기의 값 1.4×10^{-6}을 사용한다. δ^3He는 열수 플룸(plume)의 좋은 추적자(tracer)가 된다. 남태평양 관측에서 동태평양 해팽을 근원으로 하는 열수플룸의 δ^3He 이상값(anomaly)을 서쪽 6,100㎞ 까지 추적할 수 있었다[20].

나. 안정동위원소

방사성 기원를 가지지 않는 안정동위원소들의 비에도 변동이 생긴다. 같은 분자라도 질량이 다르면 끓는점 등과 같은 물리적 성질이 약간 다르다. 화학반응은 전자각의 전자에 의해 일어난다. 동위원소는 같은 전자배치를 가지기 때문에 같은 화학반응이 일어나지만, 질량이 다르면 그 반응성이 다소 다르게 된다. 일반적으로 무거운 동위원소의 결합은 보다 안정되고 끊어지기 어렵다. 이와 같은 질량분별(mass fractionation) 효과에 의해 동위원소 비가 변한다. 질량분별은 모든 동위원소에 작용하지만, 방사성 동위원소와 방사성 기원 동위원소에서 붕괴에 의한 변동에 비해 무시되는 경우가 많다. 질량분별은 일반적으로 상대적인 질량 차가 클수록 커진다. 따라서 지금까지의 연구는 H, O, N, S, C 등의 가벼운 원소가 주된 연구 대상이었다. 또한 동위원소 비를 질량분석장치로 측정하기 위해서는 목적으로 하는 원소를 기체상태의 이온으로 만들어야 한다. 무거운 금속원소의 경우 기체상태의 이온으로 만들기 위해서는 수천도의 고온이 필요하여 종래의 방법으로는 곤란하였다.

최근 멀티컬렉터형(multi-collector type) ICP 질량분석장치(MC-TCP-

MS)가 개발되어 거의 모든 중금속 원소들의 동위원소 비를 정밀하게 측정할 수 있게 되었다[21]. 해수의 미량원소 동위원소 비를 측정하기 위해서는 농도를 측정할 때 이상으로 고배율로 농축하는 것이 필요하다. 또한 함께 존재하는 성분을 보다 완벽하게 제거할 필요가 있다. 이러한 전처리의 어려움 때문에 연구는 아직 시작단계일 뿐이다. 미국에서 이루어진 GEOTRACES 프로그램의 국제상호검정에서는 해수의 Cd, Fe, Pb, Zn, Cu, Mo 안정동위원소 비가 보고되었다[22].

1) 카드뮴(cd)

현대 해양에서 카드뮴(Cd) 농도는 P 농도와 좋은 직선관계를 나타내기 때문에 고해양의 P 프록시로서 주목되고 있다(제10장 참조). 또한 MC-ICP-MS에 의한 동위원소비의 측정이 비교적 쉽다. Cd 동위원소비의 변동은 극히 작기 때문에 Nd 동위원소비와 마찬가지로 εCd로 나타낸다. εCd는 표층 해수에서 높고 수온약층에서 감소하여 1,000 m 보다 깊은 수심에서는 거의 일정하다[23]. 표층에서 εCd이 높아지는 것은 식물플랑크톤이 가벼운 Cd 동위원소를 우선적으로 흡수하기 때문으로 생각된다. 또한 심층해수의 εCd 값은 퇴적물 중 철과 망간산화물의 εCd 값과 거의 일치한다. 이 결과는 철과 망간산화물의 εCd 값이 고해양의 생물생산 프록시가 될 수 있는 가능성을 나타내고 있다.

2) 몰리브덴(Mo)

몰리브덴(Mo)은 산화조건의 해수에서는 6가 몰리브덴산이온(MoO_4^{2-})으로서 잘 녹지만 황화수소를 포함하는 강한 환원조건에서는 티오몰리브덴산이온과 Mo(IV) 황화합물이 만들어져 흡착과 제거되기 쉽다. 이러한 화학종의 변화로 인해 동위원소 비도 크게 변한다. 일반적으로 산화환원반응을 일으키는 원소는 보다 큰 동위원소 분별이 일어난다. Mo 동위원소 비는 고해양의 산화환원상태를 추정하는 프록시로서 주목되고 있다[24]. 현대 해양의 Mo 동위원소 비는 Mo 동위원소 비를 프록시로 사용하기 위한 기초가 된다. 전처리가 쉽지 않기 때문에 해수의 Mo 동위원소 비는 지금까지 소수의 데이터밖에 없다. 최근 킬레이트수지 고상추출법을 기반으로 하는 새로운 전처리법이 개발되어 Mo 동위원소 비가 해수에서 매우 균일한 것을 알게 되었다[25]. Mo은 7개의 안정동위원소를 가진다. 예를 들어 $^{98}Mo/^{95}Mo$ 동위원소 비의 변동은 다음 식의 $\delta^{98/95}Mo$으로 나타낼 수 있다.

$$\delta^{98/95}Mo = \left(\frac{\left(\frac{^{98}Mo}{^{95}Mo}\right)_{sample} - \left(\frac{^{98}Mo}{^{95}Mo}\right)_{standard}}{\left(\frac{^{98}Mo}{^{95}Mo}\right)_{standard}} \right) \times 10^3 \qquad (4.5)$$

이 때 δ3He(%)와 달리 천분률(‰)인 것을 주의하자. 안정동위원소 화학에서는 이러한 정의가 일반적이다. 또한 Mo 동위원소 비에는 국제적으로 인정된 표준물질이 없기 때문에 문헌에 제시된 값들과 비교할 때는 주의가 필요하다.

염분 35인 해수의 평균 Mo농도는 [Mo] = 107 nmol/kg, 평균 $\delta^{98/95}Mo$값은 2.48‰이다. 한편 전 세계 하천의 평균 Mo농도는 [Mo] = 6 nmol/kg, 평균 $\delta^{98/95}Mo$값 0.7‰로 보고되어 있다. 따라서 현대 해양에서 Mo이 염분 S에 대해 완전하게 보존적이라면 다음의 식이 성립된다.

$$[Mo] = 2.86 \times S + 6 \qquad (4.6)$$

$$\delta^{98/95}Mo = -11.27 \times \left(\frac{1}{[Mo]}\right) + 2.59 \qquad (4.7)$$

안정동위원소 비에는 미량원소에 작용하는 다양한 과정에 관한 정보가 포함되어 있다. 앞으로의 연구에서는 농도와 안정동위원소 비를 동시에 측정하여 미량원소 해양화학의 이해가 한층 더 깊어질 것으로 기대된다.

칼럼 5

세계가 주목하는 GEOTRACES 프로그램

전 세계 해양에서 화학물질의 분포, 거동을 조사하는 것을 목적으로 한 최초의 국제공동연구는 1970년대의 GEOSECS (Geochemical Ocean Sections Study, 대양횡단지구화학 연구)이다. 이 연구에서는 ^{14}C, ^{210}Pb, ^{226}Ra 등의 방사성 핵종이 정량되어, 해양대순환과 생물지구화학적 순환에 대한 기본적인 이해가 얻어졌다. 그러나 당시의 분석기술로는 대부분의 미량원소를 정확하게 정량할 수 없었다. 그 후 분석기술의 진전으로 해양의 중요한 미량원소와 동위원소의 분포 및 분포를 지배하는 과정과 플럭스를 밝히는 것을 목적으로 GEOTRACES 프로그램이 기획되었다[2]. 지금까지 외양의 해수시료를 이용한 국제 상호검정, 각 대양에서 단면관측, 해역에서 다양한 프로세스 연구가 이루어졌다. 해양지구화학 연구의 최첨단이 여기에 있다. 최신정보가 가득 실려 있는 GEOTRACES의 홈페이지(http://www.geotraces.org/)를 꼭 방문하여 보길 바란다.

GEOTRACES프로그램에서 사용되는 클린 채수시스템.
왼쪽: 미국, 가운데: 일본, 오른쪽: 네덜란드

05

해양의 유기지구화학

- 해양유기물의 거동-

1. 해양유기물의 생산과 분해
2. 생물체 유기물에서 유기쇄설물로 이동
3. 유기물의 수직분포와 수송 기구
4. 유기물의 변질
5. 앞으로의 과제

제 5 장

해양의 유기지구화학

- 해양유기물의 거동 -

1. 해양유기물의 생산과 분해

지구표면에서 유기물생산은 식물이 이산화탄소(CO_2)와 영양염을 재료로 태양의 복사에너지를 이용하는 광합성으로 생산되는 과정이며, 육상이나 해양에서 본질적으로는 동일하다. 박테리아에서 동물까지 다양한 종속영양생물은 식물의 광합성으로 생산된 유기물을 에너지원으로 사용한다. 이러한 광합성에 의한 생산을 기초생산(primary production)이라 한다. 광합성이 가능한 박테리아에 의한 유기물 생산이나 환원환경과 해양저층의 열수역 등에서 화학에너지를 이용하는 화학합성 박테리아에 의한 유기물생산도 있지만, 이 장에서는 광합성에 의한 생산만을 설명한다.

육상과 해양의 기초생산은 본질적으로 같은 과정이지만, 육지와 해양의 환경 차이에 따라 양자의 기초생산 양상은 크게 다르다. 해양의 연안해역은 해조류에 의한 광합성도 존재하지만, 전체 해양으로 보면 식물플랑크톤(phytoplankton)이라는 단세포식물이 대부분의 기초생산을 담당하고 있다. 식물플랑크톤의 크기는 200 μm 이하로 육안으로 볼 수가 없다. 연구의 진전에 따라 해역과 계절에 따라 차이가 있지만, 20 μm

이하의 미소한 식물플랑크톤이 기초생산의 주요 담당자로 밝혀져 있다. 육상 환경의 식물은 줄기, 가지와 뿌리 등 광합성 기관 이외의 유지에 필요한 조직이 필요하다. 그러나 식물플랑크톤은 이러한 조직부분을 필요로 하지 않으며, 몸 전체가 광합성 기관이라 할 수 있다. 때문에 기초생산은 육지보다 해양이 더 높게 된다.

가. 유기물 거동

유기물을 중심으로 하는 물질순환을 생각할 때 유기물 총량은 일반적으로 탄소량으로 표현한다. 전 지구탄소순환 모델[1]에서 사용하는 숫자로 육상과 해양의 기초생산을 정리하면 그림 5.1과 같다. 그림 속의 숫자는 연구자 또는 연구진전에 따라 수정될 수 있으므로 확정된 값은 아니지만, 유기물 거동을 이해하는데 효과적이다. 그림은 지구 표층에서 대기, 해양 및 생물권 등에 존재하는 탄소량(이것을 저장고(reservoir)라고 한다)과 저장고 사이의 연간 탄소이동량을 나타내고 있다. 육상생물권의 탄소저장고 크기는 550×10^{15} gC이다. 이 중 99.9%는 식물의 탄소

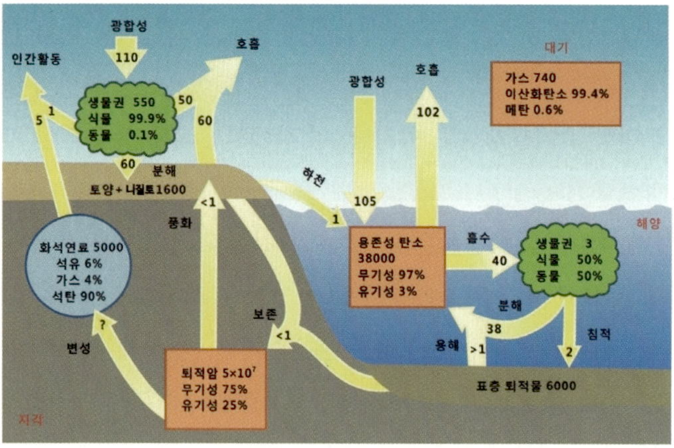

그림 5.1. 지구표층에서 탄소순환, 탄소순환을 구성하는 주요한 탄소저장고(박스)와 저장고 사이의 연간 탄소이동량(화살표)이 표시되어 있다. 단위는 10^{15} gC (Killops and Killops (1993)[1]을 수정).

로 존재한다. 이러한 현존량에서 육상식물이 연간 110×10^{15} gC의 유기물을 새롭게 생산하고 있다. 한편 해양에서 해양생물권의 탄소저장고는 3×10^{15} gC으로 추정되며, 이 중 50%가 식물플랑크톤이기 때문에 식물플랑크톤 현존량은 1.5×10^{15} gC이 된다. 이 현존량으로 육상식물과 거의 같은 연간 105×10^{15} gC의 유기물을 광합성으로 생산하고 있다.

나. 생산되는 유기물의 특성

육상과 해양에서 생산되는 유기물의 질은 매우 다르다. 육상식물의 유기탄소는 대부분이 리그닌(lignin), 셀룰로스(cellulose) 및 세미세룰로스(semi-cellulose)로 구성되어 식물성장을 지지하는 조직역할을 한다. 이러한 육상식물이 생산한 고분자 중합체는 동물이 소비하기 어렵다. 육상에서 기초생산 되는 유기물 중 식물호흡으로 분해되어, 대기의 CO_2로 되돌아가는 부분을 제외하면, 기초생산 대부분은 토양의 곰팡이와 세균이 중심이 되는 부식먹이사슬계로 이동한다. 따라서 육상생물군에서 동물이 차지하는 탄소량은 0.1%에 불과하다. 그러나 해수에 부유하는 식물플랑크톤은 생물체를 지지하는 조직이 필요 없다. 다음에 설명하지만 식물플랑크톤이 생산하는 유기물에서 가장 많은 성분은 단백질이기 때문에, 동물플랑크톤을 비롯한 종속영양동물의 에너지원으로서 우수하다. 그러기에 해양생물권에서 식물플랑크톤은 현존량과 동일한 양의 동물을 부양할 수 있다.

다. 기초생산의 제한인자

이 장에서는 자세히 설명하지 않지만, 기초생산의 제한인자도 육상과 해양에서 서로 다르다. 제1장과 제3장에 해양의 기초생산과 영양염의 관계가 설명되어 있지만, 해양의 기초생산은 연안해역과 한대 및 아한대 해역에서 높고 외양해역에서 낮다(그림 1.10 참조). 즉 기초생산이

해수의 수직혼합과 하천에 의한 영양염 공급에 의존하는 것을 알 수 있다. 한편 육상의 기초생산은 열대우림과 몬순지역에서 높고, 고위도지역이나 건조지역에서 낮다. 지구규모로 보면 육상의 기초생산은 온도와 일사량, 그리고 강수량에 의존하고 있는 것이 된다.

라. 기초생산과 먹이사슬

해양에서 광합성으로 생산된 유기물의 일부는 동물플랑크톤에 포식되는 먹이사슬로 유입되어 포식자의 에너지원이 되고, 일부는 호흡으로 무기화되며, 일부는 먹이사슬에 의해 고차영양단계로 이동한다. 해양의 먹이사슬을 육상의 포식 먹이사슬과 비교하여 생식(生食) 먹이사슬이라 한다. 먹이사슬에서는 영양단계 1 단계가 올라갈 때, 에너지 이용효율 또는 전송효율은 대략 10% 정도이며, 영양단계(trophic level)가 높아질수록 생물체의 유기물량은 적어진다.

몸을 구성하는 유기물이라는 의미인 생물체 유기물은 양적으로 동·식물플랑크톤의 유기물이 가장 많다. 단 광합성에서 생산된 유기물이 모두 고차영양단계까지 전송되는 것은 아니다. 일부는 생산자인 식물플랑크톤의 호흡에 의해 CO_2로 무기화된다. 포식이나 세균 및 바이러스에 의한 감염사 그리고 세포외 배출 등의 다양한 과정으로 환경에 방출되는 유기물도 있다. 이러한 유기물을 생물체 유기물과 구별하여 비생물성 유기물(유기쇄설물, detritus)이라 한다. 모든 해양유기물이 생물에 의해 생산되고 있음에도 불구하고, 뒤에서 설명하겠지만 현실적인 해양에는 생물체 유기물의 현존량은 얼마 되지 않고, 대부분은 비생물성 유기물, 즉 유기쇄설물의 형태로 존재한다.

이러한 유기쇄설물도 종속영양세균에서 대형 해양포유류에 이르는 다양한 종속영양생물의 에너지원이 되며, 최종적으로는 무기화되어 CO_2로 돌아간다. 해양에서 유기물의 생성에서 분해에 이르는 과정에 중간체라 할 수 있는 유기쇄설물에 대해 어떤 생물체 유기물이 어떤 메커니즘으로 유기쇄설물로 이동하여 변질되고, 어떤 메커니즘으로 무기화되어 CO_2로 돌아가는지? 라는 질문에 답을 찾는 것은 해양에서 탄소와 함께 질소와 인 등 유기물을 구성하는 친생물원소의 순환을 이해하는데 매우 중요하다.

2. 생물체 유기물에서 유기쇄설물로 이동

해수유기물은 편의적으로 입자성 유기물(particulate organic matter: POM)과 용존성 유기물(dissolved organic matter: DOM)로 구별한다. 해수를 여과했을 때. 여과지에 포집되는 유기물을 입자성 유기물로, 여과지를 통과하는 유기물을 용존성 유기물이라 한다. 여과지는 가열하면 여과지에 이미 들어있던 여러 가지 유기물을 제거 할 수 있는 유리섬유 여과지(glass fiber filter, 겉보기 공경 0.7 μm)가 많이 사용된다.

입자 및 용존성 유기물에도 생물체 및 유기쇄설물이 들어있다. 식물플랑크톤 대부분은 여과지에 포집되므로 입자성 유기물로 취급되지만, 생물사체와 유기응집체 등의 유기쇄설물도 여과지에 함께 포집된다. 식물플랑크톤에 의한 유기물 생성은 유광층에서만 일어나기 때문에, 해양 중층수와 심층수에서 포집되는 입자성 유기물 대부분은 유기쇄설물로 구성된다. 유광층에서 포집되는 입자성 유기물인 생물이 죽으면 빠르게 분해되는 것으로 ATP와 RNA 등의 성분은 생물체 유기물로 생각되지만, 당과 지방질은 유기쇄설물로도 존재한다.

표층의 입자성 유기물을 탄소량으로 환산하면, 생물체 유기물보다 유기쇄설물 유래의 탄소가 훨씬 많다. 한편 세균 등의 미세한 생물의 일부는 여과지를 통과하지만, 탄소량으로는 무시할 수 있기 때문에 용존성 유기물은 통상적으로 비생물성 용존성 유기물로 구성되어 있는 것으로 생각하여도 좋다. 하지만 대상 유기성분에 따라서는 생물체 유기물의 기여를 고려할 필요가 있다. 최근 연구에서 식물플랑크톤이 기초생산을 할 때 생물체 유기물에 준하는 동량의 유기물을 세포 외 분비물로 배출하는 것이 알려지고 있다.

그림 5.1에서 대기의 탄소저장고 크기는 740×10^{15} gC, 인간 활동에 의해 대기로 방출되는 CO_2 양은 연간 6×10^{15} gC이고, 전체 해양에서 탄소로 환산한 생물체 유기물의 양은 3×10^{15} gC로 계산된다. 한편 그림에는 표현되지 않았지만, 해수의 입자성 유기물은 $10 \sim 20 \times 10^{15}$ gC, 용존성 유기물은 680×10^{15} gC로 추정되고 있다[2)]. 최근 지구온난화와 관련하여 대기의 CO_2농도 증가가 우려되고 있다. 해양에 존재하는 유기쇄설물은 대기 CO_2 양에 필적하는 것으로 인간이 연간 배출하는 CO_2의 100배 이상에 해당한다. 해양의 평균수심은 약 3,800 m이지만, 이미 설명한 것처럼 해양에 존재하는 유기물은 수심 200 m 보다 얕은 유광층에서 기초생산으로 만들어진다. 실제 바다에는 생물체 유기물보다 한 자릿수 많은 입자성 유기물과 두 자릿수 많은 용존성 유기물이 표층에서 심층까지 분포한다. 유기쇄설물의 수직분포와 표층에서 저층으로의 수직수송 과정을 이해하는 것은 해양생태계의 유지와 물질순환 기구를 이해하는데 필수조건이다.

3. 유기물의 수직분포와 수송 기구

그림 5.2는 이세만(伊勢湾)에서 여름 각 수심별로 채집한 해수를 유리섬유여과지로 여과하여, 여과지에 남은 입자성 유기탄소(particulate organic carbon: POC)와 여과지를 통과한 용존성 유기탄소(dissolved organic carbon: DOC)의 수직분포를 실측한 사례이다. 모두 유기물은 표층에서 높았고, 수심 증가과 함께 감소하여 수심 600 m 이상의 중·심층에서 수심에 따른 농도변화가 적었다. 하지만 지금까지 설명한 것처럼 농도레벨은 크게 다르다. 입자성 유기탄소 농도가 표층 10 μMC,

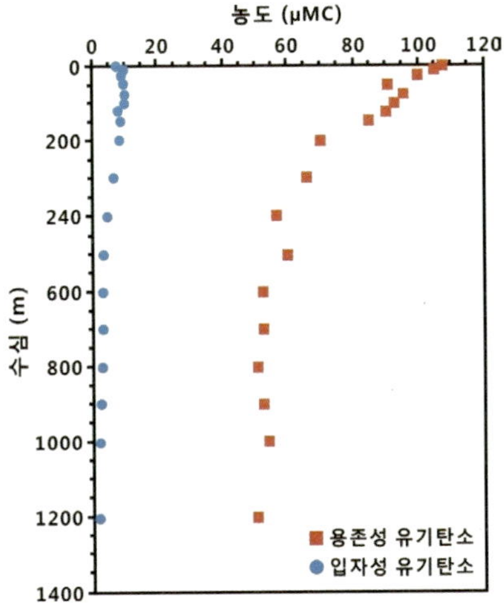

그림 5. 2. 여름철 이세만(伊勢湾)에서 용존성 유기탄소 및 입자성 유기탄소의 수직분포[3].

중 · 심층에서 2 ~ 3 μMC 정도인 것에 비해, 용존성 유기탄소 농도는 표층 100 μMC, 중 · 심층에서 50 μMC 정도이다. 이세만과 같은 내만해역은 기초생산이 높기 때문에, 용존성에 비해 입자성 유기물 농도가 상대적으로 높다. 하지만 그림 5.2의 관측 사례에서도 용존성 유기물 농도는 탄소농도로 입자성 유기물에 비해 표층수에서 10배, 중 · 심층수에서 20배 정도 높았다. 이와 같이 입자성 및 용존성 유기물의 수직분포는 농도뿐만 아니라 수직구배도 서로 다르기 때문에, 양쪽을 함께 설명하는 것보다 별도로 나누어서 설명하는 것이 이해하기 쉽다.

가. 입자성 유기물의 수직분포와 수송 기구

입자성 유기물은 양적으로 용존성 유기물보다 한 자릿수 작지만, 해양의 물질순환에서 커다란 역할을 한다. 즉 아가미와 촉수를 여과지처럼 사용하여 입자성 유기물을 걸러 먹는 여과식자(filter feeder)의 먹이로서 중요한 역할을 한다. 동물플랑크톤을 비롯한 여과식자 동물에 포식된 입자성 유기물 일부는 분립(糞粒, fecal pellet)과 같이 입자크기가 증대되어 해수에 배출되어 침강한다. 그리고 입자성 유기물의 상호작용으로 유기응집체가 형성되어 대형화되면서 침강한다. 대형 식물플랑크톤은 탄수화물이 주성분인 세포의 점액물질을 분비하거나, 사슬모양으로 서로 부착하기도 하여 대형 응집체를 만들어 침강하기도 한다.

이렇게 크기가 커져서 해저로 침강하는 입자를 침강입자라고 하며, 유기물은 침강입자 유기물(settling organic matter 또는 sinking organic matter: SOM)이라 하여 해수를 여과하여 포집하는 입자성 유기물과 구별한다. 이러한 침강입자는 하루 10 m 이상의 침강속도로 침강하는 것도 있다. 침강입자유기물의 현존량은 입자성 유기물보다 적으며, 해수를 여과하여 포집하기가 어렵기 때문에, 세디멘트 트랩(침강입자포집기, sediment trap, 칼럼 1 참조)을 계류하여 표층에서 떨어지는 입자를 포집하여 시료를 채집한다.

침강입자는 유광층에서 생산된 유기물을 빛이 없는 중 · 심층수와 퇴적층으로 물질을 수직수송하여 그곳에 서식하는 생물의 에너지원이 된다. 또한 침강하는 과정에서 산소를 소비하여 영양염으로 무기화 되기도 하며, 수직수송에 의해 표층에서 유기물이 제거된다. 해양표층에서는 CO_2와 영양염을 재료로 하여 광합성에 의해 유기물이 만들어진다. 그 결과 표층수의 CO_2 분압은 감소하고, 그 양만큼 대기에서 CO_2가 유입된다. 따라서 해양 표층수에서 중 · 심층수로 제거되는 유기물의 탄소에 해당하는 CO_2를 흡수하는 것이 된다. 이 과정을 생물펌프라고 하며, 대기 CO_2를 해양심층수에 격리하는 경로로서 중요하다(제3장 3절 나항 참조).

나. 침강입자에 의한 유기물의 수직수송

유광층에서 생산된 유기물이 침강입자로 수직수송 되기 때문에 침강플럭스는 생산량에 지배된다. 그림 5.3은 대서양 버뮤다(Bermuda) 근해의 고정 관측점에서 6년 동안 얻어진 기초생산력(빨강 실선)과 유광층에서 침강입자로 제거되는 유기탄소플럭스(파란 점선)의 시계열 변화이다.

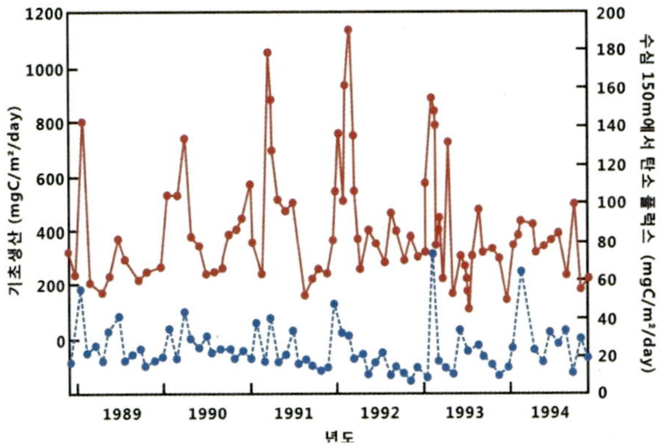

그림 5.3. 대서양 버뮤다 근해에서 얻어진 기초생산력(빨강 실선) 및 유광층에서 제거되는 유기탄소플럭스(파란 점선)의 시계열 변화(Michaels and Knap (1996)[4]).

그림에서 기초생산력(primary productivity)의 단위(㎎C/㎡/day)는 1일 기준으로 1 ㎡의 해수면의 기둥에서 고정되는 유기탄소생산량으로 나타내었다. 광합성은 유광층에서 이루어지지만, 유광층의 깊이는 해역과 계절에 따라 다르다. 예를 들어 깨끗한 외양에서 유광층 깊이는 100 m 이상이 될 수도 있지만, 부영양화된 연안해역은 1m 이하일 때도 있다. 기초생산력은 유광층의 해수면 1 ㎡의 물기둥에서(물기둥의 높이는 유광층 깊이가 되기에 해역과 계절에 따라 다르다) 하루 동안 광합성으로 생성된 유기탄소량을 적분하여 계산한다. 이렇게 표현하면 해역 및 계절이 바뀌어도 기초생산력을 직접 비교할 수 있다. 침강플럭스도 기초생산력과 동일한 단위(㎎C/㎡/day)를 사용하지만, 의미는 임의 수심에서 하루에 1 ㎡의 면적을 통과하는 유기탄소량으로 기초생산력과는 다르게 해석된다.

1) 기초생산력과 침강플럭스

그림 5.3의 6년간 관측 자료에서 기초생산력은 200 ㎎C/㎡/day 수준으로 매년 봄 펄스 모양으로 높은 값을 보였다. 이것은 겨울에 해수가 냉각되어 해수의 수직혼합이 활발하게 발생하여 유광층 아래의 풍부한 영양염이 표층으로 공급되어, 봄에 일조량 증가와 수온상승으로 규조류에 의한 식물플랑크톤 군집의 봄 대발생(spring bloom)을 하고 있기 때문이다. 이 고정 관측점의 유광층 바로 아래(수심 150 m)에 세디맨트 트랩이 설치되어있기 때문에 침강입자의 유기탄소플럭스는 유광층에서 제거된 유기탄소량이라 할 수 있다. 침강플럭스는 20 ㎎C/㎡/day에 대해서 당연하지만 기초생산력이 높을 때 침강플럭스도 높게 관측 되었다. 봄 대발생을 제외하면, 기초생산력은 200 ㎎C/㎡/day 에 대해서 침강되는 유기탄소플럭스는 20 ㎎C/㎡/day 수준이기에 기초생산력의 약 10%정도가 유광층 아래로 수송되게 되는데, 이것을 수직수송(vertical transport)이라고 한다.

그림 5.3의 자료를 기초생산력과 탄소플럭스의 관계로 도식화 하였다(그림 5.4). 기초생산력이 클수록 탄소플럭스도 높아지는 관계가 있음을 알 수 있다. 그러나 제거율이 10%로 일정하면 점은 대각선을 따라 이동해야 하지만, 실제로는 분산되고 있어 같은 기초생산력에서도 탄소플럭스는 큰 차이를 보였다.

이미 설명하였지만 침강입자의 생성기구는 복잡하여 해역의 생물군집구조, 생성되는 유기물질의 차이, 생물이 만드는 무기질의 각(껍질) 차이 등, 기초생산력 뿐만 아니라 생산의 질의 차이도 탄소플럭스를 변화시킨다. 기초생산력이 동일하여도 자연현상으로 탄소플럭스는 변화하지만, 관측기술의 문제점도 지적 되고 있다. 세디맨트 트랩의 형태와 계류해역의 해수유동 등에 따라서도 침강입자의 포집효율에 차이가 생겨, 트랩에 포집된 이후 침강입자유기물의 분해, 동물플랑크톤의 혼입 등도 침강플럭스 실측값의 신뢰도에 문제를 발생시키는 것으로 알려진다.

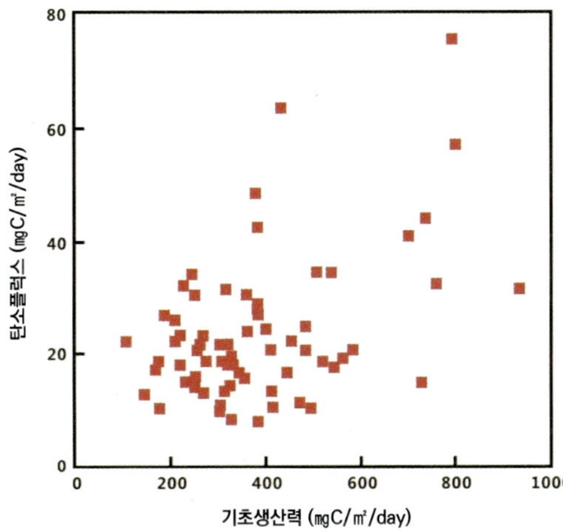

그림 5.4. 기초생산력과 유광층에서 제거되는 유기탄소플럭스의 상호관계(Michaelsand and Knap 1996)[4)]를 수정).

해수에 남겨진 기록으로부터 표층에서 제거되는 탄소량 계산하는 방법(^{234}Th법)도 있다. 방사성 핵종인 우라늄(^{238}U)은 해수가 순환하는 시간스케일(약 2000년)에 비해 충분하게 긴 수명(반감기: 약 45 억 년)을 가지면 화학적으로 불활성이기 때문에 해역 및 수심에 관계없이 균일하게 분포한다. 그러나 딸 핵종인 토륨(^{234}Th)은 입자성과 상호작용으로 빠르게 입자화 된다. 입자성 토륨 일부는 침강입자에 흡착되어 표층에서 제거된다. 때문에 표층수의 토륨농도는 같은 해수에 존재하는 우라늄 방사붕괴로 기대되는 토륨농도보다 제거된 만큼 낮아지는 방사 비평형이 발생한다. 미리 침강입자의 탄소/토륨 비를 측정해두면, 비평형 만큼의 토륨량에서 제거된 유기탄소를 계산할 수 있다.

다양한 해역과 계절의 관측결과에서 기초생산력의 약 2 ~ 10%의 유기물이 표층에서 유광층 아래로 제거된다. 그러나 토륨법으로도 고위도 및 중위도 해역의 봄 대발생 시기에는 매우 높은 제거율이 관측된다. 이와 같이 해역에서 봄 대발생은 식물플랑크톤, 특히 규조류가 중심이 되며, 규조류는 상호작용으로 대형 침강입자를 만들기 쉽기 때문에 제거율도 높게 나타나는 것으로 생각된다.

2) 중 · 심층수로 수직수송

유광층에서 제거되는 유기탄소량에 대해서는 많은 연구 사례가 있으며, 그림 5.3과 그림 5.4는 그 사례의 일부이다. 심층수에서 탄소플럭스와 기초생산력의 관련을 조사한 연구는 많지 않지만 개별적으로 발표된 세디맨트 트랩의 실험결과를 정리 한 사례를 그림 5.5에 소개하였다. 탄소플럭스는 심층에서 수괴구조가 가장 안정되어, 세디맨트트랩에서 얻어진 플럭스 신뢰도가 높다고 생각되는 수심 2,000 m의 자료를 사용하여 표층의 기초생산력과의 관계를 살펴보았다. 수심 2,000 m의 탄소플럭스와 기초생산력의 관계에서도 큰 변동을 보였다. 그러나 기초생산력이 약 200 ㎎C/㎡/day 이하인 해역은 기초생산력의 증가에 따라 탄소플럭스도 증가하지만, 그 이상인 해역의 탄소플럭스는 기초생산력에 관계없이 거의 일정하였다. 이 관계는 다음 근사식으로 나타낼 수 있다.

$$J_{Corg2000} = 1.632 \cdot \tanh(2.87 \times (PP\text{-}132.7)/132.7) + 1.72 \quad (n = 52, R^2 = 0.63) \qquad (5.1)$$

이 식에서 $J_{Corg2000}$은 수심 2,000 m에서 탄소플럭스이고, PP는 기초생산력을 나타낸다. 그림에서 녹색 원은 극해역의 관측값으로 근사식에서 크게 벗어나 있다. 높은 제거율을 나타내는 베링해의 관측사례는 토륨법으로 계산되는 높은 제거율과 같은 현상일 수도 있지만, 극해역의 관측사례가 많지 않아 근사식에서 크게 벗어나는 이유는 해석되지 않았다. 침강입자에 의해 수심 2,000 m까지 수직수송 되는 유기물은 극해역을 제외하면, 탄소량으로 환산할 경우 기초생산력의 0.42 ~ 1.23% 범위로 평균 0.92%였다. 버뮤다 근해의 시계열 세디맨트 트랩 실험과 토륨법으로 계산한 유광층에서 제거되는 유기물량이 2 ~ 10%이었기 때문에 유광층 아래에서 출발한 침강입자유기물은 수심 2,000 m에 이를 때까지 산화 분해되면서 더욱 감소하게 된다.

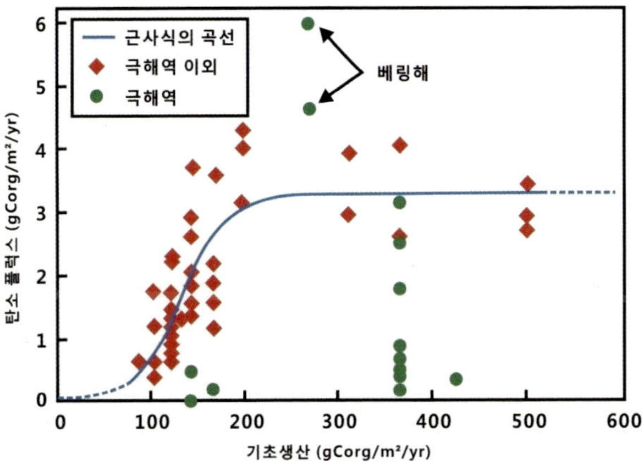

그림 5.5. 심층수(수심 2,000 m)의 탄소플럭스와 표층의 기초생산력과의 관계(Lampitt and Anita 1997)[5]. 극해역(베링해와 남극해)의 탄소플럭스는 근사식에서(실선)에서 제외하였다.

다. 용존성 유기물의 수직분포와 수송 기구

용존성 유기물은 입자성 유기물과 다르게 중력에 의해 침강하지는 않지만, 해수의 수직혼합(vertical mixing)에 의해 유광층 아래로 이동한다. 북대서양 버뮤다 근해 고정 관측점에서 2년 동안 용존성 유기탄소 수직분포의 계절변화를 그림 5.6에 나타내었다.

그림 5.6 (b)과 같이 수온의 계절변화는 겨울에 바다에서 대기로 열이 이동되기 때문에 표층수온이 내려가 해수밀도가 상승하면서 표층해수는 침강한다. 이러한 침강은 연속적으로 발생한다. 때문에 겨울의 수직혼합으로 수심 200 m 보다 깊은 수심까지도 일정한 수온을 나타낸다.

겨울의 수직혼합이 발생할 때 용존성 유기탄소 농도(a)도 표층에서 200 m 보다 깊은 수심까지 수 μM의 농도범위로 일정하다. 그림은 겨울의 용존성 유기탄소 농도범위를 노란 박스로 표시하였다. 관측점의 유광층 수심은 계절에 따라 변하지만 약 100 m 전후로 생각하면 된다. 겨울은 유광층보다 깊은 수심의 영양염도 표층으로 운반되어 수직방향으로 농도가 거의 일정하다.

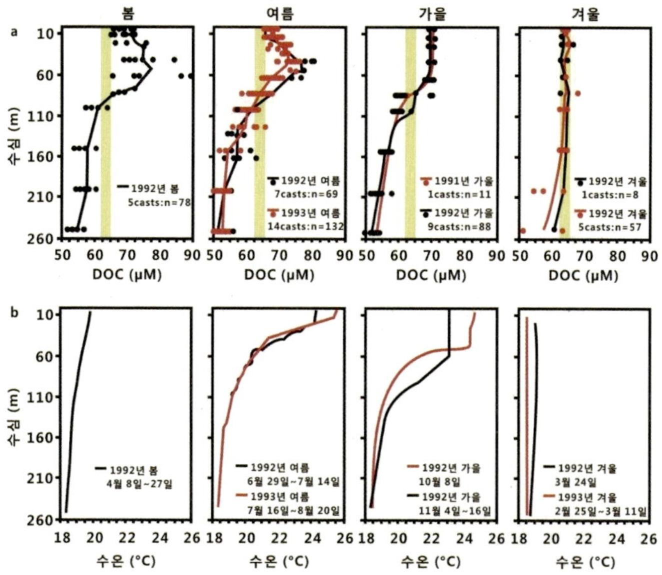

그림 5.6. 북대서양 버뮤다 근해에서 용존성 유기탄소 수직분포의 계절 변화(Carlson et al. (1994)[6]를 수정).

봄은 일사량 증가로 표층수온이 상승하기 시작하면서 해수밀도가 낮아져 수직혼합은 정지된다. 이미 설명한 것처럼 유광층의 식물플랑크톤은 봄 대발생으로 활발한 유기물생산이 이루어져 유광층의 용존성 유기탄소 농도는 증가한다. 그러나 유광층보다 깊은 수심의 용존성 유기물은 종속영양세균에 의해 분해되어 농도가 감소한다.

여름부터 가을에는 수온이 상승하여 수직방향으로 수괴는 안정되지만, 겨울에 공급된 영양염은 식물플랑크톤에 의해 소비되어 소진된다. 때문에 유기물생산은 봄만큼 활발하지 않게 되어, 유광층보다 깊은 수심에서 유기탄소 농도는 더욱 감소한다.

겨울에 다시 수직혼합으로 유광층의 용존성 유기물은 아래 수심으로 수직 수송되면서 용존성 유기탄소 농도는 감소하지만, 유광층 아래의 농도는 증가하게 된다.

용존성 유기탄소의 농도변화에서 알 수 있듯이 기초생산을 출발점으로 용존성 유기물은 생산과 동시에 활발하게 분해된다. 입자성 유기물이 여과식자 동물에 섭취되어 먹이사슬에 편입되는 한편으로 용존성 유기물은 종속영양세균에 흡수되어 에너지원으로 중요한 역할을 하는 것이다. 용존성 유기물을 흡수한 종속영양세균은 원생동물에 포식되고, 그 과정에서 용존성 유기물이 다시 배출된다. 종속영양세균이 바이러스에 감염되어 사망하는 과정에도 용존성 유기물이 생성된다. 이렇게 생성된 용존성 유기물을 다시 종속영양세균이 이용한다.

용존성 유기물을 출발점으로 세균, 바이러스, 원생동물 등의 작용을 경유하여 다시 용존성 유기물로 되돌아오는 재순환 과정은 일반적인 먹이사슬과 구별하여 미소생물 고리(microbial loop)라 한다. 종속영양세균을 포식한 원생동물이 동물플랑크톤에 포식되어 먹이사슬로 들어가는 과정도 포함된다. 현재 기초생산의 20 ~ 40% 정도의 유기물은 미세생물 고리를 통해 대사되는 것으로 추정되어, 용존성 유기물이 해양생태계를 움직이는 중요한 인자로서 역할을 하고 있다.

라. 용존성 유기물이 심층 수송

해수의 수직혼합에 의한 용존성 유기물의 수직수송은 수직혼합 되는 혼합층의 수심으로 한정된다. 북태평양의 혼합층 깊이는 겨울 가장 두

꺼운 시기에 100 m을 넘는 해역도 있으나 200 m 이상인 해역은 많지 않다[7]. 그림 5.2와 같이 혼합층 아래에도 용존성 유기물이 존재하며, 그 농도는 입자성 유기물보다 훨씬 높다. 용존성 유기물의 수직분포를 이해하기 위해서는 수직수송 뿐만 아니라, 열염순환 또는 해양대순환이라는 해양표층과 심층수를 연결하는 해수유동에 따른 용존성 유기물의 수평수송도 고려해야만 한다.

1) 해양대순환과 용존성 유기물의 수직 및 수평수송

수심 1,000 m 이상 심층수의 부피는 해수 전체의 약 80%를 차지하지만, 심층수를 생성하는 해역은 북대서양 그린란드 앞바다와 남극해의 일부에 한정되어있다. 북대서양 그린란드 연안은 수온이 낮고, 해빙생성으로 염분이 높아지기 때문에 해수밀도가 상승하여 해수가 침강하여 심층수가 된다(그림 1.8 참조). 이 심층수는 대서양을 남하하여 남극해에 이른다. 남극해는 차갑고 높은 염분으로 밀도가 높아진 표층 해수가 침강하여 새롭게 심층수로 공급된다. 이러한 심층수는 태평양을 북상하면서 북태평양의 표층으로 되돌아온다. 이러한 흐름은 평균 1000년(최대 2,000년)의 시간스케일로 전체 해양을 순환 한다[8]. 이런 순환에 의해 표층해수의 용존성 유기물은 심층수의 용존성 유기물로 전환되는 것이다.

2) 해양대순환과 용존성 유기물의 방사성 탄소동위원소 값

해양의 방사성 탄소동위원소(^{14}C) 연대측정에서 대기와 가스교환이 활발한 해양표층수 CO_2(dissolved inorganic carbon; DIC, 용존무기탄소)의 ^{14}C 나이는 약 0으로 한다. ^{14}C를 포함한 CO_2가 유기물에 흡수되어 가스교환 시스템에서 이탈된 이후는 반감기(약 5,370년)에 따라 ^{14}C 값이 감소하기 때문에, 그 감소량으로 유기물의 나이를 계산할 수 있다. 그러나 1950년 후반부터 1960년 전반에 수행된 대기권 핵실험에 의해 인위적 기원의 ^{14}C가 방출되어 그 이후에 채집된 시료의 실제 측정값은 원래 자연(천연)기원 ^{14}C 농도보다 (+)의 값으로 크게 치우쳐 있다.

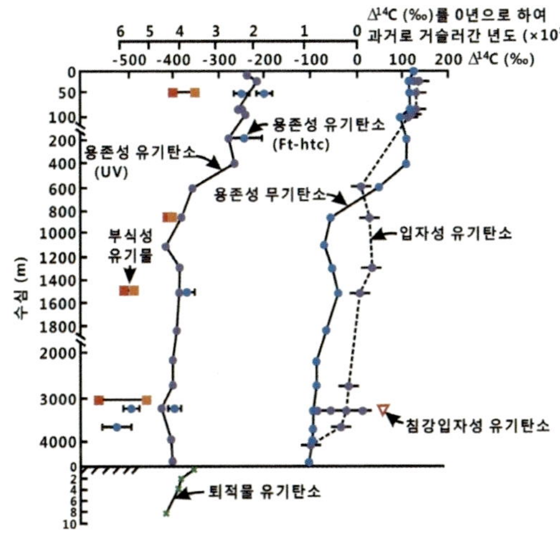

그림 5.7. 대서양 사르가소해(Sargasso Sea)에서 입자성 유기탄소, 침강입자 유기탄소, 용존성 유기탄소, 용존무기탄소 및 퇴적물 유기탄소의 탄소방사성 동위원소의 측정값($Δ^{14}C$). 그림의 ■와 ■는 각각 특성이 서로 다른 비극성 흡착제 XAD-2 및 XAD-4를 사용하여 용존성 유기물에서 분리한 부식성 유기물의 값을 나타낸다. 유기물의 탄소동위원소 측정은 유기물을 CO_2로 산화시켜 측정한다. 용존성 유기탄소의 측정은 적외선산화법(UV) 및 고온촉매산화법(Ft-htc)의 2 종류의 산화법으로 측정한 결과이다(Druffel et al. (1992)[9]를 수정).

그림 5.7에 용존성 유기탄소, 입자성 유기탄소, 용존무기탄소 등의 ^{14}C 값의 수직분포를 나타내었다. 그림에서 1985년부터 1991년까지 채집된 시료에 대해서는 인위적인 ^{14}C를 포함한 실제 측정값을 $Δ^{14}C$ 값으로 표시하였다($Δ^{14}C$의 정의는 제6장 4절 라항 참고). 용존성 무기탄소의 $Δ^{14}C$ 값은 수심 400 m도까지 일정하기 때문에, 해수의 수직혼합 효과가 나타나고 있으며, 적어도 수심 600 m까지는 대기권 핵실험의 영향이 확인된다. 수심 100 m보다 낮은 수심에서 포집된 입자성 유기물의 $Δ^{14}C$ 값은 용존성 무기탄소의 값과 일치하며, 입자성 유기물의 ^{14}C 나이는 거의 0인 것을 알 수 있다. 1,000 m 이심에서 용존성 무기탄소

의 $\Delta^{14}C$ 값은 수심에 따른 큰 기울기는 확인되지 않고 거의 일정하다. 이렇게 심층수의 입자성 유기물의 $\Delta^{14}C$는 표층의 용존무기탄소 값보다 약간 낮은 값을 나타내고 있다. 중·심층수의 입자성 유기물은 대기권 핵실험 이전에 표층에서 만들어져 수직수송 된 유기물과 그 이후에 표층에서 수송된 유기물이 혼합된 유기쇄설물 형태로 존재하는 것으로 생각된다. 한편 하나의 사례이지만, 침강입자유기물의 $\Delta^{14}C$ 값은 분명히 플러스(+) 값을 나타내어 표층수의 유기물이 매우 빠르게 수직수송 되고 있음을 나타내었다.

용존성 유기물의 $\Delta^{14}C$ 값은 해수의 수직혼합 효과가 나타나는 수심 400 m보다 얕은 수심에서 높고, 중층에서 약간 감소하지만, 수심 1,000 m보다 깊은 심층수에서 거의 일정하다. 그러나 $\Delta^{14}C$ 값이 가장 높은 표층수에서도 - 200‰ 이하로 $\Delta^{14}C$ 나이로 환산하면 2,000년을 넘고 있고, 심층수의 용존성 유기물은 대략 4,000년을 나타낸다. 2,000년 정도의 시간스케일로 움직이는 해양대순환을 따라 해수의 용존성 유기물이 수송되지만 ^{14}C 나이는 해수보다 훨씬 더 오래된 것이 된다. 또한 특성이 다른 비극성 흡착제를 이용하여 용존성 유기물에서 분리된 부식성 유기물의 ^{14}C나이는 5,000년 이상의 값을 나타낸다. 이것은 심층수의 용존성 유기물도 서로 다른 나이를 가지는 유기물의 혼합물이라는 것을 시사하는 내용이다.

4. 유기물의 변질

제5장 1절 가항에서 설명한 것과 같이 식물플랑크톤의 현존량을 기초생산량으로 나누면, 기초생산자인 식물플랑크톤의 평균수명은 5일 정도로 계산된다. 기초생산으로 생성된 유기쇄설물은 ^{14}C 나이로 보면, 다양한 체류시간을 가지는 유기물로 구성되어 있는 것을 알 수 있다. 입자성 유기물과 같이 비교적 짧은 체류시간의 유기물은 종속영양동물의 에

너지원으로 중요한 역할을 하지만, 빠르게 소비되기 때문에 농도가 낮다. 그러나 양적으로 대부분 유기쇄설물을 차지하는 용존성 유기물을 ^{14}C 나이로 보면, 매우 오래되어 해양환경에서 체류시간이 길다는 것을 알 수 있다. 이처럼 난분해성 유기물의 존재는 지구 표층의 친생물원소 순환에서 원소를 용존성 유기물 형태로 해양에 봉인하는 역할을 한다.

북태평양 아열대해역의 관측점에서 표층 0 ~ 175 m에 존재하는 용존성 유기탄소의 농도가 1993년부터 1999년에 걸쳐 증가하고 있으며, 그 증가량은 기초생산의 2%에 해당한다는 보고가 있다[10)]. 용존성 유기물의 축적에 관해서 저자는 생태계 변화에 기인되고 있을 가능성을 지적하고 있다. 현재 이러한 관측결과의 보고는 하나의 사례만 존재한다.

지구 표층의 탄소순환을 생각할 때, 용존성 유기물은 탄소저장고로 중요한 역할을 하고 있다. 다양한 체류시간의 원인으로 유기쇄설물의 질적 변화를 생각할 수 있다. 이 절에서는 생물체 유기물에서 침강입자유기물 및 용존성 유기물로의 이동에 수반되는 질적 변화에 대하여 설명한다.

가. 침강입자유기물의 변화

침강입자유기물은 침강에 의해 양적으로 감소하는 동시에 질적으로도 변화한다. 침강입자의 근원인 플랑크톤 유기물은 단백질, 탄수화물 및 지방질의 3개 성분이 전체 80% 이상을 차지한다. 색소와 DNA 등 소량성분의 비율을 더하면 플랑크톤 유기물은 대부분 설명이 가능하다. 그러나 여러 해역에서 실시된 세디멘트 트랩 실험결과, 침강입자유기물 조성은 포집수심이 증가할수록 위의 3개성분 비율은 감소하는 양상을 보였다.

그림 5.8은 지금까지 보고된 침강입자유기물 조성 및 비교 가능한 플랑크톤과 표층퇴적물의 유기물조성을 정리 한 것이다. 그림에는 서로 다른 해역, 계절 및 수심의 자료를 이용하였기 때문에 매우 큰 변화폭을

가지고 있지만, 전체적인 수직변화의 경향은 확인할 수 있다. 단백질은 그대로 정량할 수 없기 때문에 가수분해 시켜 유리된 아미노산으로 정량한다. 생물체 유기물 중 단백질에서 유래하는 아미노산은 양적으로 가장 많은 성분이지만, 수직방향의 감소도 가장 크다. 지방질도 점차 감소하지만, 탄수화물은 수직방향의 변화가 확인되지 않았다.

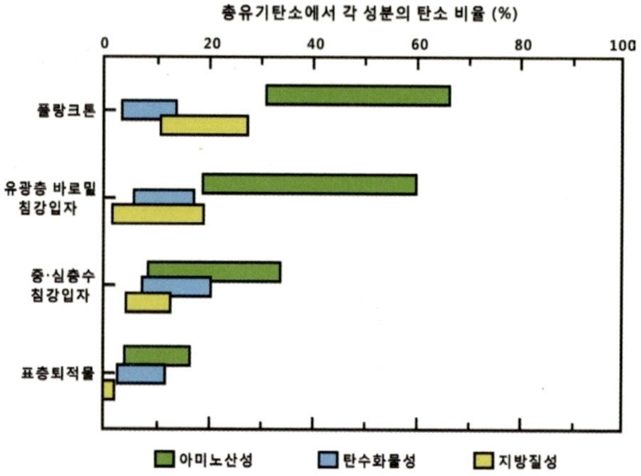

그림 5.8. 플랑크톤, 유광층 아래 및 중·심층수에서 포집된 침강입자 및 표층퇴적물의 총 유기탄소에서 차지하는 아미노산성 탄소, 탄수화물성 탄소 및 지방질성 탄소의 비율(Wakehan et al. 2000)[11].

이러한 질적 변화는 박테리아에 대한 플랑크톤의 유기물 분해 내성으로 설명하게 된다. 아미노산을 예로 들어 보자. 이미 설명한 바와 같이 생물체 유기물의 아미노산은 대부분이 단백질로 존재한다. 표층수의 입자성 유기물을 가수분해하지 않고 단백질을 분리한 결과, 23종의 단백질이 분리되었다. 그 중 하나는 식물플랑크톤의 열충격단백질(heat shock protein)의 일종으로 확인되었다[12]. 해수에서 채집한 플랑크톤시료를 동일한 방법으로 분리하면 수백 종의 단백질이 분리되기에 표층수의 입자성 유기물에서 쉽게 분해되는 단백질이 먼저 소실되고, 난분해성 단백질이 잔존하는 것으로 생각된다. 그러나 분해성을 갖는 단백질 종류와 분해내성을 획득하는 메커니즘에 대해서는 아직 연구가 필요한 상태이다.

중 · 심층수의 입자성 유기물에서 D형 아미노산이 검출된다. D형 아미노산은 식물플랑크톤의 단백질에는 존재하지 않고, 박테리아 외막을 구성하는 펩티도글리칸(peptidoglycan)의 펩티드사슬에 존재한다. 따라서 중 · 심층수 침강입자의 아미노산은 표층의 플랑크톤 단백질이 아니며, 그것을 분해하는 박테리아 기원으로 단백질이 아닌 아미노산이 잔존하거나 이차적으로 추가된 것으로 생각된다.

해양유기물 거동의 출발점인 생물체 유기물의 대부분은 고분자상태로 존재하며, 주요 성분에 대한 화학구조도 알려져 있다. 그러나 비생물성 유기물인 침강입자와 퇴적물 유기물은 고분자레벨에서 측정이 어렵기 때문에 그들은 화학적으로 분해하여 구성단위를 측정한다. 분자레벨에서 대응관계는 불분명하지만 비생물성 유기물의 아미노산을 함유하는 유기물은 생물체 유기물에서 아미노산을 함유하는 단백질과는 다른 분자일 가능성이 높다. 이 절에서 침강입자 유기물의 질적 변화를 예로 들었지만, 입자성 유기물에서도 같은 현상이 알려져 있다. 가수분해하면 아미노산으로 동정할 수 있는 유기물도 그 기원과 조성변화를 일으키는 메커니즘에 대해 아직까지는 완벽한 이해까지 이르지 못하고 있다.

생물체 유기물을 가수분해하여, 단백질은 아미노산으로, 탄수화물은 단당류로, 그리고 지방질은 지방산으로 측정하면, 대부분 생물체 유기물이 설명된다. 그러나 생물체 유기물과 유기쇄설물 사이에는 분자수준의 지식에 큰 차이가 있다는 것을 앞에서 아미노산을 사례로 설명하였다. 또한 그림 5.8에서 알 수 있듯이 유기쇄설물이 분해되면서 미확인 유기물 비율이 증가하며, 그 비율은 중 · 심층수에 침강입자유기물에서 대략 60%이고, 표층퇴적물 유기물에서는 80%를 차지하고 있다.

표층에서 신속하게 수직수송 되어, 중 · 심층수에 이르는 침강입자유기물에 생물체 유기물에서 확인되지 않은 미동정 유기물이 양적으로 큰 부분을 차지한다. 핵산이나 색소 등의 성분은 쉽게 분해되며, 침강입자 유기물에서 이들은 미량성분이다. 아미노산(단백질), 탄수화물, 지방질 이외의 어떠한 특정 생체성분이 선택적으로 남는다고 생각하기는 어렵다. 그림 5.8에서 침강입자로 모습을 바꾼 생물체 유기물은 침강입자로서 기능을 유지하면서, 비교적 빠르게 미동정 유기물로 변화하는 것을 알 수 있다. 그러나 미동정 유기물의 화학적 특성 및 생성과 분해 메커니즘에 대해서는 아직 많은 부분이 상세하게 알려져 있지 않기 때문에, 앞으로 해양유기물 연구의 큰 과제라 할 수 있다.

나. 용존성 유기물의 변화

용존성 유기물은 다양한 체류시간을 갖는 유기물로 구성되어 있다. 체류시간이 가장 짧은 용존성 유기물은 유리 아미노산과 단당류 등을 들 수 있다. 이러한 화합물의 농도는 유광층에서 일변화를 나타내는 것으로 알려져 있기 때문에, 광합성에 의해 생산 된 직후에 용존성 유기물로 환경수에 이동하여 빠르게 미소생물 고리(microvial loop)에 흡수되어, 일부는 다시 생물체 유기물로 변화하게 되고, 또 어떤 것은 무기화되어 CO_2로 변화된다. 이와 같은 유기물의 체류시간은 분 ~ 시간의 스케일로 생각되기에, 외양수의 농도는 10^{-9}M 정도로 매우 낮다. 기초생산에 의해 만들어진 대부분 용존성 유기물은 그것을 이용하는 박테리아의 활성을 고려하면 빠르게 분해된다(일 규모 시간 스케일). 그러나 용존성 유기탄소 농도의 계절변화에서 일부는 수개월 이상의 난분해성을 나타내는 것도 있다(그림 5.6) 더욱이 심층수의 용존성 유기물 총량의 ^{14}C 나이는 수천 년에 이르기 때문에, 이러한 용존성 유기물은 박테리아에 의한 분해에 큰 저항을 갖는 난분해성 용존성 유기물임을 알 수 있다.

침강입자 유기물에서 분해가 진행되면서 양적인 감소와 함께 아미노산, 탄수화물 및 지방질 등의 생체성분 비율도 감소하며, 반대로 미동정 유기물의 비율이 늘어난다. 용존성 유기물에서 그 비율은 더욱 증가한다. 이에 대해서는 개별적인 보고가 몇 건 있을 뿐, 연구 사례가 적기 때문에 일반적인 데이터는 정리되어 있지 않지만, 용존성 유기물의 아미노산과 탄수화물의 비율은 각각 몇 %에 지나지 않고, 지방질을 포함하여도 용존성 유기물 총량의 10%정도로 생각된다. 용존성 유기물의 90% 정도가 미동정 유기물로 구성되고 있다고 할 수 있다.

1) 용존성 유기물의 형광특성

용존성 유기물은 약 35 g의 염류를 포함하는 1L 해수에 중량으로 대략 1 ~ 2 ㎎이 존재한다. 따라서 생물체 유기물과 입자성 유기물 및 침강입자유기물과 동일한 화학분석을 하기 위해서는 농축 및 탈염작업을 필요로 한다. 현재 가장 범용적으로 사용되는 한외여과법(限外濾過法, ultrafitration)에서 용존성 유기물은 전체 65 ~ 80%가 조작과정에서 소실되고, 회수된 농축 및 탈염부분(fraction)은 20 ~ 35%에 불과하다. 기술적인 문제가 극복되지 않았기 때문에 용존성 유기물 전체의 아미노산, 탄수화물, 지방질 등에 대한 기초적인 지식은 매우 부족한 실정이다.

이러한 용존성 유기물의 화학성질을 조사하기 위한 방법의 하나로 3차원 형광법이 사용된다. 시료에 여기광(励起光)을 비추면 형광스펙트럼이 얻어진다. 여기광의 파장을 순차적으로 변경 할 때마다 형광스펙트럼을 기록하고, 가로축에 형광파장, 세로축에 여기파장, 높이 방향으로 형광세기를 도식화하면, 시료의 형광특성을 3차원 등고선 그림으로 얻을 수 있다. 이 방법은 감도가 높기 때문에 용존성 유기물을 농축 및 탈염하지 않고 측정이 가능하다.

용존성 유기물 형광특성을 바탕으로 단백질 형광물질과 함께 난분해성 유기물로 알려진 육상토양 유기물의 부식물질에서 유래하는 부식성 형광물질 및 해양기원의 부식성 형광 물질이 알려져 있다. 모두 '~성 물질'로 표현되는 것은 형광특성의 유사성, 해양의 분포특징, 실내실험 결과 등의 정황 증거에 의한 명칭으로, 물질로서 화학적인 세부사항을 구체적으로 알 수 없기 때문이다.

2) 형광물질의 거동과 부식성 형광물질의 생성

생물체 유기물의 분해와 함께 일부 유기물이 화학적으로 동정이 불가능한 난분해성 유기물로 변화되는 것이 몇몇 실내실험에서 밝혀졌다. 용존성 유기물 형광특성을 이용하여 해수에서 채집한 플랑크톤 시료를 암조건의 해수에 첨가하고 방치하는 분해실험으로 용존성 유기물의 단백질성 및 부식성 형광세기의 시간변화를 추적 하였다(그림 5.9). 인공해수에 플랑크톤을 첨가하면, 플랑크톤 단백질이 해수에 빠르게 용출되어 용존성 단백질 형광물질의 시그널이 크게 나타났지만, 단백질성 형광세기는 시간이 지나면서 빠르게 감소하였다. 따라서 생물체 유기물이었던 단백질이 용존성 단백질로 전환된 후 빠르게 분해되는 것을 의미한다. 한편 부식성 형광세기는 비교적 단시간에 증가하고, 그 이후에도 점진적으로 증가하였다.

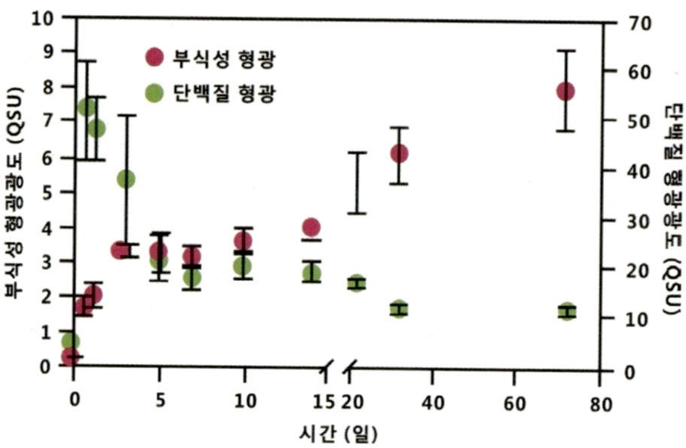

그림 5.9. 플랑크톤의 분해 과정에서 나타난 단백질성 및 부식성 형광세기의 시간변화 (Yamashita and Tanoue 2004)[13]을 수정). 단백질성 및 부식성 형광세기는 표준시료의 황산퀴닌(Quinine sulfate; 0.05M 황산용액)의 여기파장 350 ㎚/형광파장 460 ㎚의 형광세기를 I QSU (Quinine Sulfate Unit)로 표준화 하였다.

용존성 유기물 중 부식성 형광물질이 어떤 유기물에서 유래하는지는 분명하지 않지만, 형광특성은 비생물학적 축중합 과정으로 알려진 아미노산의 아미노기와 당의 알데히드기 반응으로 시작하는 메일라드반응(Maillard reaction)의 생성물인 멜라노이딘(melanoidine) 및 육상 토양의 부식성 유기물과 유사하기 때문에, 미동정 유기물의 대표적인 물질로 생각된다. 이 실험에서 생물체 유기물의 분해와 함께 미동정 유기물에서 난분해성 유기물이 비교적 짧은 시간(일 규모의 시간스케일)에 생성되는 것을 보였다.

3) 태평양에서 유기물분해와 부식성 형광물질의 생성

앞항의 실내실험의 결과에서 유기물분해와 부식성 형광물질의 생성에 관한 관측이 이루어졌다(그림 5.10). 그림 5.10(a)은 남위 60도 이남에서 북위 40도 이북까지 해역의 관측단면에서 겉보기산소소비량(apparent oxygen utilization: AOU)의 단면도이다.

해수의 용존산소포화량은 수온과 염분으로 결정된다(계산법은 부록 참조). 해양 표층은 대기와 가스교환으로 용존산소가 포화상태에 있다고 할 수 있다. 대기와 가스교환이 이루어지지 않는 깊이에서는 유기물분해로 산소가 소비되어, 실측되는 용존산소 농도는 포화농도보다 낮아진다. 이 차이를 겉보기산소소비량이라고 하며, 유기물 분해량의 지표로 생각할 수 있다.

그림 5.10 (b)에 동일한 관측단면에서 부식성 형광물질의 형광세기 단면도를 나타내었다. (a), (b)의 분포패턴은 매우 일치하고 있으며, 겉보기산소소비량이 큰 해역과 수심에서 부식성 형광물질의 형광세기도 높고, 유기물분해에 따른 난분해성 부식물질의 생성이 태평양과 같이 대양 스케일에서 발생하고 있는 것을 알 수 있다. 만약 생성된 부식성 형광물질이 생물에 의해 분해되면, 형광세기가 감소하면서 산소가 소비되기 때문에 AOU가 증가하여 상관관계는 낮아질 것이다. 그러나 형광세기와 AOU 사이에는 넓은 범위에서 매우 좋은 양(+)의 상관관계를

나타내었다. 심층수가 이 단면도의 남단인 남극해에서 북단인 북부 북태평양에 도달하는 시간은 약 900년이 필요하기 때문에 관측된 부식성 형광물질의 분해는 무시할 수 있다.

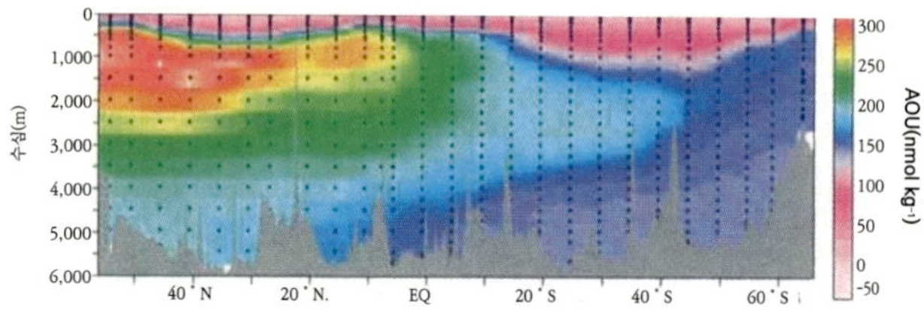

(a) 겉보기산소소비량

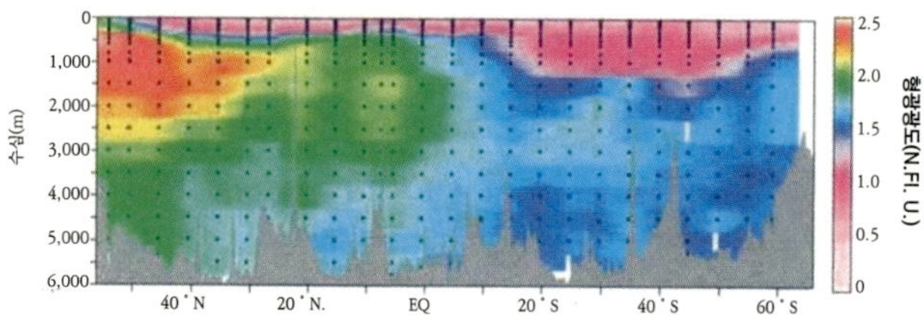

(b) 용존성 유기물질 중 부식성 형광물질의 형광광도

그림 5.10. 태평양 중앙의 남위 50도 이남에서 북위 40도 이북에 이르는 관측단면에서 얻어진 (a) 겉보기산소소비량과 (b) 용존성 유기물에서 부식성 형광물질의 형광강도 단면도(Yamashita and Tanoue (2004)[14]).

한편 실내실험(그림 5.9)의 결과와 같이 표층은 유기물생성과 분해가 활발하기 때문에, 그에 따라 부식성 형광물질이 활발하게 생성되는 것으로 추정되지만, 관측된 형광세기는 낮았다. 지금까지 유기물분해는 박테리아와 종속영양생물이 산소를 소비하는 생물학적 분해를 전제로 기술하였다. 표층에서 생성된 부식성 형광물질은 생물학적 분해에 대해서는 난분해성이지만, 광분해에 의해 농도가 감소하는 것으로 생각되며 실내실험에서도 부식성 물질이 쉽게 광분해 되었다. 해양에서 대부분 유기물생성과 분해과정은 생물에 의해 움직이고 있지만, 해양표층에서 빛에 의한 유기물분해 과정도 무시할 수 없다.

5. 앞으로의 과제

형광특성으로 부식성 형광물질이 용존성 유기물 중 미동정 및 난분해성 유기물의 대표적인 물질로 추정되는 것으로 설명하였다. 그러나 형광세기와 유기물량의 양적 관계는 아직 잘 알려져 있지 않기 때문에, 형광특성 정보가 용존성 유기물 총량에서 얼마만큼을 대표하고 있는지는 아직 알려져 있지 않다. 이 절에서는 생물체와 입자성 및 용존성 유기물의 총량을 대상으로 얻어진 자료만을 근거로 설명한다.

이미 설명한 것과 같이 용존성 유기물은 한외여과법(ultrafiltration method)에 의해 MWCO (molecular weight cut-off) 분자량 1,000 이상의 용존성 유기물 부분(총 용존성 유기물의 20 ~ 35%)을 농축 및 탈염이 가능하게 되었다. 이러한 고분자 용존성 유기물에 ^{15}N-핵자기공명(NMR) 스펙트럼법을 적용한 사례를 그림 5.11에 나타내었다. ^{15}N-NMR

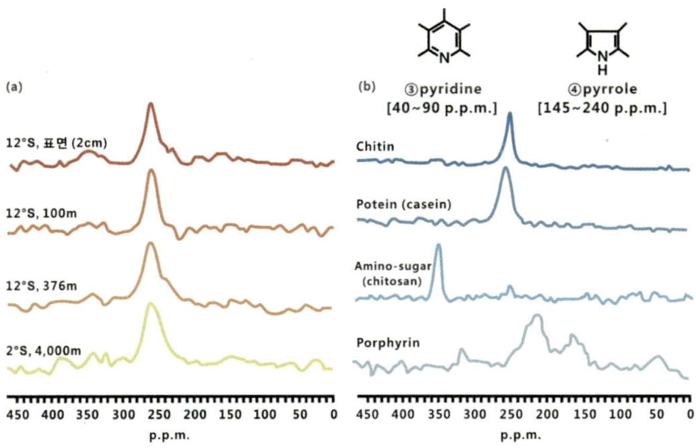

그림 5.11. 태평양 적도해역에서 표층(2 m), 수심 100 m, 375 m 그리고 4,000 m에서 얻어진 (a) 고분자 용존성 유기물의 ^{15}N-핵자기공명 스펙트럼(McCarthy et al. (1997)[15]), (b) 자연에 존재하는 질소화학물 및 작용기의 예. 아미드로써 키틴(N-아세틸글루코사민 폴리머) 및 카제인(단백질의 일종), 아미노당으로써 키토산(탈 아세틸화 키틴), 헤테로고리 질소로써 프로토포르피린Ⅵ, 질소함유작용기로써 피리딘고리 및 피롤고리를 나타낸다. 스펙트럼을 나타내지 않는 피리딘고리 및 피롤고리에 대해서는 [ ] 안에 대략적인 화학시프트(chemical shift)를 나타내었다.

스펙트럼법은 유기물을 구성하는 질소원자의 화학결합방식 및 작용기의 정보를 얻을 수 있다.

그림 5.11(a)는 태평양 적도해역의 표층(2 m)에서 심층(4,000 m)까지 얻어진 고분자 용존성 유기물의 분획스펙트럼으로 수심에 관계없이 260 ppm 부근에서 단일 피크만 검출되었다. 이 피크는 펩티드, 단백질과 키틴 등에 포함된 아미드(amide) 결합에 기원을 두는 것이다. 아미노당이 구성성분이라도 아미노기가 탈아세틸화된 키토산 등의 피크는 크게 벗어나 있다. 한편 아미노산과 당의 작용기가 비생물학적으로 축중합될 때에 생성되는 것으로 보이는 피롤(pyrrole) 고리와 피리딘(pyridine) 고리에서 유래하는 피크는 확인되지 않았다. 여기에서 구체적 설명을 하지 않지만, ^{3}H-, ^{13}C-NMR 스펙트럼에서도 각각 수소와 탄소 결합방식은 생물체 유기물과 크게 다르지 않았다.

NMR 스펙트럼 방법에서 얻어진 결과는 용존성 유기물의 형광특성에서 얻어진 화학특성과 달리 생물체 유기물의 일부가 화학적 변형을 그다지 받지 않은 상태에 있거나, 분해되었음에도 저분자 분해산물로 해수에 남아 있는 것으로 해석할 수 있다. 실제 용존성 유기물에서 해양세균의 외막을 구성하는 단백질과 펩티도글리칸(peptidoglycan)이 검출되어 있다[16]. 그러나 용존성 유기물을 가수분해하여, 아미노산, 당, 지방질을 측정하였지만, 전체 양에서 10% 정도 밖에 설명되지 않았다는 것은 이미 설명하였다. 고분자 용존성 유기물 분획에서도 아미노산과 당의 비율은 각각 수 %에 지나지 않아, NMR 스펙트럼 방법에서 얻어진 정보를 간단하게 해석하기는 어렵다. 비슷한 현상이 침강입자 유기물에도 확인되고 있어, 해수의 비생물성 및 미동정 유기물의 이해에 큰 수수께끼가 되고 있다.

용존성 유기물의 65 ~ 80%는 분자량 1,000이하의 저분자 유기물에 존재한다. 한외여과법에서 얻어진 분자량은 겉보기 분자량이며 절대분자량은 아니지만, 이러한 저분자 유기물을 펩타이드(peptide)로 가정한다면, 아미노산이 8 ~ 9개 결합한 화합물과 올리고당 및 단당류가 5 ~ 6개 결합된 화합물이 된다. 이러한 저분자 화합물의 화학적 특성과 용존성 유기물이 왜 수천 년 동안 분해되지 않고 해수에 존재 하고 있는 것인지에 대한 내용도 해양에서 유기물 거동을 이해하는데 큰 수수께끼가 되고 있다.

해양에서 유기물의 생성, 변질 및 분해와 생태계는 비교적 짧은 시간스케일에서 상호 깊은 관련이 있다. 비교적 오랜 시간스케일의 경우, 해수에 존재하는 난분해성 유기물은 지구표층의 탄소저장고로서 무시할 수 없는 부분이다. 이렇게 서로 다른 시간스케일에서 유기물의 거동을 깊이 이해하려면, 해수의 비생물성 및 미동정 유기물의 화학적 규명이 필수적인 사항으로 앞으로 해양유기지구화학의 큰 과제라고 할 수 있다.

06

해양의 물 순환과 화학추적자

1. 화학추적자의 분류
2. 유용한 화학추적자의 필요조건
3. 과도기적 추적자
4. 해양연구에 응용
5. 화학추적자와 해양의 모델화

제6장

해양의 물 순환과 화학추적자

해수에 녹아 있는 화학성분에는 농도와 동위원소 비가 해수의 물리적인 유동과 혼합과정을 충실하게 반영하고 있다. 또한 물리적인 순환뿐만 아니라 생물화학적 과정을 반영한 농도분포를 나타내는 것도 있다. 이들 화학성분 농도와 동위원소분포를 상세하게 조사하면, 역으로 해수의 움직임과 해수에서의 생물화학적 과정에 대한 정보를 얻을 수 있다.

이와 같은 목적으로 이용할 수 있는 화학성분을 일반적으로 화학추적자(chemical tracer)라 한다. 특히 불활성 기체처럼 화학적으로 불활성으로 해수에서 화학반응에 일체 관여하지 않는 보존적 성분은 화학추적자로서 매우 유용하다. 그리고 방사성 핵종에는 반감기를 바탕으로 해수의 움직임에 시간스케일(time scale)을 부여할 수 있는 성분들도 유용한 화학추적자로 사용된다.

해양 물리학, 화학, 생물학 과정을 불문하고 무엇이든지 해양현상 규명에 유의한 화학성분은 모두 화학추적자라고 할 수 있을지도 모른다. 그러나 그렇게 되면 대상이 너무 넓어서 추적자 본질에 접근하기 어렵게 된다. 따라서 이 장에서는 기초적인 해수순환 및 혼합(해수 자체의 물리학적 움직임)으로 주제를 한정하여, 이곳에 활용되는 좁은 의미의 화학추적자에 대해 살펴보도록 한다.

해양 내부에서는 마치 대형 하천과 같은 심층수 순환이 일어나 해양

그림 6.1. 모든 해양을 연결하는 대규모 해수순환계를 컨베이어벨트에 비유한 모델(Broecker(1991)[1]을 수정).

전체가 천천히 혼합되고 있다. 이 때문에 깊이 10,000 m가 넘는 해구 바닥에 조차 산소가 결핍되는 일이 거의 없이 생물서식이 가능한 환경이 유지되고 있다. 그림 6.1은 콜롬비아대학의 월리스 브록커(Wallace Broecker) 교수에 의해 제안된 해양대순환 모델이다[1]. 브록커의 컨베이어벨트라고도 불린다. 탄소-14(^{14}C) 등의 화학추적자 분포를 바탕으로 정립된 것으로 자세한 것은 뒤에서 설명한다.

해양순환(그림 6.1)은 대량의 열을 운반하기 때문에 대기의 순환과도 연계되어 지구의 기후를 조절하는 중요한 역할을 하고 있다. 해양의 순환과정을 해명하는 것은 모든 해양과학의 기반이 되며, 현재 해양의 모습을 이해하는 것뿐만 아니라 과거의 지구환경을 복원하거나 미래 환경변동을 예측하는데 있어서도 반드시 필요한 중요한 연구과제이다. 여기에 화학추적자의 역할이 필요하다.

1. 화학추적자의 분류

먼저 Craig(1969)[2]의 분류에 따라 해양의 화학추적자를 화학적 성질에 따라 4가지로 구분한다(표 6.1 참조).

표 6.1. 해양의 주요 화학추적자의 분류

화학추적자의 종류	천연화학물질 (농도 및 동위원소)	인공화학물질 (농도 및 동위원소)
안정·보존 추적자	• 불활성 기체 (He, Ne, Ar, etc) • 해수의 주요원소 (Na^+, K^+, Ca^{2+}, Mg^{2+}, Cl^-, SO_4^{2-})	• 클로로플루오르카본 (CCl_3F, CCl_2F_2, CFC-113, etc)
안정·비보존 추적자	• 용존기체 (O_2, N_2, CH_4, N_2O, etc) • 영양염 (NO_3^-, PO_4^{3-}, H_4SiO_4) • 무기탄산물질 (ΣCO_2) • 미량원소 (Fe, Zn, Cu, Cd, REEs, etc)	
방사성·보존 추적자	• 불활성 가스 (^{39}Ar, ^{85}Kr, ^{222}Rn etc) • 할로겐원소 (^{36}Cl) • 우라늄 (^{238}U, ^{235}U, ^{234}U)	• 트리튬 (^{3}H) • 크립톤(^{85}Kr)
방사성·비보존 추적자	^{7}Be, ^{10}Be, ^{14}C, ^{32}Si, ^{226}Ra, ^{228}Ra	^{14}C, ^{137}Cs, ^{134}Cs, ^{90}Sr, ^{129}I, ^{238}Pu, ^{239}Pu, ^{240}Pu, ^{241}Pu

Stable Conservative tracer(안정 · 보존 추적자: SC)

Stable Non-Conservative tracer(안정 · 비보존 추적자: SNC)

Radioactive Conservative tracer(방사성 · 보존 추적자: RC)

Radioactive Non Conservative tracer(방사성 · 비보존 추적자: RNC)

화학추적자로 주목받는 화학원소가 안정핵종인지 방사성 핵종인지에 따라 '안정 추적자(stable tracer)'와 '방사성 추적자(radioactive tracer)'로 크게 나눌 수 있다. 또한 화학추적자 분포가 해수순환과 혼합 등의 물리적 과정과 방사붕괴에 의해서만 결정될 때 '보존 추적자(conservative tracer)', 해수에서 화학반응과 생물과정의 영향도 함께 받는 것을 '비보존 추적자(non-conservative tracer)'로 구별한다. 보존 추적자인지 비보존 추적자인지를 엄격하게 나누는 척도는 없지만 해양에서 평균체류시간(제1장 참조)이 해양 심층순환의 시간스케일(~ 2,000년) 보다 충분히 긴 경우에 보존량으로 간주할 수 있다.

화학추적자에는 천연에 존재하는 물질과 인위적으로 만들어진 물질이 있다. 각각이 위의 4가지로 분류되기 때문에 이 차이도 포함하여 화학추적자를 8가지로 구분하고 있다. 대기권 핵실험과 핵연료 재처리 공장에서 유래하는 인공방사성 핵종은 한편으로 해양 방사능오염이라는 리스크(risk)와 함께 해양 화학추적자로서 유용성이라는 측면도 동시에 가진다.

해수와 함께 움직이는 화학성분이라는 관점에서 이 장에서 취급하는 대부분 화학추적자는 해수의 용존물질이다. 특히 해수의 용존기체는 지금까지 많은 연구에서 중요한 역할을 하여 왔다. 한마디로 용존기체라고 하더라도 불활성 기체와 같은 안정 · 보존(SC) 추적자도 있으며, 산소(O_2)와 메탄(CH_4)과 같이 안정 · 비보존(SNC) 추적자가 있는가 하면, 라돈(^{222}Rn)과 같은 방사성 · 보존(RC) 추적자도 있는 것처럼 매우 다양하다.

4가지 화학추적자별 특징과 유용성을 조금 더 상세하게 살펴보도록 한다. 그리고 몇몇 대표적인 화학추적자에 대해 해양화학적 연구에서 구체적인 응용 사례를 소개하였다. 또한 화학추적자는 단독으로 이용되기도 하지만 복수의 화학추적자를 잘 조합하면, 하나의 화학추적자만은 알 수 없었던 현상을 보다 세부적으로 파악할 수도 있다.

가. 안정·보존 추적자(SC)

해수에서 화학반응으로 분해 또는 새롭게 생성되지 않고 화학적으로 활성이 없는 용존물질은 안전 · 보존 추적자(stable conservative tracer: SC)의 조건을 만족한다. 표 6.1과 같이 불활성 기체가 대표적 사례이다.

용매로서 물(H_2O)은 물리적으로 존재 상태를 고체, 액체, 기체로 변화하지만 화학반응으로 생성과 소멸의 거의 없어 SC추적자 자격을 가진다. 물 분자를 구성하는 수소와 산소는 각각 몇 개의 안정동위원소를 가진다(수소의 경우 ^1H와 ^2H, 산소의 경우 ^{16}O, ^{17}O, ^{18}O). 이들 동위원소의 상대적인 비(안정동위원소 비)는 해수의 기원과 증발 및 응축 등의 이력을 나타내는 추적자로서 활용되고 있다. 또한 방사성 수소(tritium, ^3H)를 함유하는 물은 뒤에서 설명하는 RC추적자의 대표적 사례이다.

한편 화학물질은 아니지만 해수 퍼텐셜온도(potential temperature; 현장수온에서 단열압축에 의한 온도상승분(수압이 강해질수록 현저함)을 빼서 수압 = 0 상태의 가상적 수온)도 근사적으로 보존량으로 취급할 수 있다. 다만 미약하지만 해저로부터의 열 플럭스에 의한 온도상승 효과가 있기 때문에 주의해야 한다. 또한 염분(제2장 참조)은 SC추적자와 같이 취급한다. 해수에 장기간 안정하게 용존 되는 주요 이온(Na^+, K^+, Mg^{2+}, Ca^{2+}, Cl^-, SO_4^{2-} 등)은 각각을 SC추적자로 취급할 수 있지만, 이들의 총량인 염분으로 대표된다.

그런데 '염분(鹽分)'의 분(分)은 농도의 의미를 포함하고 있다. 즉 염분 = 염농도이다. 항구의 여기저기에서 보이는 염분농도라는 표현은 염농도의 농도라는 의미가 되어 버리기에, 학술용어로는 맞지 않은 표현인 것에 주의하자.

나. 안정·비보존 추적자(SNC)

안전 · 비보존 추적자(stable non-conservative tracer: SNC)의 범주에 속하는 것은 안정한(방사붕괴하지 않는) 화학성분이지만 해수에서 화학반응(생물에 의한 반응도 포함)에 관여하여 농도와 동위원소 비가 변화하는 것들이다(표 6.1참조).

해양 표층은 식물플랑크톤이 태양에너지를 이용하여 광합성을 한다. 이 때 제3장 1절 다항에서 설명한 레드필드 비에 따라 해수의 용존성 무기탄소(총용존무기탄소 $\Sigma CO_2 = CO_2 + HCO_3^- + CO_3^{2-}$)와 영양염($NO_3^-$, PO_4^{3-})이 소비되어 산소기체(O_2)가 발생한다. 이 때 식물플랑크톤 군집에서 실리카(SiO_2) 각을 가진 규조류(diatoms)는 표층의 규산($Si(OH)_4$)도 소비하기 때문에 규산도 영양염으로 취급한다. 광합성에서 유래하는 유기물이 표층에서 심층으로 침강하면, 심층수에는 식 (3.3)의 역반응이 일어나 ΣCO_2와 영양염이 재생되면서 산소가 소비된다.

용존성 무기탄소, 영양염 및 용존산소는 해수에서 생물과정과 밀접하게 관련되기 때문에 보존성이 없어 SNC추적자로 취급된다. 광합성이 일어날 때 생물에 흡수되었다가 심층에서 생물체가 분해될 때 용출되는 미량원소(Fe, Zn, Cu, Cd 등)도 영양염과 비슷한 거동을 나타내는 SNC추적자이다. 또한 해수의 미생물활동에 의해 생성 및 분해되는 메탄(CH_4)도 SNC추적자이다.

다. 방사성·보존 추적자(RC)

제6장 1절 가항에서 설명한 화학적으로 불활성인 SC추적자 성질을 가지면서 방사성 핵종을 포함하는 추적자를 방사성 · 보존 추적자(radioactive conservative tracer: RC) 로 분류한다. ^{3}H(삼중수소, tritium)를 포함하는 물은 대표적인 RC추적자 이다. 또한 불활성 기체인 방사성 핵종(^{39}Ar, ^{85}Kr, ^{222}Rn 등)과 평균체류시간이 긴 천연방사성 원소 우라늄(^{238}U, ^{234}U) 등이 여기에 포함된다.

라. 방사성·비보존 추적자(RNC)

제6장 1절 나항에서 설명한 SNC추적자가 방사성 핵종을 포함할 때

는 RNC추적자로 구분된다. 해양학에서 지금까지 가장 많이 활용된 방사성 · 비보존 추적자(radioactive non-conservative tracer: RNC)는 방사성 탄소(^{14}C)를 함유하는 용존성 무기탄소(ΣCO_2)일 것이다. 천연 우라늄, 토륨계열에서는 라듐(Ra) 동위원소가 해수 추적자로서 중요하다. 그리고 ^{14}C 외에도 많은 천연 우주선 생성 핵종(^{10}Be, ^{26}Al, ^{32}Si, ^{32}P, ^{33}P 등)과 대기권 핵실험, 원자력발전, 핵연료 재처리시설 등에서 유래하는 방사성 핵종(^{137}Cs, ^{90}Sr, ^{129}I, Pu동위원소 등)도 여기에 포함된다.

2. 유용한 화학추적자의 필요조건

앞 절에서 설명한 4종류 화학추적자가 해수유동을 파악할 때 유용한 것인지에 대한 가부를 판단하는 조건이 몇 가지 있다. 즉 ① source function (공급원, 공급속도, 공급시기 등, 그 추적자 특유의 성질을 나타내는 정보)이 명확한 것인가?에 대한 가부, ② 보존성이 높은지에 대한 평가(SC 추적자 및 RC추적자가 우선됨) 및 ③ 높은 정확도를 가지는 많은 수의 자료 확보가 가능한 것인가?에 대한 여부(분석을 위해 대량의 해수를 필요로 하지 않으면서 간편한 화학분석법이 확립되어 있는지의 여부) 등이다. RC추적자와 RNC추적자에 대해서는 반감기의 시간스케일이 적절하여 연구대상으로 하는 해양순환 및 혼합의 시간스케일에 적합한지의 여부도 중요한 조건이 된다.

예를 들어 제6장 1절 라항에서 설명한 ^{14}C를 비롯한 우주선 생성 핵종은 대기조성과 우주선의 세기에 의해 생성량이 결정된다는 점에서 source function이 명확하다. 또한 인공물질은 연간 생산량과 해양으로 배출량이 source function이기 때문에 이들을 자세하게 파악하고 있을수록 유용한 추적자가 된다.

3. 과도기적 추적자

특히 주목해야 할 RC추적자 및 RNC추적자로는 한정된 짧은 기간에 해양으로 유입된 일시적 성질을 가지는 인공물질을 들 수 있다. 이들은 '과도기적 추적자(transient tracer)'로 불리며 화학추적자로서 이용가치가 매우 높다. 1960년대에 피크를 보이는 대기권 핵실험에서 유래하는 ^{3}H과 ^{14}C 또는 현재에는 국제적으로 제조가 중지된 클로로플루오르카본류(chlorofluorocarbons: CFCs) 등이 여기에 포함된다.

과도기적 추적자는 투명한 물을 채운 수조를 해양으로 간주하고, 거기에 특정 시기에만 붉은 잉크를 떨어뜨렸다고 생각하면 이해하기 쉽다(방사성 핵종인 경우는 반감기에 따라 잉크의 붉은색이 절반으로 줄어드는 특수한 잉크를 상상). 수조에서 붉은 잉크가 어떻게 퍼져나가면서 옅어지는지를 살펴보는 것으로 투명한 상태에서는 알 수 없었던 물의 움직임을 정확하게 포착할 수 있게 되는 것이다.

4. 해양연구에 응용

이 절에서는 대표적인 일부 화학추적자를 사례로 들어 해양순환과 혼합의 규명에 추적자가 어떻게 사용되고 있는지에 대하여 구체적으로 살펴보기로 한다. 화학추적자의 화학적 성질과 반감기를 이용하여, 지구규모(global scale)에서 해수순환 및 혼합에 대한 연구에 이용되는 것과 국지적인 해양현상(예를 들어 해저 바로 위에서 일어나는 해양현상)의 규명에 이용된다.

가. 용존산소

해양에서 용존산소(O_2)는 화학추적자로서 가장 긴 역사를 가지며 현재에도 여전히 널리 활용되고 있다. 해수에 용존하는 O_2는 대표적인

SNC추적자로 source function은 해양표층에서 식물플랑크톤에 의해 이루어지는 광합성으로 명확하다.

1) 농도분포의 특징

대기와 해양 사이에서 일어나는 기체교환 과정을 통해, 해양 표층수에는 수온과 염분에 의해 결정되는 포화용해도와 거의 같은 양의 O_2가 용존 되어있다(실제로는 해상풍에 의해 해면이 교란될 때 해수로 유입된 기포의 일부가 용해되기 때문에 수 % 정도 과포화를 보일 때가 많다). 포화용해도를 계산하는 방법은 부록을 참조하기 바란다.

그림 6.2에 북서태평양 외양역의 전형적인 퍼텐셜수온과 용존산소농도분포를 나타내었다. 퍼텐셜수온 수직분포에서 제1장에서 설명한 수온약층을 사이에 두고 저온 · 고밀도인 심층수 위에 고온 · 저밀도인 표층수가 떠있는 성층구조를 확인할 수 있다. 이러한 해양조건에서는 표층수와 심층수의 상하 혼합이 일어나기 어려운 것을 알 수 있다.

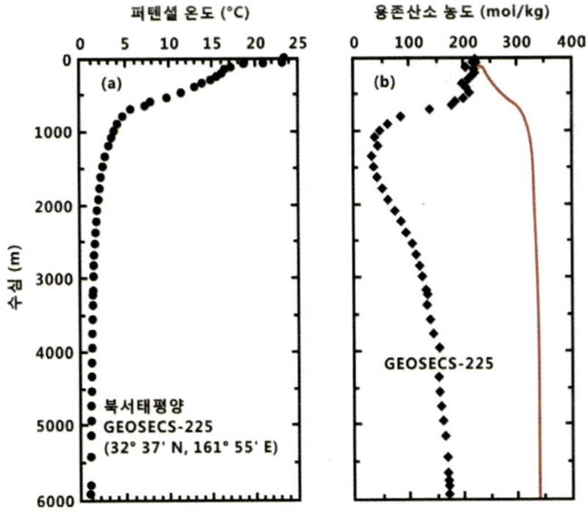

그림 6.2. 북서태평양의 전형적인 퍼텐셜수온과 용존산소 수직분포, 빨간색 선은 1기압 조건에서 퍼텐셜수온과 염분에서 계산되는 산소의 포화용해도를 나타낸다.

용존 O_2 농도는 광합성이 일어나는 수심인 0 ~ 100 m의 표층에서 가장 높고, 포화용해도(그림 6.2의 빨강)와 거의 같다. 표층 아래에서 O_2 농도는 수심이 깊어질수록 감소한다. 이것은 표층과 물질교환의 단절되어 O_2가 공급되지 않을 뿐만 아니라, 표층에서 침강하는 유기물질의 산화분해 때문에 O_2가 소비되기 때문이다. 용존 O_2에 의한 유기물의 산화분해는 심해저까지 지속되기 때문에 결국 O_2가 모두 소비되어 농도가 0이 되어도 이상하지 않다.

그러나 신기하게도 O_2 농도는 수심 1,000 m부근에서 극소값을 나타낸 다음에 수심과 함께 증가한다. 암흑의 심층에서는 광합성이 일어나지 않는다. 뿐만 아니라 앞에서 설명한 것처럼 O_2를 풍부하게 포함하는 표층수와의 혼합은 강한 성층구조로 차단되어 있다. 그럼에도 불구하고 심층수의 용존 O_2는 수심과 함께 증가하여 수심 6,000 m 심해에서 포화용해도의 50% 정도 농도에 도달하고 있다. 이러한 분포는 무엇 때문에 일어나는 것일까?

이 수수께끼의 열쇠는 심층수의 움직임에 있다. 즉 다른 해역의 표층해수를 기원으로 하는 해수(O_2가 풍부)가 심층의 수평방향에서 O_2를 공급하고 있는 것이다. 그림 6.2의 O_2 농도분포는 해양심층이 결코 정지된 해수 웅덩이가 아닌 다이나믹하게 해수순환이 일어나는 장소라는 것을 우리들에게 알려주고 있다.. 그리고 '다른 해역'이라는 것은 북극권과 남극권과 같이 낮은 수온으로 밀도가 높은 해수를 형성하는 극해역을 말한다.

2) 극해역에서 풍부한 산소를 가진 해수의 침강

극해역은 해양의 성층구조가 형성되기 어렵다. 이것은 한랭한 기후(특히 동계)에 의해 표층수가 냉각되어 밀도가 증가하기(무거워짐) 때문이다(그림 6.3참조). 밀도가 증가하는 이유는 다음과 같은 2가지이다. 즉 온도감소(제2장에서 설명한 것처럼 담수는 4℃에서 최대밀도가 되지만

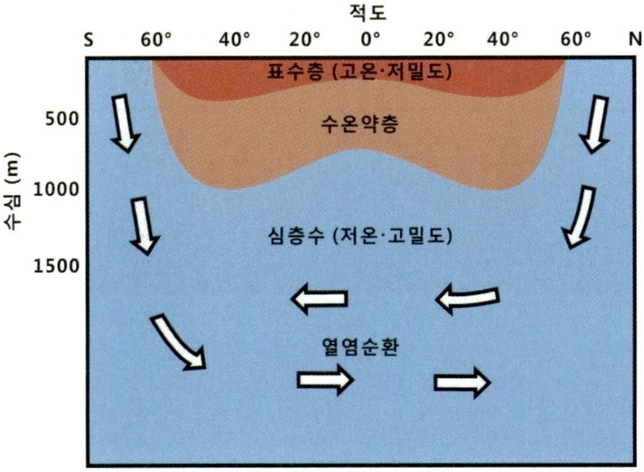

그림 6.3. 해양의 성층구조와 극해역에서 고밀도 표층수가 구동하는 열염순환의 모식도.

일반적으로 해수는 어는점까지 밀도가 계속 증가한다)와 얼음형성(해수의 어는점은 염분과 수압에 의존하며, 염분 35인 표층수 일 때 -1.92℃이다)에 의한 염분증가(해빙은 거의 담수이기 때문에 해빙생성에 의해 그 주변으로 염이 배출된다) 때문이다.

이렇게 주변보다 밀도가 높아진 극해역의 표층해수는 중력에 의해 침강한다(그림 6.3). 밀도가 충분히 높게 되면 해저까지 도달하여 수평으로 흐르기 시작하면서, 해양 심층순환을 구동시킨다. 이러한 해수순환을 열염순환이라고 한다는 것은 제1장 2절 나항에서 설명하였다.

수온이 낮을수록 기체의 용해도는 증가하기 때문에 극해역 표층수는 높은 농도의 O_2를 포함한다는 것을 잊어서는 안 된다. 이와 같이 열염순환에 의해 표층에서 심층으로 신선한 O_2가 공급된다. 폐쇄된 실내의 오염된 공기를 신선한 대기로 교체하는 '환기'의 개념으로, 표층해수가 심층으로 운반되는 것을 ventilation이라고도 한다.

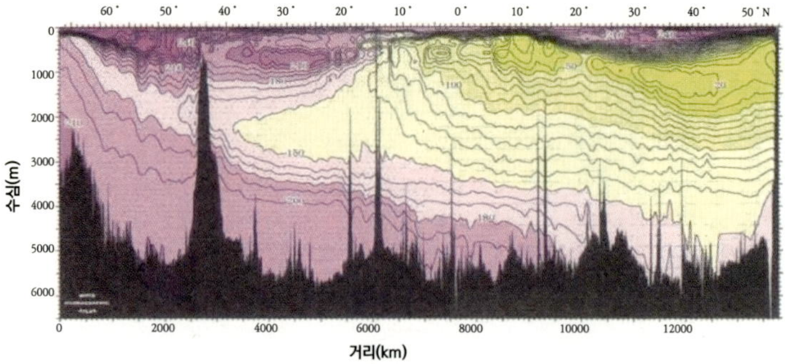

그림 6.4. 국제 WOCE 관측에서 얻어진 북태평양 동경 165도선의 해수 용존산소 농도의 남북단면 (From the WOCE Pacific Ocean Atlas, (http://www-pord.ucsd.edu/whp_atlas/pacific/p15/sections/printatlas/P15_OXYGEN_final.pdf)

우리 주변에 위치하는 태평양은 남극저층수가 서태평양 가장 깊은 곳을 북상하여 일본 근해인 북태평양까지 O_2를 공급하고 있다. 그림 6.4는 서경 170도선에서 태평양을 종단했을 때 O_2농도의 단면도이다. 정성적이긴 하지만 남극해역에서 출발하는 심층순환으로 태평양 심층을 오른쪽 방향(북쪽 방향)으로 O_2가 운반되어 공급되고 있는 것을 분명하게 확인할 수 있다.

3) 용존산소와 영양염 조합

심층수순환과 함께 유기물 분해에 의해 O_2농도는 감소하지만, 이에 따라 영양염은 증가한다. 감소한 O_2의 양과 증가한 영양염(NO_3^-, PO_4^{3-}) 사이에는 레드필드 비라는 정량적인 대응관계가 있다. 제3장 1절 다항에서 설명한 것처럼 O_2기체 170 ㏖ 감소와 NO_3^- 16 ㏖ 증가 및 PO_4^{3-} 1 ㏖ 증가가 거의 균형을 이루고 있다. 여기에 이 두 성분을 조합하여 비보존성을 상쇄시키고자 하는 아이디어가 있다.

극해역에서 표층수가 침강할 때 O_2농도는 수온과 염분으로 결정되는 포화용해도와 같다고 가정한다. 이 O_2포화값에서 심층수의 O_2농도(실측값)를 뺀 것이 겉보기산소소비량(AOU)라고 한다는 것을 제5장에서도 설명하였다. AOU는 표층에서 심층까지 해수가 이동하는 동안 감소하는 O_2의 규모를 파악하는 척도가 된다. 표층수가 침강할 때 영양염 농도의 초기값(preformed nutrients)을 각각 $[NO_3^-]_0$ 및 $[PO_4^{3-}]_0$라고 하면, 심층수의 각 영양염 실측값 $[NO_3^-]$ 및 $[PO_4^{3-}]$은 레드필드 비를 이용하여 다음과 같이 나타낼 수 있다.

$$[NO_3^-] = [NO_3^-]_0 + 16 \times \frac{AOU}{170} \tag{6.1}$$

$$[PO_4^{3-}] = [PO_4^{3-}]_0 + \frac{AOU}{170} \tag{6.2}$$

식 (6.1) 및 식 (6.2)에서 계산되는 $[NO_3^-]$ 및 $[PO_4^{3-}]$은 유기물 분해의 영향을 제외하였기 때문에 근사적이지만 SC추적자로 간주할 수 있다. 여기에서 근사적으로 표기하는 것은 침강하는 표층수의 O_2농도가 정확하게 포화값이라고 할 수 없는 것과 레드필드 비가 해역과 수심에 따라 약간 변화하기 때문이다.

나. 불활성 기체

해수에 용존하는 불활성 기체(He, Ne, Ar, Kr, Xe, Rn)는 앞서 말한 것처럼 O_2 기체와 영양염과는 달리 화학반응 또는 생물과정에 일체 관여하지 않는 불활성 성분이기 때문에 이상적인 SC추적자이다. 대기의 활발한 혼합으로 불활성 기체의 존재비는 해역에 상관없이 일정하다(표 7.1참조). 대기와 접촉하는 표층해수 중 불활성 기체의 포화용해도는 해수의 수온과 염분으로 계산할 수 있다. 계산방법은 부록을 참조하기 바란다.

실제 해양은 대기와 해양 사이의 기체교환이 반드시 평형상태가 아닌(급격한 온도변화가 있으면 기체교환이 따라가지 못함)것과 풍속 증가에 따른 기포 혼입이 증가하여 과포화가 되는 등, 다양한 물리적 요인에 의해 용존 농도와 포화용해도가 정확하게 일치하지 않는 것이 알려져 있다. 이와 같은 대기와 해양 사이의 기체교환을 지배하는 물리적 요인은 여러 종류의 불활성 기체 농도와 농도비를 조사하여 파악할 수 있다.

또한 표층해수가 심층으로 침강한 후에도 해수의 불활성 기체 농도는 전혀 변하지 않기 때문에, 그 과포화도와 불포화도를 추적하여 원래 표층에 있었을 때의 온도와 염분을 추정하거나, 서로 다른 수괴의 혼합을 복원하는 것 등이 가능하게 된다.

1) 헬륨

헬륨(He)은 농도와 함께 동위원소 비($^3He/^4He$ 비)가 화학추적자로서 중요하다. 헬륨 동위원소 비(δ^3He)는 식 (4.4)이 반복되지만 다음의 식으로 정의된다.

$$\delta^3 He = \left(\frac{\left[\frac{^3He}{^4He}\right]_{seawater}}{\left[\frac{^3He}{^4He}\right]_{air}} - 1 \right) \times 100(\%) \qquad (6.3)$$

여기서 $[^3He/^4He]_{air}$는 대기의 헬륨 동위원소비로 1.4×10^{-6} 이다. 이러한 동위원소 비를 가진 헬륨이 해양표층을 통해 대기로부터 해양으로 녹아든다. 그러나 해수에 용존하는 헬륨 동위원소 비 $[^3He/^4He]_{seawater}$는 다음의 2가지 이유로 이 값보다 조금 클 수도 있다.

하나는 지구 내부(맨틀)로부터 현재뿐만 아니라 지구가 만들어질 때 지구내부로 들어간 동위원소비가 큰 헬륨($^3He/^4He$: $\sim 1\times10^{-5}$)이 해저화산과 열수활동(제9장 참조)을 통해 해수로 방출되고 있는 것이다. 이것은 맨틀 헬륨으로 불리어 해저열수활동에서 유래하는 열수플룸(hydrothermal plume)의 확산을 파악할 때에 좋은 추적자로 이용된다(그림 6.5 참조).

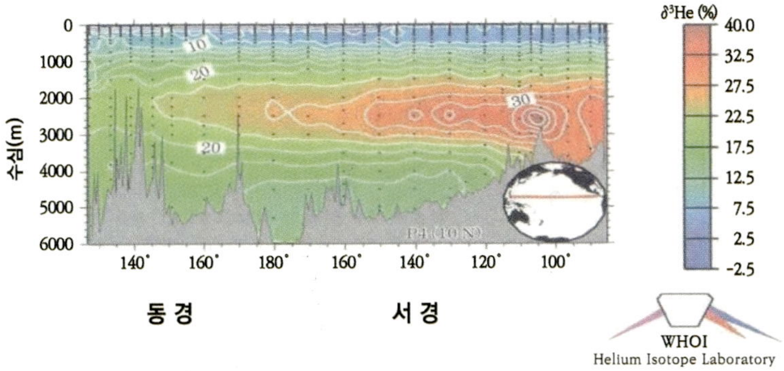

그림 6.5. 동태평양 해팽(중앙해령)으로부터 방출되는 맨틀헬륨(δ^3He값이 크다)이 나타내는 열수플룸(hydrothermal plume)의 확장(Graph courtesy of Bill Jenkins ©Woods Hole Oceanographic Institution. 우즈홀해양연구소의 사이트 : http://www.whoi.edu/sbl/liteSite.do?. litesiteid=28952&articleId=47707).

또 하나의 요인은 뒤에서 설명할 RC추적자인 ^{3}H의 방사붕괴에 의해 ^{3}He가 해수에서 생성되는 것이다. 이 경우 ^{3}H와 ^{3}He를 동시에 측정하면 해수의 연대를 측정 할 수 있다.

2) 방사성 불활성 기체

불활성 기체의 주요한 RC추적자로서 ^{39}Ar, ^{85}Kr, ^{222}Rn을 들 수 있다. ^{39}Ar(반감기 : 268년)는 우주선 생성 핵종, ^{85}Kr(반감기 : 10.6년)은 우주선 생성 핵종이면서 동시에 인공방사성 핵종이다. 또한 ^{222}Rn은 ^{238}U 계열에 속하는 ^{226}Ra(반감기: 1,602년)의 딸 핵종으로 반감기가 불과 3.82일 밖에 되지 않는다.

해수의 용존 ^{222}Rn은 대기와 해양 사이의 기체교환 연구와 해저 바로 위의 수직혼합 연구에 중요한 역할을 해왔다. 해수의 ^{222}Rn은 일반적으로 RNC 추적자의 하나인 ^{226}Ra과 영속평형 관계에 있다(양쪽의 방사능이 같음). 그런데 해양표층과 해저 바로위에서는 방사평형이 성립하지 않는다(그림 6.6 참조).

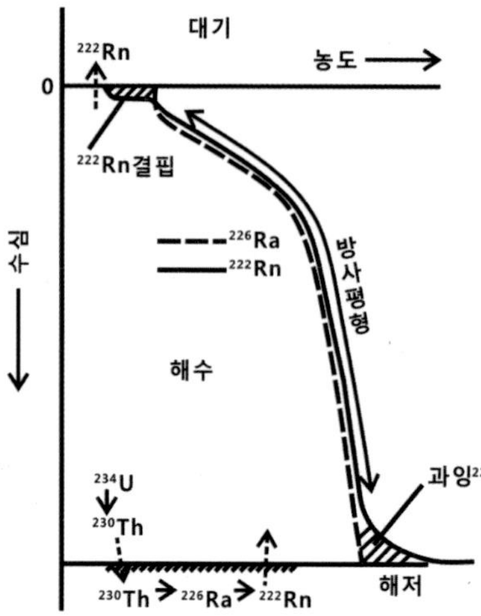

그림 6.6. 해수에서 방사평형 상태인 ^{226}Ra과 ^{222}Rn의 일반적인 농도분포. 해저 바로위에서는 해저퇴적물 ^{226}Ra 유래의 ^{222}Rn이 과잉으로 존재한다. 한편 표층에서는 대기로 비산되는 만큼 ^{222}Rn이 결핍된다.

해양표층은 대기와 해양 사이의 기체교환에 의해 일방적으로 ^{222}Rn이 대기로 방출되기 때문에 ^{222}Rn의 결핍이 관측된다. 기체교환이 활발할수록 ^{222}Rn 결핍이 커진다. 따라서 ^{222}Rn 결핍량의 적분값을 이용하여 기체 교환속도를 계산할 수 있다. 한편 해저 바로위에서는 해저퇴적물의 ^{226}Ra에서 유래하는 ^{222}Rn이 해수로 방출되기 때문에 그 양만큼 과잉(excess)의 ^{222}Rn이 관측된다. 해저 바로 위에서 해수 수직혼합이 활발할수록 과잉 ^{222}Rn은 해저에서 위쪽 방향으로 어느 정도 떨어진 해수에도 잔존하여 검출된다. 따라서 과잉 ^{222}Rn의 수직분포에 확산방정식을 적용하여 해저 바로 위에서의 연직확산계수가 계산된다.

다. 트리튬

트리튬(^{3}H 또는 T로 표기함)은 반감기가 12.3년인 방사성 핵종으로 대기의 질소와 우주선 유래의 열중성자가 핵 반응하여 정상적으로 생성된다. 여기에 1960년대 미국과 구소련이 북반구 고위도지역에서 실시한 대기권 핵실험(1963년 발효된 부분적 핵실험금지조약에 의해 중지됨)에 의해 일시적으로 방출된 막대한 ^{3}H이 대기에 추가되었다. 방출된 ^{3}H은 물 분자(H_2O)의 일부가 된 후 육상과 해상으로 강하하여, 가장 농도가 높았던 1960년 중간 무렵의 빗물 중 ^{3}H 농도는 평상시의 약 100배에 도달하였다(그림 6.7 참조).

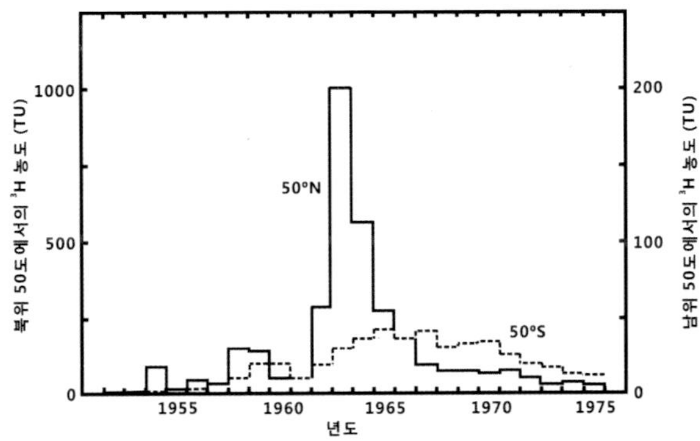

그림 6.7. 해양(북위 50도 및 남위 50도) 강수의 ^{3}H농도 연간변화(Weiss and Roether (1980)[3)]). 북반구(50°N, 실선), 남반구(50°S, 점선)의 세로축 스케일이 다른 것에 주의. TU는 트리튬단위(tritium unit)로 $^{3}H/^{1}H=10^{-18}$이 1TU이다.

해수면으로 강하한 ^{3}H은 RC추적자이면서 동시에 과도기적 추적자로 절대적인 위력을 발휘하였다. 다음에 설명하는 북대서양 심층수가 침강하는 현장을 확실하게 포착한 것은 괄목할 만한 성과이다.

그림 6.8(a)은 1972년에 북대서양에서 측정된 ^{3}H 수직농도의 단면도이다. 저위도해역에서는 표층에 한정되어 ^{3}H이 검출된다. 이것은 그림 6.3에서 언급한 해양의 성층구조 때문으로, 해양표면으로 강하한 ^{3}H은 밀도가 작은 표층수에 그대로 갇혀있다. 그러나 고위도해역으로 갈수록 분포양상이 바뀐다. ^{3}H은 점차 표층 아래에서도 검출되며, 대서양의 가장 북쪽에서는 심해저부근까지 대기기원의 ^{3}H이 존재한다. ^{3}H은 H_2O

즉 물 자체로서 존재하기 때문에 그림 6.8(a)의 ^{3}H 수직분포는 밀도가 커진 표층해수가 심층으로 유입되는 것이 극해역에서 실제로 명확하게 실증되고 있는 것이다.

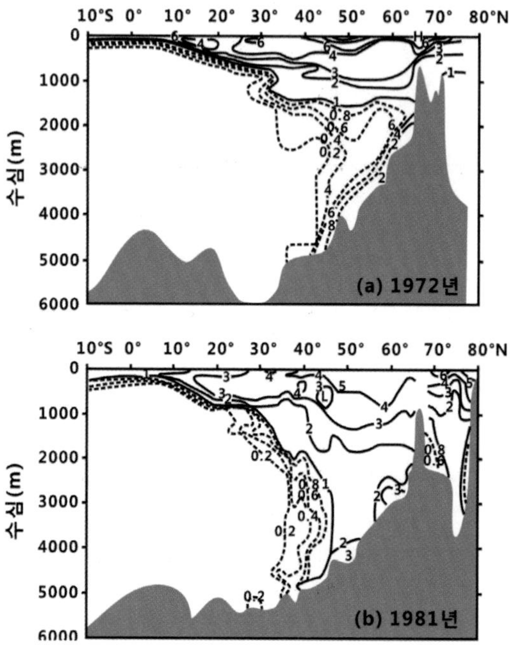

그림 6.8. 북태서양의 ^{3}H 농도 단면도. (a) 1972년의 측정, (b) 1981년의 측정(Ostlund and Rooth (1990)[4], 그림 속의 숫자는 ^{3}H 농도(단위 TU)를 나타낸다. 그리고 1972년 데이터는 1981년의 방사능 값으로 표준화하여 9년간 방사붕괴에 의한 변화량을 보정하였다.

1960년대 전반에 대기권 핵실험 기원 ^{3}H의 최대량이 해면으로 유입된 것이 그림 6.7에서 분명하게 나타나고 있기 때문에, 이 시기에 그린란드 근해에 침강한 해수는 불과 6 ~ 7년 만에 대륙사면을 타고 내려가 심해저에 도달한 것이 된다. 침강의 시간스케일까지 규명된 것이다. 그리고 9년 후인 1981년에 실시된 재관측(그림 6.8(b))에 의해 대기기원 ^{3}H을 포함하는 심층수의 앞부분이 9년 만에 대서양 남쪽방향 약 800 ㎞ 까지

남하한 것이 확인되었다.

대기권 핵실험은 북반구 고위도 지역에서만 실시되었기 때문에, 남반구에 떨어진 ^{3}H은 북반구에 비해 압도적으로 적어(그림 6.7), 남극해에서 그린란드 근해와 같은 해수의 침강을 관측하는 것은 불가능하였다.

라. 방사성 탄소(^{14}C)

천연의 ^{14}C는 대기에서 우주선 기원의 열중성자에 의해 ^{14}N(n, p) ^{14}C 반응(^{14}N 원자핵이 열중성자를 흡수하여 양성자를 방출하여 ^{14}C가 됨)으로 생성된다. ^{14}C는 빠르게 이산화탄소($^{14}CO_2$)가 된 후 이동하여, 대기와 해양 사이의 CO_2 가스교환에 의해 해양표층수로 이동한다. 이와 같이 표층수는 항상 대기로부터 $^{14}CO_2$가 공급되지만 표층수가 심층으로 침강하면 공급은 차단되고, 이후는 시간이 경과할수록 ^{14}C는 5,730년의 반감기에 따라 감소한다.

1) 해수의 δ^{14}C값과 분포

해양 전체에서 ^{14}C분포를 맵핑(mapping)하면, 오래된 해수(표층에서 격리되어 오랜 시간이 경과한 해수) 일수록 ^{14}C가 많이 감소한 것으로부터 침강한 표층수가 어떠한 경로로 해양심층을 이동하는지 알 수 있다.

해수의 ^{14}C 값은 다음의 식으로 정의되는 $\Delta^{14}C$값으로 나타낸다.

$$\Delta^{14}C = \left(\frac{A_{sn}}{A_{abs}} - 1\right) \times 1000(‰) \qquad (6.4)$$

여기서 A_{sn}은 해수시료의 용존성 무기탄소(ΣCO_2)에서 계측한 ^{14}C/^{12}C 비로 탄소동위원소 분별(fractionation)을 보정하기 위해 δ^{13}C 값을 -25‰로 표준화하였다. 또한 A_{abs}는 ^{14}C의 국제표준물질(옥살산)에서 계측한 ^{14}C/^{12}C 비이다. 즉 식 (6.4)의 Δ^{14}C값은 표준물질의 $^{14}C/^{12}C$ 비에 비해 해수

의 $^{14}C/^{12}C$ 비가 어느 정도 큰지 또는 작은지를 천분율로 나타내고 있다. 해수가 오래될수록 $\Delta^{14}C$ 값은 작아진다.

$$\delta^{13}C=\left(\frac{\left[\frac{^{13}C}{^{12}C}\right]_{sample}}{\left[\frac{^{13}C}{^{12}C}\right]_{Standard}}-1\right)\times 1000(‰) \qquad (6.5)$$

$^{13}C/^{12}C$비의 표준시료(standard)에는 PDB가 사용된다. PDB에 대해서는 제10장 3절 가항을 참조하기 바란다.

그림 6.9는 대서양, 인도양 및 태평양의 심층수(3,000m 이심)에서 계측된 $\Delta^{14}C$값을 비교한 것이다[5]. 세로축은 $\Delta^{14}C$이며 위쪽으로 갈수록 $\Delta^{14}C$값이 크다. 즉 해수의 연령이 젊다는 것을 나타낸다. 또한 가로축은 위도를 나타내며 적도(0°)를 경계로 오른쪽이 북반구 왼쪽이 남반구이다. 심층수의 $\Delta^{14}C$값은 3개 대양에서 선명하게 서로 차이가 있는 것을 알 수 있다. 즉 대서양이 가장 젊고, 다음이 인도양, 태평양이 가장 오래된 해수가 된다. 또한 대서양은 북쪽에서 남쪽으로 갈수록 연령이 오래된 심층수가 된다. 한편 인도양과 태평양은 남쪽에서 북쪽으로 갈수록 연령이 오래된 심층수이다. 그림 6.1에 나타낸 열염순환 그림과 대조해 보기 바란다.

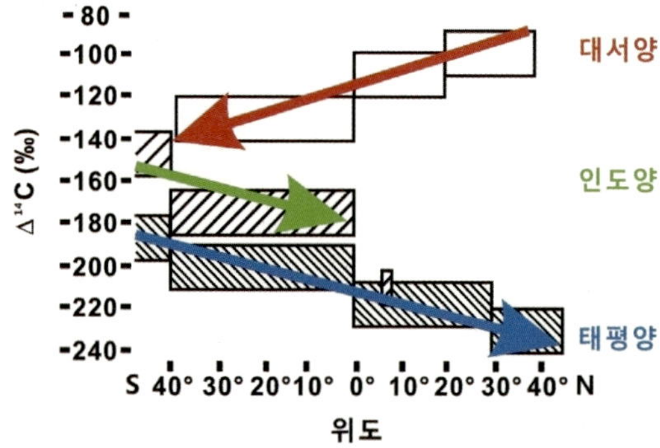

그림 6.9. 대서양, 인도양 및 태평양 심층수의 $\Delta^{14}C$ 값의 변화(Bien et al, (1965)[5]를 수정).

2) 해양 심층순환의 시간스케일

1970년대 미국에 의해 실시된 대양종단지구화학관측(GEOSECS, Geo-chemical Ocean Sections Study) 연구 프로젝트를 통해 3개 대양에 약 120개의 관측점을 설정하여 표층부터 해저 바로 위 저층까지 $\Delta^{14}C$를 상세하게 맵핑하였다. 이 연구를 통해 그림 6.9의 매우 높은 정밀도의 $\Delta^{14}C$ 분포를 바탕으로 작성한 것이 그림 6.1에 나타낸 브록커(Wallace Smith Brocker)의 컨베이어벨트 모델이다.

북대서양 그린란드 근해에서 침강한 심층수는 대서양을 남하하여 남극 웨델해(Weddell Sea)에서 침강한 저층수와 합류하여 시계방향의 남극순환류를 만든다. 그 일부가 인도양과 태평양으로 북상한다. 심층류는 용승하여 표층으로 올라온 후 역방향으로 북대서양과 남극해로 되돌아가서 다시 침강한다. 이렇게 단절되지 않는 컨베이어벨트와 유사한 순환류의 존재는 이론적인 해양모델에서 추측되었지만, 그것이 확실하게 확인되어 1,000 ~ 2,000년 정도의 시간스케일로 전 세계의 해양을 일주하고 있다는 것을 처음으로 확인한 것은 화학추적자인 ^{14}C에 의해 얻어진 결과이다.

^{14}C는 해수에서 RNC추적자, 즉 비보존량이기 때문에 $\Delta^{14}C$값을 그대로 절대연령으로 환산할 수 없다. 심층수에서 유기물의 산화분해와 탄산칼슘($CaCO_3$) 용해로 인하여 ΣCO_2가 생성되어 ^{14}C가 기록한 시간이 다소 변화되기 때문이다. 그러나 이 시간의 어긋남(차이)을 심층수의 용존 O_2 농도, ΣCO_2 농도, 알칼리도를 가지고 보정하여, 가능한 정확한 대서양과 태평양 심층수의 연령분포를 해석한 사례가 있다[6)]. 그림 6.10에 태평양의 수직단면도를 나타내었다. 이 그림에 따르면 북태평양에서는 북위 40도 부근의 수심 약 2,000 m에 연령이 약 2,000년으로 가장 오래된 심층수가 존재하는 것을 알 수 있다.

3) 대기권 핵실험에 의한 ^{14}C

^{14}C는 ^{3}H과 마찬가지로 1960년대 대기권 핵실험에 의해 대량으로 생성되었다(이 ^{14}C는 천연 ^{14}C와 구별하기 위해 핵실험 ^{14}C라고 함). 핵실험 ^{14}C는 과도기적 추적자로서 활용된다. 예를 들어 표층수에서 핵실험 ^{14}C의 증가량으로 대기와 해양 사이의 CO_2 가스교환 속도를 추정하는 연구 등이 수행되고 있다.

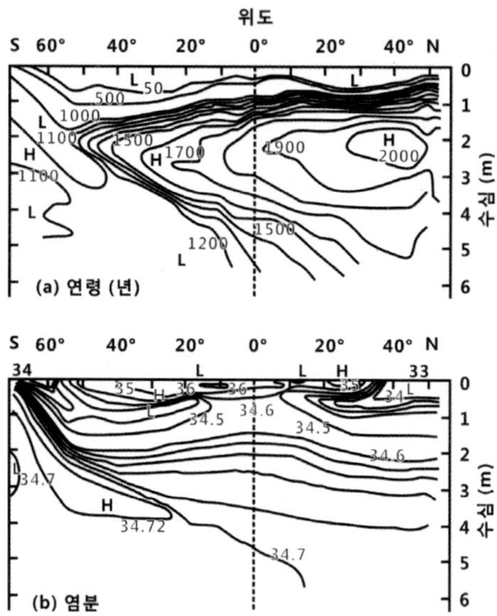

그림 6.10. 서태평양 서경 170도의 해수연령과 염분의 수직단면 그림(角皆(1980)[6]을 수정). H는 높은 값, L은 낮은 값을 나타낸다.

마. 클로로플루오르카본(CFC)류

인공 불소계 유기물질에는 해양의 화학추적자로 유용한 것들이 있다. 앞서 설명한 CFC 가스(미국의 상품명으로부터 프레온(freon))이라고도 한다. 프레온 가스(일본에서는 속칭 프론 가스라 한다)에 속하는 CFC-11 (CCl_3F)과 CFC-12 (CCl_2F_2)는 냉매와 용제로서 뛰어난 성질이 있기 때문에, 1930년대 이후 서서히 생산량이 늘어나, 1950년대 이후는 가속적으로 대기에서의 농도가 증가하였다(그림6.11 참조). CFC가스는 강한 C-F 결합에 의해 대류권의 대기와 해양에서는 거의 분해되지 않지만, 성층권까지 상승하면 강한 자외선에 의해 광화학 분해가 된다. 이렇게 광화학 분해될 때 오존층을 파괴하는 것이 밝혀져서 1989년에 발효된 몬트리얼 의정서에 의해 국제적으로 생산이 중지되었다. 그러나 대량의 CFC 가스가 아직도 대기와 해양에 잔존하여 해양 심층으로 계속하여 침투되고 있다.

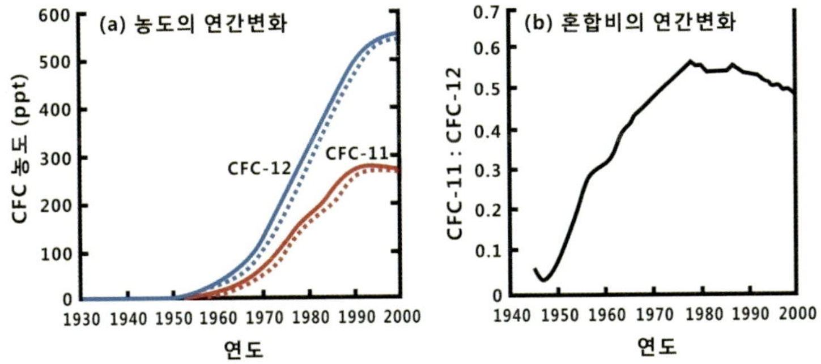

그림 6.11. (a) 대기의 CFC-11(CCl_3F) 및 CFC-12(CCl_2F_2) 대기 중 농도 수준의 연간변화 (Walker et al. (2000)[7]를 수정). 실선은 북반구, 점선은 남반구를 나타낸다. (b) 대기의 CFC-11(CCl_3F)와 CFC-12(CCl_2F_2) 혼합비의 연간변화.

CFC가스의 농도분포는 최근 수십 년 동안의 짧은 시간스케일에서 일어난 해양순환을 충실하게 반영한다. 그림 6.12는 대서양에서 측정된 CFC-11 농도 단면도의 일례이다. 북대서양 북부에서는 북대서양 심층수, 한편 남극해에서는 남극저층수가 침강하여, 각각 대서양을 북에서 남으로 그리고 남에서 북으로 이동하고 있는 양상이 분명하게 포착 되어 있다(그림 1.7과 비교해보길 바람). 핵실험 ^3H과는 다르게 CFC가스는 지구 전체로 퍼져나가고 있기 때문에 남극저층수의 거동에 대한 정보도 얻을 수 있는 장점이 있다.

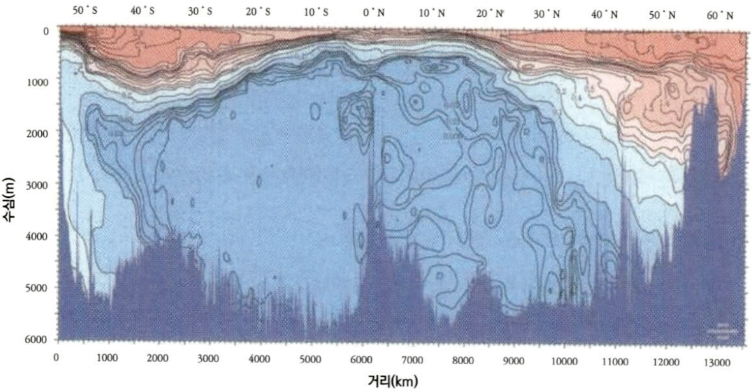

그림 6.12. 국제 WOCE관측(1995-1996년)에서 얻어진 대서양의 CFC-11(CCl_3F) 농도 단면도. 농도단위는 pmol/kg(From the WOCE Pacific Ocean Atlas, (http://www-pord.ucsd.edu/whp_ atlas/atlantic/a16/sections/printatlas/A16_CFC-11.pdf).

그리고 여러 종류 CFC가스의 source function이 서로 다른 점에 더욱 주목해야한다. 예를 들어 그림 6.11과 같이 대기의 CFC-11과 CFC-12 농도의 연간변화 양상이 서로 다르다. 즉 CFC-11/CFC-12 비를 취하면, 1970년 무렵까지는 증가, 그 후에 일정하다가 1990년 이후는 감소로 바뀐다. 이것은 CFC-11/CFC-12 비가 연대를 특정할 수 있는 추적자로 이용가능하다는 것, 즉 심층수의 CFC-11/CFC-12 비에서 물이 해양표층에 있었던 시기를 복원할 수 있다는 것을 나타낸다.

5. 화학추적자와 해양의 모델화

해양을 연구하는 커다란 목적 중에 하나는 미래의 해양환경을 정확하게 예측하는 것이다. 이 때문에 해양에서 다양한 예측모델 연구가 진행되고 있다. 화학추적자의 실측 데이터는 해양 예측모델의 적절성 여부를 평가하기 위해서 반드시 필요하며, 해양 예측모델의 구축과 그것을 개선하는데 매우 중요한 역할을 하게 된다. 관측자료를 설명할 수 없는 모델은 파기 또는 개선되어 새롭게 현실성 있는 정밀한 모델로 진화시키는 작업을 반복하면서 해양과학을 발전시켜왔다. 완성도가 높은 해양 예측모델 구축은 실측이 어려운 해양현상의 탐구에 도움이 될 뿐만 아니라, 지구에서 열염순환의 해명과 지구규모의 기후예측에도 큰 공헌을 하고 있다.

모델의 신뢰성을 높이기 위해 화학추적자도 정교하고 치밀한 source function과 정확도가 높은 데이터가 요구되는 것은 말할 필요도 없다. 1,000년 또는 그 이상의 긴 시간스케일에 거쳐 일어나는 해양순환모델을 구축하기 위해서는 긴 반감기를 가진 RNC추적자인 방사성 탄소(천연 ^{14}C)가, 그리고 10년 ~ 수십 년 스케일의 단기간 현상에 대한 모델구축에는 인공추적자, 특히 SC추적자인 CFC가스와 RNC추적자인 방사성 탄소(핵실험 ^{14}C)가 중요시 되고 있다.

제6장 2절에서 언급한 조건 ③에 대해서도, 최근 가속기질량분석법(accelerator mass spectrometry: AMS)의 진보에 의해, 불과 100 ㎤의 해수시료로 $\Delta^{14}C$ 계측을 할 수 있게 되었다. 그리고 CFC가스는 기체크로마토그래피로 선상에서 쉽게 분석이 가능하게 되었다. 그 외의 화학추적자에 대해서도 관측과 분석기술의 고도화에 의해 앞으로 새로운 진전이 있을 것으로 기대된다.

칼럼 6

미니어처 해양인 동해/일본해

우리에게 친숙한 동해/일본해는 북서태평양의 대표적인 부속해(maginal sea: 대륙과 인접하면서 섬과 반도에 의해 대양에서 분리된 바다)의 하나이다. 최대수심은 약 3,800m로 주변의 바다와 연결되는 4개의 해협의 수심은 매우 얕기(대한해협과 쓰가루해협은 비교적 깊어 130m 정도) 때문에 지형적으로 강하게 폐쇄되어 있다.

그러나 겨울철에 대륙에서 불어오는 한랭한 북서계절풍 때문에 동해/일본해의 북부 ~ 북서부에서는 그린란드 근해와 웨델해와 같이 밀도가 높아진 표층수의 침강이 일어나 동해/일본해 내부에서만 완결되는 열염순환계가 형성된다. 동해/일본해 심층수는 같은 위도선 상의 북태평양 심층수와 비교하면, 매우 높은 농도의 용존산소가 존재한다. 이것은 표층수 침강에 의해 구동되는 심층순환이 활발하여 그만큼 산소가 많이 공급되기 때문이지만, 실제로 어느 정도의 시간스케일로 순환하고 있는지에 대한 문제는 오랜 수수께끼로 남아 있었다.

1970년대 후반부터 1980년대에 걸쳐 도쿄(東京)대학 해양연구소가 중심인 연구그룹에 의해 ^{14}C와 ^{3}H 등의 화학추적자가 처음으로 동해/일본해에서 측정되었다. 그 결과 동해/일본해에서는 100 ~ 300년 정도로, 대양에서 일어나는 심층순환에 비해 1/10 정도의 짧은 시간스케일로 표층수와 심층수가 교환되는 것이 밝혀졌다. 동해/일본해의 심층순환은 전 세계 대양의 미니어처로서 전 세계 해양과학자들에게 강한 관심을 모았다.

순환의 시간스케일이 짧다는 것은 지구환경변화의 영향이 그만큼 빠르게 나타난다는 것이다. 실제로 동해/일본해의 수심 2,500m 이하 저층수의 용존산소농도가 불과 과거 30년 동안 10%나 감소한 것이 관측결과에 의해 알려져 있다. 지구온난화 등 최근의 기후변화가 겨울철 표층수의 냉각을 방해하여 저층으로 신선한 산소 공급이 약해진 것 같다.

동해/일본해는 주변국에 온난하고 습윤(濕潤)한 기후를 제공하는 은혜로운 바다이다. 앞으로 이러한 동해/일본해의 해수순환이 어떻게 변할 것인가? 매우 궁금하면서 관심이 깊은 연구주제이다.

07

대기와 해양 사이의 물질 순환

1. 해양의 대기화학
2. 해양표층과 경계면 화학
3. 대기에서 해양으로 물질공급 및 영향
4. 해양에서 대기로 물질공급 및 영향
5. 대기와 해양 사이 물질순환 및 기후변화의 관계

제7장

대기와 해양 사이의 물질순환

대기권, 수권, 암석권에서 물질은 기체, 액체, 고체로 모양을 변화하면서 순환한다. 또 각 권역 사이의 물질교환도 이루어진다. 지구표면의 약 70%를 차지하는 바다와 전체 지구를 덮고 있는 대기 사이에서 물질은 어떠한 과정으로, 또 어느 정도 속도로 순환하면서 각 권역에 어떻게 영향을 주고 있는 것 일까? 라고 하는 것을 분명하게 하는 것은 인간활동이 지구환경에 변화를 주는 과정을 해명하고, 미래를 예측하기 위해 필연적으로 파악되어야 할 과제이다.

해양의 물질순환에 더하여 물질은 육지에서 하천이나 대기를 통해 바다로 유입되며, 바다에서 대기와 해저로 유출되기도 한다. 대기에서 바다로 유입되는 물질은 해수 산성화를 촉진시켜 생물활동을 억제하기도 하고 영양원에 영향을 주어 생물기원의 에어로졸(aerosol) 전구체인 기체조성이나 양을 지배하기도 한다. 황산염이나 유기 에어로졸의 기원은 자연계와 함께 인위적인 원인으로도 존재하여, 구름의 핵 형성 등에 영향을 주게 되어 궁극적으로 기후변화에 밀접하게 관여한다. 해양 에어로졸의 주성분인 해염입자는 할로겐 래디컬(halogen radical)을 생성하여 해양대기의 산화과정에 큰 영향을 미친다. 또 육상기원의 광물입자가 바다로 수송되는 과정에 질소화합물, 황화합물, 옥시던트(oxidant)의 생성과 소멸에 크게 관여하고 있다는 것도 지적되기 시작하였다.

아시아대륙은 인간 활동에 의한 토지이용 변화 및 화석연료 소비증가에 따라 인위적 기원인 에어로졸과 에어로졸 전구체 배출량이 매년 현저하게 증가하고 있다. 뿐만 아니라 자연현상인 황사가 북태평양의 먼 거리까지 수송되고 있다. 북태평양은 광물입자와 인위적 기원물질의 반응 및 변질과정을 거쳐 구름형성 등 다른 대양에서는 관찰되지 않은 독특한 과정이 존재하는 흥미로운 해역이다. 동남아시아에서 자주 일어나는 삼림화재는 아시아 · 태평양 해역의 에어로졸 화학조성 및 농도변화를 발생시키는 하나의 원인이 되고 있다. 선박에서 배출되는 배기가스는 외양해역 대기조성의 배경농도를 증가시키며, 특히 황화합물은 해양생물 기원의 배출량을 초과하고 있을 가능성이 지적되고 있다.

제7장은 이렇게 복잡하게 작용하는 대기와 해양 사이의 물질순환 및 그에 대한 영향을 설명한다.

1. 해양의 대기화학

가. 해양대기

바다 영향을 강하게 받는 해양대기(海洋大氣)는 극해역에서 고도 약 8 ㎞, 적도해역은 고도 약 18 ㎞까지 존재하는 대류권 대기이다. 대류권은 지구 대기권 전체 질량의 75%에 해당한다. 일반적으로 해양대기는 해양표면에서 약 2 ㎞ 높이까지의 경계층을 나타낸다.

대기를 구성하는 주요성분 기체는 질소(N_2, 78%), 산소(O_2, 21%), 아르곤(Ar, 0.93%)이고, 수증기(H_2O)는 변동이 크지만 0.5% 정도이다. 전체 0.1%도 되지 않은 대기 미량성분 기체는 이산화탄소(CO_2), 네온(Ne), 헬륨(He), 메탄(CH_4), 크립톤(Kr), 수소(H_2), 아산화질소(N_2O), 일산화탄소(CO), 제논(Xe), 오존(O_3) 등이 있다. 이들 기체는 생물지구화학적인 물질순환에 관련되는 N_2, O_2, CO_2, N_2O, H_2O 등과 지구 내부에서 일방적으로 방출되는 불활성 기체(noble gas)와 구분된다. 일반적으로 육지대기와 해양대기의 기체농도는 발생원 주변에서 높지만, 평균 체류 시간이 긴 기체 성분에서는 차이가 크지 않다.

CO_2, CH_4, N_2O 등은 온실효과기체(greenhouse gases)로 중요하며, 인간 활동에 의해 방출량이 증가하고 있다. 대기에서 온실효과기체의 농도는 해양표층의 생물활동 및 대기와 해양 경계면에서 일어나는 물리 · 화학적인 흡수 및 방출과정에 의해 변화되기도 한다. 해양은 CO_2 제거원(sink)로 역할을 하지만, CH_4이나 N_2O에 대해서 발생원(source)으로도 역할을 하여 지구표면에서 방출되는 양의 각각 약 2%와 약 20%에 해당한다.

대기압 조건에서 공기 중 각 기체의 해수에 대한 용해도를 표 7.1에 나타내었다. 기체 용해도(solubility of gas)는 수온이 낮을수록 그리고 분자량이 클수록 증가한다. 연안해역은 해양생물생산이 높고, 표층퇴적물에서 유기물분해 활동이 활발하기 때문에 해수의 생물기원 기체농도가 높으며, 방출량도 크다. 해양 전체에서 수심 200 m 보다 얕은 연안해역의 면적은 7% 정도이지만, 미량기체의 방출량이 커서 대기에 큰 영향을 주는 해역이다.

나. 해양 에어로졸

1) **에어로졸이란**?

에어로졸(aerosol)은 대기에 부유하는 액체 또는 고체입자를 말한다. 일반적으로 에어로졸은 대기에 직경 1 ㎚ (10^{-9}m)에서 20 ㎛ ($20 x 10^{-6}$ m)의 범위의 크기로 존재한다. 대기 에어로졸 입자크기의 분포와 생성, 변질, 제거과정은 그림 7.1에 나타내었다. 0.1 ㎛보다 작은 입자를 초미세입자(aitken particle)라고 한다. 이들 입자는 상호충돌에 의해 응집되어, 수 시간에 0.1 ~ 1.0 ㎛의 미세입자(微細粒子)로 성장하여 대기에서 강수나 물질과 충돌하면서 제거된다. 1 ㎛ 이상 조립입자(粗立粒子)는 빠르게 지표로 침강하여 대기에서 제거된다.

표 7.1. 대기압에서 공기 주성분 기체의 해수 용해도 (河村·野崎 編(2005)[1] 인용)

기체	분자식	대기 농도	해수의 평균농도(mL/L)	
			0℃	24℃
헬 륨	He	5.2 ppm	4.1×10^{-5}	3.8×10^{-5}
오 존	Ne	18 ppm	1.8×10^{-4}	0.5×10^{-4}
질 소	N_2	78.1%	14.3	9.2
산 소	O_2	20.9%	8.1	5.0
아르곤	Ar	0.93%	0.39	0.24
크립톤	Kr	1.1 ppm	9.4×10^{-5}	5.1×10^{-5}
제 논	Xe	0.086 ppm	1.7×10^{-5}	8.5×10^{-5}
이산화탄소	CO_2	320 ppm*	0.46	0.21
아산화질소	N_2O	0.3 ppm*	3.2×10^{-4}	1.4×10^{-4}

* 대기 중의 CO_2와 N_2O의 농도는 시간이 지남에 따라 증가하는 것에 주의.

에어로졸의 주요 구성성분은 광물, 해염입자, 유기물, 황산염, 질산염, 암모니아염, 수소이온, 그리고 수증기이다. 황산염, 암모니아염, 유기물, 원소 상태의 탄소와 일부 미량금속은 직경 1 ㎛ 이하의 미세입자에 주로 존재한다. 이러한 에어로졸의 생성, 수송 및 제거 등 거동은 대기권을 통하여 암석권인 육지 및 수권의 물질순환에 중요한 역할을 담당하고 있다.

해염입자(sea-salt particle)는 바다에 바람이 불게 되면 해양표면에 생기는 하얀 파도에서 하얗게 보이는 작은 기포가 깨지면서 생성된다. 간접적으로 기온상승에 의해 해수에서 기포가 만들어 지기도 하고, 해빙에 갇혀 있던 기포가 얼음이 녹으면서 해수에서 터지거나, 비나 눈이 해수면에 충돌할 때 생성되기도 한다. 염화나트륨(NaCl), 염화칼륨(KCl), 황산칼슘($CaSO_4$) 등을 포함한 수용성 염류가 해수 무게의 약 3.5%를 차지하여, 해염입자의 주성분이 된다. 상대습도가 70 ~ 74%로 낮아지면, 물방울은 염류에 대해 과포화가 되어 해염입자가 된다.

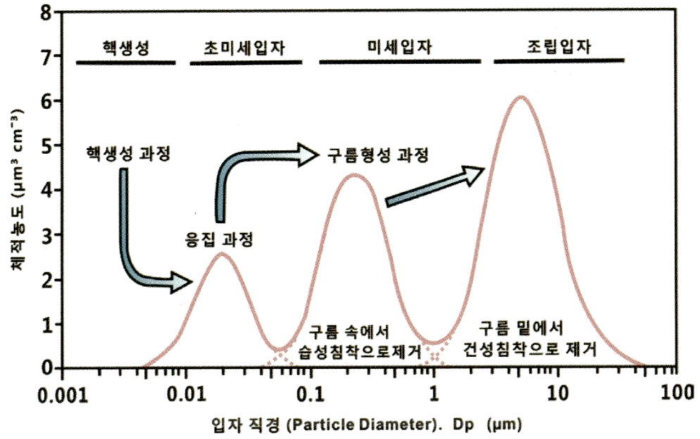

그림 7.1. 입자크기에 따른 에어로졸 부피농도 분포와 생성, 변질 및 제거과정의 개념도(Quéré and Saltzman(2009)[2]를 수정).

2) 해양 에어로졸의 화학성분

일본 주변해역의 도서지역 관측점(지치지마(父島), 하치조시마(八丈島), 리시리토(利尻島))에서 관측한 해양 에어로졸의 주요성분 농도와 사도가시마(佐渡島)에서 관측한 탄소질 에어로졸 농도를 표 7.2에 나타내었다. 해염입자가 주성분으로 농도는 풍속에 지배된다. 해수기원인 해염성 황산염(sea-salt sulfate: ss-SO_4^{2-})을 제외한 비해염성 황산염(non-sea-salt sulfate: nss-SO_4^{2-}), 유기탄소(organic carbon: OC), 원소형태의 탄소(elementsal carbon: EC)를 포함한 탄소질 성분(TC: total carbon)도 높은 농도를 나타내었다. 이들 성분의 농도차이와 주요 기원은 그림 7.2에 나타내었다. 질산이온(NO_3^-) 및 비해양성 칼슘(nss-Ca^{2+})과 같은 육상기원 또는 다른 인위적 기원성분은 아시아대륙 바람의 영향을 받는 하치조시마와 고위도에 위치하는 리시리토, 그리고 도쿄에서 동쪽으로 약 1,000 ㎞ 떨어진 거리에 위치하는 지치지마 등 대륙에서 멀리 떨어진 위치 및 위도에 따라 농도가 감소하였다[4].

3) 입자크기에 따른 화학성분의 차이

에어로졸에서 nss-SO_4^{2-}나 OC는 인위적 기원을 포함하는 육상기원 성분 이외에 해양에서 방출된 기체가 입자성으로 변화한 것도 있다. 이들 입자는 미세입자로 존재하여, 조립입자로 존재하는 NO_3^-나 nss-Ca^{2+}에서 확인되는 육지에서 거리에 따른 농도변화가 명확하게 관찰되지 않는다. EC는 미세입자로 존재하여. 제거되기 어렵기 때문에 대기에 체류하는 시간이 길지만, 사도가시마, 하치조시마, 리시리토, 지치지마와 아시아대륙의 발생원에서 멀어질수록 농도가 낮아졌다(표 7.2 참조).

표 7.2. 일본 주변 도서지역의 관측점에서 측정한 해양 에어로졸 주요 화학성분의 평균 농도(㎍/㎥, 2001년 3월~5월). 탄소질 에어로졸은 직경 2.5 ㎛ 이하의 입자농도로 EC는 TC-OC의 차이. 단 OC는 유기성 기체의 영향을 보정하지 않았음

	리시리토	사도가시마	하치조시마	지치지마
Total				
Cl^-	1.55		3.06	2.45
NO_3^-	0.64		1.35	0.52
nss-SO_4^{2-}	2.48		3.61	2.18
Na^+	1.17		2.13	1.60
NH_4^+	0.72		0.83	0.50
K^+	0.12		0.17	0.08
Mg^{2+}	0.14		0.31	0.18
nss-Ca^{2+}	0.17		0.36	0.08
PM2.5				
TC	1.05	1.81	0.88	1.04
OC	0.80	1.21	0.63	0.86
EC	0.25	0.60	0.27	0.18

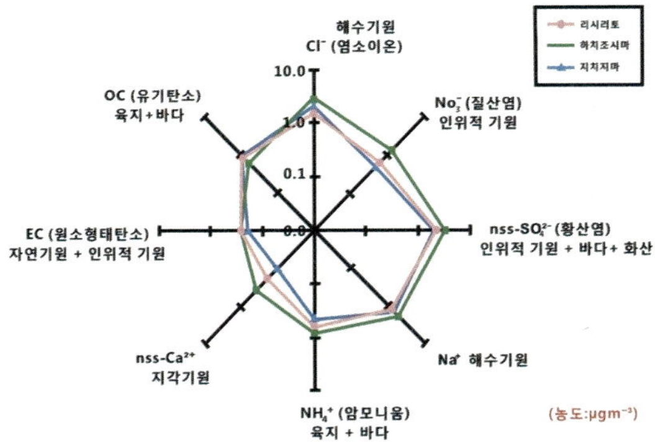

그림 7.2. 봄 일본 주변해역의 해양대기 에어로졸 주요성분의 평균 농도(㎍/㎥). (早野 등(2004)[3])을 수정).

해양 에어로졸을 직경 2.5 ㎛를 경계로 조립입자와 미세입자로 구분하며, 주요 무기성분조성의 존재비를 그림 7.3에 나타내었다. 조립입자는 해수기원의 해염입자가 약 70%를 차지하였고, NO_3^-는 20%, nss-SO_4^{2-}는 10% 정도이다. 암모늄 이온(NH_4^+)은 조립입자에 거의 존재하지 않았다. 한편 미세입자는 해염입자가 약 20 ~ 30%의 비율로 낮게 존재하였고, 주로 nss-SO_4^{2-}와 NH_4^+로 구성되었다. NO_3^-가 10% 이하였지만 nss-SO_4^{2-}는 약 70%를 차지하였다. 또 3개 관측점에서 화학조성의 차이는 크지 않았다.

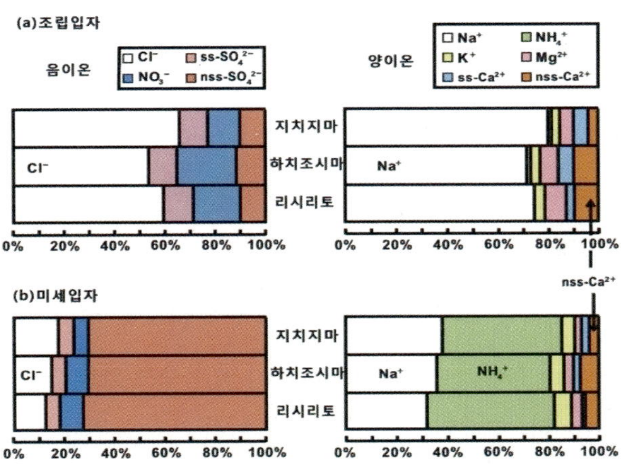

그림 7.3. 일본 주변해역의 주요 무기성분 입자크기에 따른 화학조성의 존재비 (2001년 4~5월의 관측자료).

태평양 항해 도중 선상에서 측정한 해양 에어로졸의 조립입자와 미세입자를 구성하는 주요 미량원소 비를 그림 7.4에 나타내었다. 해수기원이나 지각기원의 조립입자는 발생원에서 방출된 시점부터 입자로 존재하기에 1차 입자로 하였고, 미세입자는 인위적 기원이나 해양생물기원 등에서 기체로 방출되었다가 입자로 변화하기 때문에 2차 입자로 구분하였다. 해수기원 원소는 해수 주요성분인 나트륨과 조성비를, 지각기원 원소는 광물 주요성분인 알루미늄 또는 미량이지만 티타늄 등 지각 평균조성비와 비교하면, 그 비율의 차이에서 해수기원, 지각기원 또는 기타의 기원 등으로 파악할 수 있다[5].

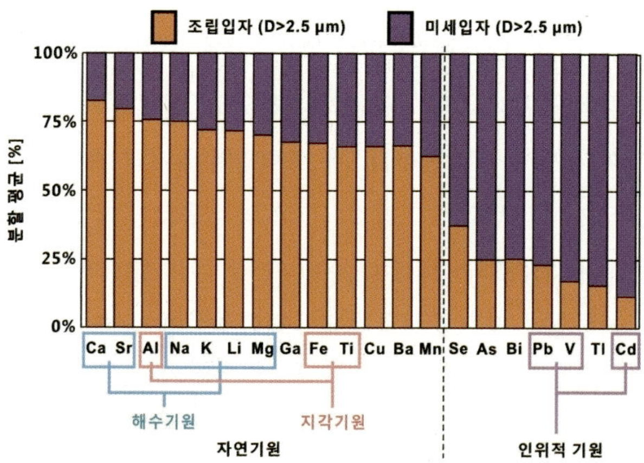

그림 7.4. 해양 에어로졸의 조립입자와 미세입자의 원소 평균존재비와 각 원소의 기원.

다. 해양강우

대기에서 바다로 물질이 공급되는 과정은 난류에 의한 해면충돌이나 중력에 의해 건성침적(dry deposition) 및 강우에 의한 습식침적(wet deposition)이다. 수증기는 강우로 기타 여러 가지 물질을 포함하여 지표면에 습식침적으로 대기에서 제거된다. 대기에서 수증기의 평균체류시간은 약 10일이다. 습식침적에서 대기의 기체성분이나 에어로졸 입자가 구름입자에 흡수되는 구름 속 제거(in-cloud scavenging)와 구름 밑에서 낙하 하는 빗물 입자와 충돌하여 흡수되는 구름 밑 제거(below-cloud scavenging)라는 두 가지 과정이 있다.

조립입자는 중력침강으로 빠르게 떨어지기 때문에 빗물 입자와 충돌할 가능성이 높고, 주로 구름 밑 제거(below-cloud scavenging)가 된다. 한편 미세입자의 주요한 제거과정은 구름 속에서 구름 입자의 핵으로 역할을 하여 제거되는 구름 속 제거(in-cloud scavenging)이다. 한 번의 강수에서 일어나는 화학성분 농도변화를 보면, 구름 밑 제거에 의한 성분은 강수 초기에 농도가 높고, 시간과 함께 농도가 낮아진다. 한편 구름 속 제거는 성분 농도가 비가 오는 동안은 일정하게 유지된다.

바다에서 포집된 강수시료의 양과 성분의 변화는 도서지방의 경우, 해안선에서 거리나 해안지형, 선상은 해수면에서 포집장치까지의 높이나 풍향, 그리고 상대풍속에 의해 변화하지만, 해염입자의 기여가 크게 영향을 미친다.

대기에서 해양에 강수로 운반되어, 해양생태계에 영향을 주는 주요 이온성분으로 질소화합물이 있다. 바다의 비나 구름 등 강수시료를 포집하여, 화학성분을 측정한 사례는 한정적이지만, 태평양에서 강수의 질소농도를 정리하여 표 7.3에 나타내었다. NO_3^-은 대부분 육상기원으로 육지에 가까울수록 농도가 높고, 북태평양 농도는 남태평양에 비해 높다. 이는 북반구가 남반구에 비해 발생원인 육지 면적이 넓을 것과 인위적 기원 질소가 많다는 것을 반영하는 것이다. 한편 NH_4^+는 NO_3^-과 유사하여 육지에 가까울수록 높은 농도를 보이나, 남태평양 강수의 농도가 북태평양보다 높다. 이런 이유로 남태평양에서 생물생산이 높은 해역에서 방출된 해양생물기원 NH_4^+가 해양대기를 경유하여 남태평양 중앙부 빈영양해역으로 운반되어 강수에 의해 질소가 공급되고 있을 가능성을 시사하는 내용이다. 강수 pH는 일반적으로 육지 가까이에서 낮고, 외양에서 높지만, 육상기원 탄산염 입자나 해염입자를 많이 흡수하면 pH가 높아지기 때문에 pH만으로 산화물질 기여정도를 평가할 수는 없다.

표 7.3. 태평양에서 채집된 강수의 무기질소화합물 농도와 pH (Jung et al.(2011)[6]인용)

해역	시기	NH_4^+ (μmol/L)			NO_3^- (μmol/L)			pH	
		평균 (표준편차)	변동 폭	가중평균	평균 (표준편차)	변동 폭	가중평균	평균 (표준편차)	변동 폭
북태평양 서부 아한대역	2008년 7 ~ 8월	25 (20)	4.1~55	16	7.8 (6.9)	1.2~18	4.7	1.0 (0.37)	3.5~4.5
북태평양 서부 아열대역	2008년 8~9월	3.7 (1.8)	1.7~6.7	2.2	2.3 (1.8)	0.24~4.7	0.70	5.0 (0.42)	4.5~5.9
북태평양 중부	2009년 1월	6.5 (1.1)	5.7~7.3	6.5	2.3 (1.2)	1.4~3.2	0.71	5.0 (0.035)	4.9~5.0
남태평양	2009년 1~3월	9.7 (1.9)	8.4~13	9.3	0.98 (0.85)	0.16~2.3	0.71	6.2 (0.26)	5.7~6.3
남태평양 칠레연안	2009년 3월	25 (6.0)	16~30	22	0.68 (0.24)	0.46~1.0	0.57	6.5 (0.17)	6.3~6.7
오아프섬 (21°N, 157°W)	1998년 7~8월	3.8 (7.5)	0.5~4.2	-	12 (12)	0.2~3.2	-	-	-
북태평양 중부 (0°N~47°N, 122°W~157°W)	1984년 2~3월	-	-	-	1.7 (1.1)	0.2~3.2	2.0	6.0 (0.82)	5.7~7.2
남태평양 (5.5°S~0°N, 150°W~157°W)	1984년 3~4월	-	-	-	1.4 (1.1)	0.2~2.9	1.4	6.2 (0.82)	5.7~7.2
Cape Grim (40°S, 144°E)	2000년 11월	16 (14)	-	-	13 (8.2)	-	-	-	-

해양생물생산이 높은 북서태평양 아한대해역은 여름에 해무 출현빈도가 30 ~ 50%로 높다. 여기서 측정된 에어로졸, 강수 및 해무의 주요 이온성분농도(표 7.4)와 그의 비를 그림 7.5에 나타내었다. 비해염성 이온성분은 구름 속 에어로졸과 구름 밑 공기기둥의 기체와 입자를 제거

하는 강수 및 해면에서 생성되는 해무(하층운) 등 3자 사이의 화학성분 농도에 큰 차이를 보이는 것을 알 수 있다. 만일 강수나 해무가 에어로졸 입자만을 흡수하여 농도가 결정된다면, 이들 3형태의 화학조성비는 같아도 될 것이다. 특히 주목할 것은 강수에는 지각기원인 nss-Ca^{2+} 점유비율이 높음에도 불구하고 에어로졸이나 해무에는 거의 포함되어 있지 않은 것이다. 이것은 강수가 해양대기보다 상층에 존재하는 육상기원물질을 포함하고 있다는 것을 의미한다. 또 NO_3^-나 nss-SO_4^{2-}는 강수보다 해무에 높은 농도로 존재한다. 이는 입자포착 뿐만 아니라 안개입자는 빗물 방울보다 비표면적이 크고, 체류시간도 길기 때문에 기체성분을 보다 많이 흡수하는 것을 시사한다.

표 7.4. 태평양 북서 아한대해역의 에어로졸, 강수, 해무의 주요 이온성분농도(Jung et al.(2013)[7] 인용)

	에어로졸 μEq/㎥	강수 μEq/L	해무 μEq/L
	평균		
pH	-	4.1	4.2
Na^+	33	580	390
NH_4^+	5.6	25	22
K^+	0.59	19	9.3
Mg^{2+}	5.9	220	83
Ca^{2+}	1.8	400	20
Cl^-	28	1100	400
NO_3^-	2.5	7.9	50
MSA	22	66	120
nss-SO_4^{2-}	0.62	0.42	6.2
nss-K^+	18	5.5	72
nss-Ca^{2+}	0.068	7.0	1.7
nss=Mg^{2+}	0.66	380	4.6
nss-Cl^-	0.12	95	1.1
	-	420	-

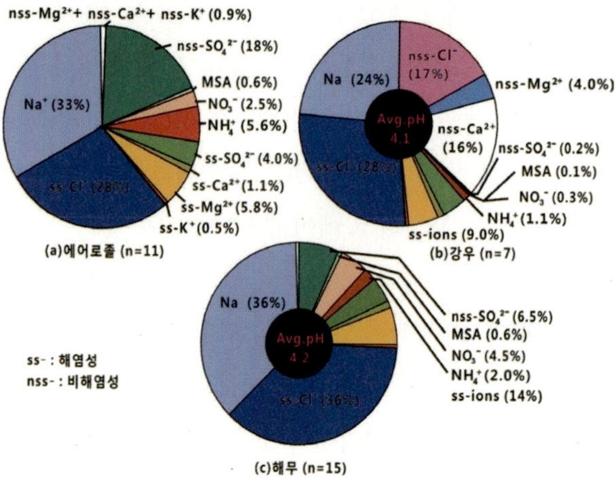

그림 7.5. 북서태평양 아한대해역의 에어로졸, 강수, 해무의 주요 이온성분이 차지하는 비율. 하쿠호우마루(白鳳丸) KH-08-2차 항해 : 2008년 7월 29일~8월 19일. (Jung et al.(2013)[7]을 수정).

2. 해양표층과 경계면의 화학

가. 해양표면수

해양표면수의 화학성분은 하천이나 지하수에서 유입, 해빙이동과 융해, 대기로부터 물질의 침적(화산분화, 모래폭풍, 태풍, 강수, 지구권 밖) 등의 공급과정과 해수의 수평이류 및 수직혼합에 의해 분포가 결정된다. 대기에서 운반된 수용성 물질은 해수에서 용존성이 되며, 일부는 생물체에 흡수되거나, 입자표면에 흡착되기도 한다. 해수에 녹기 어려운 물질은 입자성으로 존재한다.

해수의 용존산소(O_2) 수직분포(그림 6.2(b) 참조)를 보면, 해양표면에서 포화상태가 되어 농도가 가장 높고, 수심과 함께 감소한다. 수심에 따라 용존산소가 감소하는 것은 식물플랑크톤 동화작용에 의한 생산량이 감소하고, 동 · 식물 호흡작용 및 유기물 분해에 따른 미생물의 소비가 증가하기 때문이다. 또 대기를 경유하는 인위적 기원물질인 납이나 수은 등도 해수면 부근에서 높은 농도를 보인다(그림 4.2 참조). 열대, 아열대 및 여름에 성층화가 발달하는 중위도 해역은 성층 밑에서 표층으로 물질공급이 어렵기 때문에 대기에서 공급되는 물질의 영향은 매우 크게 된다. 그러나 원래 해수에서 높은 농도를 보이는 성분은 변화정도가 분명하지 않고, 생물에 의해 영양염으로 바로 흡수되는 화학성분은 해수면에 침적하여도, 해수에서 농도는 빠르게 원래 상태로 돌아간다.

대양은 강수로 해양표층수의 화학성분 농도가 희석되기도 하며, 강수에 따른 영양염이 증가로 식물플랑크톤 증식이 활발해져 표층해수의 화학성분 농도분포가 결정되기도 한다. 또 바다로 날아온 황사침적으로 표층해수의 입자조성에서 광물입자 비율이나 농도 및 황사에 동반된 미량금속원소 공급에 의한 식물플랑크톤 증가에 따른 화학조성 변화도 관측된다. 대기성분 침적을 반영하는 것으로 육상에서 방출된 자연기원 라듐(^{222}Rn, 반감기: 3.8일)이 붕괴하여 해양에 공급되는 납(^{210}Pb, 반감기: 22.3년)의 표층해수 분포를 들 수 있다. 그러나 해양생물이 원소흡수로 인해 연안해역 표층해수에 농도가 낮아지며, 공급량 크기가 반드시 농도에 반영되지 않기 때문에, 장기적으로 대기에서 공급되는 양을 정확하게 추정하기는 쉽지 않다.

나. 해면박막층

대기와 해양경계에 존재하는 해면박막층은 해양표층에 포함시켜 취급하기도 하지만, 박막층은 바로 밑의 해수와 비교하면, 생물학 및 물리·화학적 성질이 크게 다르다(제1장 5절 다항 참조). 해면박막층은 쇄파 및 풍력이 풍속 6.6 m/sec를 초과하면 소멸하는 것으로 알려지나, 바다 표면에 관측이나 채집이 가능한 1 ~ 1000 ㎛의 두께로 존재한다. 이 박막층은 대기와 해양 사이의 열, 기체 그리고 입자교환의 장소 및 박막층에서 물질농축이나 반응과정이 중요하다는 것이 점차 명확해지고 있다(그림 7.6).

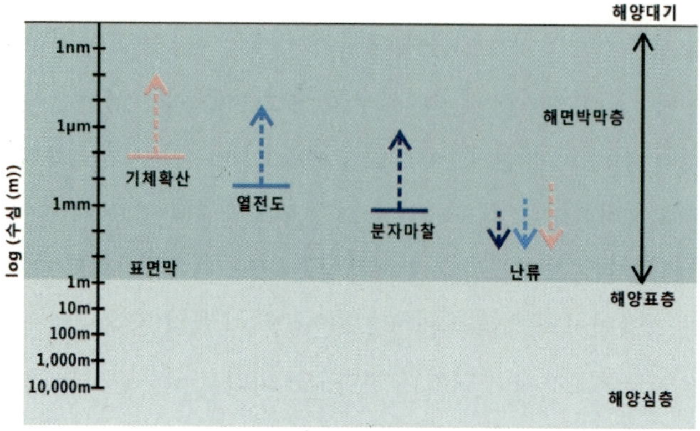

그림 7.6. 해면박막층의 물리과정-해양표층과 차이(Soloviev and Lukas(2006)[8]를 수정).

박막층은 바로 아래 해수에 비해 PCB나 PAHs 등의 인위적 기원인 유기화합물을 비롯하여 용존성 성분은 1 ~ 3배, 미량원소를 포함한 입자성의 성분은 2 ~ 100배의 화학성분을 농축한다. 또 박테리아나 플랑크톤 등의 미생물 입자도 높은 밀도로 존재하는 것이 알려져 왔다. 박막층의 화학환경이 바로 밑 해수의 해양환경과 크게 다른 것에서 대기와 해양 사이의 물질순환에 크게 영향을 미치고 있지만, 아직 정량적인 기여도 평가는 이루어져 있지 않다.

다. 해양표층의 원소 거동

해양에서 각 원소의 수직분포[9]을 보면, 표층과 하층 사이에 농도차이가 없거나 변화가 작은 성분(보존성 성분형), 표층에서 낮은 농도이지만, 저층으로 갈수록 농도가 증가하는 성분(순환형 또는 생물흡수형) 및 표층에서 높은 농도이나 저층으로 갈수록 감소하는 성분(scavenges type 또는 입자제거형) 등 3가지로 구분할 수 있다(부록의 주기표 참조).

보존성 성분형은 해수의 평균체류시간이 10^5년 이상인 해수 주요성분으로 나트륨, 염소를 비롯하여 우라늄이나 텅스텐 등이다. 입자제거형(scavenges type)은 질소, 인, 규소 등으로 대표되는 친생물원소 및 니켈, 카드늄, 아연, 게르마늄(저마늄), 바륨 등 많은 원소가 해당한다. 생물흡수형(순환형)은 평균체류시간이 10^3년 이하의 미량원소가 포함되며, 입자와 반응성이 크기 때문에 표층에서 입자성으로 제거되어, 입자제거형과 반대의 수직분포를 나타낸다. 알루미늄이나 코발트, 주석, 세슘, 비스무스 등이 해당한다. 이들 대부분은 대기에서 공급되기에 해수면에서 가장 높은 농도를 나타낸다. 대기로 방출된 납이나 수은 등 인위적 기원원소가 해면에 침적하여, 이러한 수직분포를 보이기도 한다.

3. 대기에서 해양으로 물질공급 및 영향

대기에서 물질(기체, 액체, 고체)의 공급과정은 발생원이나 물질상태에 따라 크게 달라진다. 대기 기체는 해수에 불포화로 평형상태에 도달되지 않았을 때, 해수면에 직접 흡수된다. 또 하얀 파도나 해수포말 등으로 기포에 포함된 기체가 수면 밑으로 운반되면, 수압에 의해 해수에 녹게 된다. 강수는 대기에서 해양으로 액체형태로 물질을 수송한다.

가. 육상의 자연기원과 인위적 기원물질

1) 육상에서 방출되는 기체성분

육상에서 방출되는 기체, 특히 해양환경에 영향을 주는 성분은 이산화탄소(CO_2), 질소화합물(암모니아(NH_3), NO_x: 질소와 산소의 화합물 총칭), 휘발성 유기화합물(volatile organic compounds: VOCs) 등이다. 이들은 기체와 액체 사이의 물질교환을 거쳐 해양으로 직접 흡수되기도 하고, 대기에서 수송 도중에 산화되어 에어로졸 입자가 되기도 하며, 에어로졸 입자에 흡착하여 해면에 침적되기도 한다.

육상의 인간 활동 기원 CO_2 발생원은 주로 북반구 육상의 화석연료 연소로 발생한다. 이러한 방출원에서 가장 멀리 떨어진 남극대륙 상공의 CO_2농도도 약하지만 계절변화를 보이면서 매년 약 1.5 ppm 정도 증가하고 있다. 대기의 CO_2 수명은 50 ~ 200년으로 예상되며, 잘 섞여진 지구 표층 대기에 매년 0.5% 증가율로 증가하는 것이 지구의 모든 대기관측점에서 관측되고 있다. 해양은 CO_2 흡수원으로 대기에 방출된 화석연료 기원인 CO_2 244 GtC/yr의 약 절반인 118 GtC/yr을 흡수하고 있다.

2) 대류권으로 에어로졸 수송

대류권에는 아시아대륙의 사막 건조지대에서 비산된 광물입자가 황사로 편서풍을 타고 한반도 및 일본열도 상공을 통과하여 북태평양으로 운반되고 있다. 대규모로 황사가 발생하면, 황사입자가 북미대륙에 도달하기도 하고, 더욱 멀리 북대서양까지 운반되는 사례도 있다. 하나의 사례로 2007년 5월에 타클라마칸사막에서 발생한 황사가 상공 8 ~ 10 ㎞까지 운반되어 13일 동안에 지구를 일주한 다음 더욱 동진하여 북태평양 고기압의 연변부에 강하하여, 북태평양에 침적된 사례가 위성사진 해석이나 대기화학 수송모델에 의해 재현되었다[10).

또 1986년 4월 당시 소련(현재 우크라이나)에서 발생한 체르노빌 원자로 폭발사고로 대기에 방출된 인공방사성 물질은 약 10일도 되지 않아 7,000 ㎞나 이동하여, 북태평양 중앙부에서 에어로졸로 일부가 검출되었고, 사고 이후 약 2주 만에 북반구 전역으로 확산되었던 사실이 관찰되었다. 이러한 사실에서 고도 5,000 m 이상으로 물질이 운송되면, 발생원인 육지에서 수천 ㎞ 떨어진 태평양 중앙부 심해퇴적물 광물입자의 기원으로 작용할 수 있다는 것을 이해할 수 있었다. 더욱 저기압은 중위도에 위치하는 아시아대륙이나 북미대륙 등 인구밀집 지역을 높은 빈도로 통과하고 있어, 대양을 횡단하여 다른 대륙이나 극지역으로 물질을 수송하고 있다.

이러한 사실에서 기체에 비하여 대기에서 수일 정도의 짧은 평균체류시간을 가지는 에어로졸은 기존에 예상되었던 것보다 매우 광범위하게 지구규모로 운반되어, 해양으로 침적되는 것이 점차 밝혀지고 있다.

3) 성층권으로 수송

한편 대류권만이 아닌 성층권까지를 포함하는 수송을 고려하면, 오랜 시간에 거쳐 지표면에 영향을 주게 된다. 화산분화는 하나의 자연현상이다. 1991년 6월 필리핀의 피나츠보 화산이 분화하여 성층권에 운반된 이산화황(SO_2) 가스에서 미세한 황산에어로졸이 형성되었고, 이 에어로졸이 지구 전체를 덮으면서 지구규모의 기후변화에 영향을 주었다. 이 화산기원 황산에어로졸에 의한 방사수지에의 영향은 수년간 계속되어, 대기 CO_2농도 증가율 둔화, 기온 감소에 따른 육상의 CH_4 및 N_2O 방출량 감소 등을 발생시킨 것으로 알려진다. 최근 적도해역에서 방출된 해양생물기원 기체가 상승기류에 의해 성층권까지 수송되어 성층권 O_3을 삭감시키고 있을 가능성도 지적되고 있다.

4) 돌발적인 자연현상

지표면에서 일어나는 돌발적인 자연현상은 해양의 생물지구화학적 물질순환에 크게 영향을 준다. 1986년 하와이섬 연안에서 포집된 50 ㎛가 넘는 황사 조립입자, 2001년 미야케지마(三宅島) 분화에 따른 질소화합물 공급으로 식물플랑크톤 증가, 2007년 북태평양 아한대해역의 해무발생에 의한 황사침적, 2008년 알류산열도의 화산분화 물질에 의한 철 공급, 킬라우에아(Kilauea)화산 분연에 의한 황산염 미세입자 생성으로 바다 수온감소, 그리고 태풍에 의한 해양환경 교란에 따른 식물플랑크톤 증가 등 많은 사례가 알려지고 있다. 최근 관측방법의 발전으로 이러한 현상들을 확인하고, 그 범위를 파악하는 것이 가능하게 되었다.

나. 대기기원물질의 해양 확산

대기에서 해양으로 공급된 물질은 해양에서 어떠한 경로로 이동하고 확산 되는 것일까? 이러한 의문을 풀기위해서는 실제 대기에서만 공급되는 물질을 측정하여, 거동을 추적하여야 한다. 해수의 물질거동은 용존성인지 입자성인지, 화학반응성의 높고 낮음, 그리고 해양생물 활동에 관여 여부 등에 의해 크게 변화된다.

여기서는 1950년대 후반에서 1960년대 전반에 태평양 중앙부에서 빈번하게 실시된 대기권 핵실험으로 대기로 방출된 인공방사성 핵종, 특히 ^{137}Cs (반감기: 30.0년)에 주목한다. ^{137}Cs이 전체 지구의 대기로 확산하여 해수면에 침적한 이후, 해양에서 어떻게 수송되고 있는가에 대하여 소개한다.

1970년 시점 ^{137}Cs의 대기로부터 누적침적량 추정을 보면, 일본열도 동쪽 연안인 북태평양 서부 해상인 30°N ~ 50°N 범위에 높은 농도를 보이는 해역이 있다(그림 7.7). 대기에서 해수면에 침적한 ^{137}Cs은 해양생물에 농축 및 입자에 흡착되는 것도 확인되지만, 대부분은 용존성으로 해수와 거동을 함께 한다.

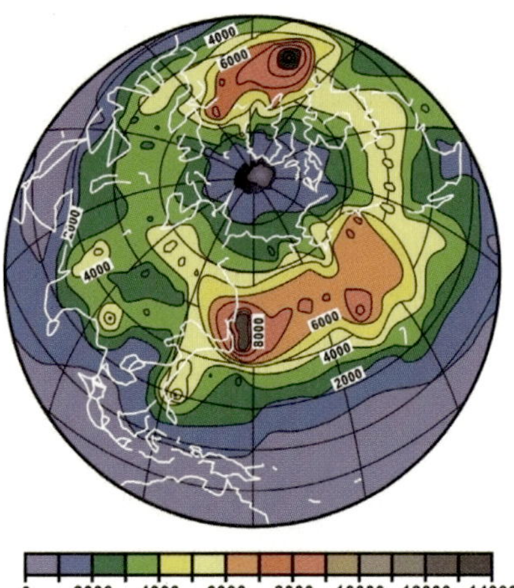

그림 7.7. 1970년 시점의 북반구에서 ^{137}Cs의 누적침적량 분포(Aoyama et al.(2006)[11])인용).

일본열도 동쪽 해역의 표층수에 공급된 ^{137}Cs은 구로시오(黒潮, Kuroshio) 해류를 타고 동쪽으로 흐르고, 겨울 해수의 수직혼합으로 수심 200 m까지 운반된다(그림 7.8). 이후 흐름은 남쪽, 그리고 남서쪽으로 바뀌어 적도해역에 도달하고, 일부는 북상하여 일본열도 동쪽 해안으로 다시 되돌아오는 순환을 나타낸다. 또 적도부근에서 동쪽으로 흐르는 적도잠류(equatorial undercurrent)에 의해 적도 동부해역에서 남태평양으로 수송되는 경로와 인도네시아 제도를 통과하여 인도양 및 더욱 진행하여 남태평양으로 흐르는 경로도 ^{137}Cs의 농도분포와 해류의 흐름, 그리고 해양물리모델에서 확인된다. 1960년 전후에는 일본열도 동쪽 해역 표층수의 ^{137}Cs 농도는 100 Bq/m³이었고, 2011년 후쿠시마 제1원자력 발전소 사고 직전에는 1 ~ 2 Bq/m³까지 낮아졌다. 2003년 남태평양 20°S 선상에서 관측된 ^{137}Cs 농도는 수심 100 ~ 200 m 아표층에서 2.2 Bq/m³로 농도 피크가 관찰되었다.

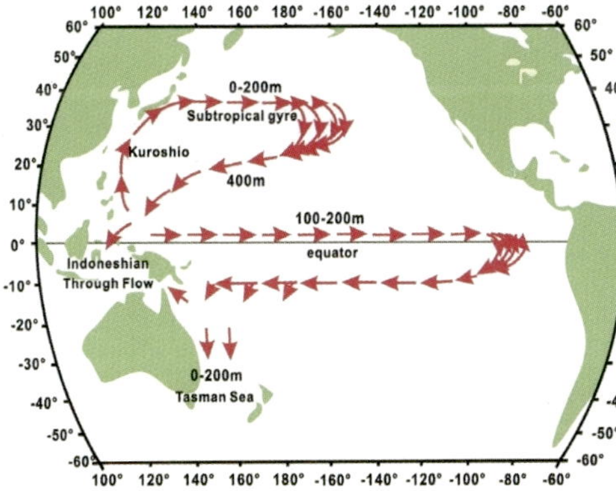

그림 7.8. 태평양 ^{137}Cs의 추정 수송경로(青山道夫(2012)[12]인용).

해수에 용존성으로 공급된 인위적 기원물질은 ^{137}Cs와 같은 거동을 하면서, 해수와 함께 전체 해양으로 확산되지만, 성분에 따라서는 화학반응이나 해양생물의 흡수 등에 의해 다른 분포를 나타낼 수도 있다.

4. 해양에서 대기로 물질공급 및 영향

해양에서 대기로 물질(기체, 액체, 고체)이 공급되는 과정은 발생원이나 기상조건에 따라 크게 다르다.

가. 해수기원물질

해양대기의 에어로졸 대부분은 해염입자로서 해양 표층에서 교란이나 기포주입 등 물리과정으로 만들어 진다. 해염입자의 화학성분은 해수성분과 다른 경우가 있으며, 특히 입자크기가 작을수록 미량원소나 유기물질이 쉽게 농축된다. 이는 해면박막층에 미량금속원소 및 용존성 유기물, 그리고 생물체 파편이나 세균(bacteria) 등을 포함한 미세입자가 농축되어 기포가 파괴되면서 입자성으로 대기로 방출되는 것도 하나의 원인이라 할 수 있다.

나. 해양생물기원물질

해수에서 유기물 분해를 포함한 생물활동 과정에서 생물기원 기체가 발생한다. 온실효과 기체인 CO_2, CH_4, N_2O, CO나 휘발성 유기화합물(VOC)이 대기로 방출된다. 자연계 VOC는 염화메틸(CH_3Cl)이나 브롬화메틸(CH_3Br) 등의 할로카본(halocarbon)류가 있으며, 해양에서 대기로 방출되어 오존층 파괴나 에어로졸 생성에 관여한다. 또 VOC는 대기에서 산화되어 미세에어로졸을 형성한다. 이들 해양생물 기원기체의 방출량은 풍속에 지배된다.

해양생물에서 생성된 VOC인 DMS(dimethyl sulfide: CH_3SCH_3)는 대기로 방출되어 주로 SO_2가 된다. SO_2는 자외선에 의해 여기(励起)되어 O_2나 O_3과 반응하여 산화되는 광화학반응과 대기에서 물방울에 녹아서 용액 속의 산화반응으로 황산이 되어 구름에서 불균일 반응으로 황산에어로졸을 만들기도 한다. 해양대기의 황산에어로졸은 NH_3와 반응하여 황산암모니움($(NH_4)_2SO_4$)이나 황산수소암모니움($(NH_4)HSO_4$)으로 존재한다. 이 NH_3 일부는 해양에서 방출되는 것이 확인되었다,

다. 대기를 경유하는 해양으로 물질수송

바다에는 해수면에서 방출된 입자가 재차 해수면으로 침적하는 대기와 해양 사이를 순환하는 물질이 있다. 외양역은 연안해역에 비해 육상기원 물질의 영향은 작지만, 해수면에서 증발한 수증기는 대기로 이동하여, 다른 해역에서 빗물이 되어 해수의 염분이나 수온을 내리는 역할을 한다. 이와 같은 방법으로 생물생산의 높은 해역에서 방출된 생물기원 기체가 대기로 방출되어 기체형태, 또는 입자화가 되어 빈영양해역에 침적되며, 영양염으로 작용하게 되어 표층의 생물생산이 유지되는 경로도 생각할 수 있다.

이러할 때에는 식물플랑크톤 지표인 엽록소 *a* 농도와 해수면 바로 위의 해양 대기의 해양생물 기원 에어로졸 농도 사이에는 유의적 관계가 없고, 바람이 불어가는 방향의 에어로졸 농도가 높아 질 것이다. 하나의 사례로서 태평양에서 생물생산이 높은 아한대해역에서 중위도 빈영양해역으로 생물기원 질소가 대기를 통해 운반되어, 빈영양해역은 강우에 의해 높은 농도의 NH_4^+가 공급된다. 이런 빈영양해역으로 NH_4^+ 습식침적에 의한 질소공급 영향은 무시할 수 없는 수준이다. 해수면에서 물질 방출량의 시 · 공간적 분포파악, 이들 물질의 대기에서 수송 · 확산과 해양으로 침적되는 것을 포함한 모델화는 앞으로 대기와 해양 사이의 물질순환을 고려할 때 매우 중요한 사항이 될 것이다.

5. 대기와 해양 사이의 물질순환 및 기후변화의 관계

지구온난화 억제를 위해 인위적 CO_2 방출량 삭감, 또는 해양으로 흡수

증가를 촉진하는 대응책 연구가 진행되고 있다. 해양에서 생물생산을 중심으로 하는 탄소순환 규명은 이러한 연구의 근간이 된다. 해양생물활동에 의해 생성된 기체는 온난화를 촉진하기도 하고, 반대로 에어로졸 입자는 온난화를 억제하기도 한다, 해양과 대기의 경계층으로 유입된 기체나 에어로졸은 해염 에어로졸과 함께 바다 표면에 침적되어 광물 에어로졸에서 용출된 철이나 해양대기 에어로졸에 흡착한 질산 및 NH_3가 영양염으로 해양생물에 이용된다. 이러한 과정을 통해 해양생물의 번성과 소멸이 기후변화와 깊은 관련성이 있다는 가설이 제안되어 있다.

가. 해양 식물플랑크톤의 황산방출에 의한 기후조절(CLAW가설)

해양 식물플랑크톤의 DMS 방출이 해양과 대기의 경계층에서 구름 응결핵으로 작용하는 에어로졸 입자형성으로 연결되는 것에서 해양생물에 의한 기후조절 가설이 1987년 제안되었다(그림 7.9).

이것을 CLAW가설(CLAW는 논문 저자인 Charlson, Lovelock, Andreae 그리고 Warren 4인의 머리문자의 조합)이라 한다. 식물플랑크톤에 의해 만들어진 DMS 방출에 기반을 둔 기후 피드백 존재를 나타낸다. 즉 DMS 방출로 구름 응결핵이 증가하면, 구름 알베도(albedo) 증가를 촉진시켜 해수면의 태양방사를 감소시켜 온난화가 억제된다는 가설이다. 해양생물의 증가함에 따라 바다로 CO_2 흡수가 증가한다는 일석이조라는 생각이다.

그러나 가설의 한 부분인 해수의 DMS 생성과정이나 대기로 방출된 DMS가 황산에어로졸로 구름 핵이 되어 구름성질을 변화시킬 수 있는 것인지? 등에 대해서는 아직 충분하게 해명되어 있지 않다. 이들 물질의 생성플럭스나 존재량이 파악되지 않으면, 온난화 억제효과에 기여하는 정도와 중요성을 정량적으로 평가할 수는 없게 된다. 더욱이 인위적 기원인 황산염이나 질산염 에어로졸의 기여도 고려할 필요가 있다. 해

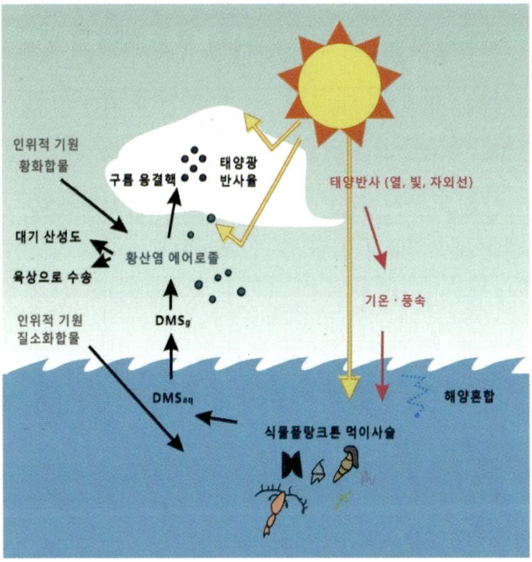

그림 7.9. CLAW가설에 따른 해양생물기원 에어로졸에 의한 온난화 억제의 개념도와 인위적 기원물질의 기여(Charlson et al.(1987)[13]을 수정).

수에서 생성된 기체가 대기에서 미세입자로서 구름이 되기까지의 과정을 정확하게 파악하는 것은 아직도 전도다난(前途多難)이라 할 수 있다.

나. 식물플랑크톤을 증가시킨다

남극해나 북태평양에는 식물플랑크톤이 영양염을 효율적으로 이용하지 못하는 해역이 존재한다. 최근 이러한 해역에 철을 공급하면 식물플랑크톤이 증가하는 것이 선상 배양실험 등으로 확인되었다(제4장 3절 다3항 참조)[14]. 식물플랑크톤은 성장에 필요한 영양성분의 한 가지로 미량의 철을 필요로 한다. 북태평양 중위도 해역에서 황사현상의 출현할 때 식물플랑크톤이 증가하는 것이 관측되었다[15]. 황사에 포함된 철분이 해수에 용해되어 철 공급을 하는 것으로 식물플랑크톤이 증가한다는 것이다.

온난화나 인간 활동에 의해 아시아대륙에서 사막화가 더욱 진행되어, 황사 발생규모나 발생빈도가 증가하면 철 부족한 해역의 생물생산은 높아지게 된다. 이렇게 되면 대기의 CO_2가 생물에 흡수되어 생물이 생산되지만, 생산물 대부분은 해양표층에서 분해된다. 그러나 분해되지 않은 유기물 입자는 심해로 침강하여, 심층수 순환에 필요한 1,000년 규모로 탄소를 해양에 저장(격리)할 수 있게 된다는 시나리오이다. 대기의 CO_2가 해수에 흡수되어 대기의 CO_2농도가 낮아지게 되어 온난화가 억제되는 것이다. 그러나 식물플랑크톤은 질소나 인과 같은 필수적인 영양염이 모두 소비되는 시점에 증식이 정지되어, 재차 온난화가 진행될 수 있다는 것도 예상된다.

다. 온난화를 억제하는 해양생물기원기체

항구나 해변에서 맡게 되는 바다 내음은 주로 식물플랑크톤이 생산하는 황을 포함하는 기체인 DMS(디메틸황화합물) 때문이다. 해수의 DMS는 식물플랑크톤이 많아지면 농도가 높아져서 바람이 강할수록 대기와 해양 사이에 기체교환도 촉진되어, 해양 표면에서 대량의 DMS가 대기로 방출된다. 대기로 방출된 DMS는 산화되어 SO_2가스가 되고, 최종적으로 황산에어로졸이 된다. 대기에 에어로졸이 증가하면 지상에서 일어나는 노을과 같이 빛 투과를 방해하여, 해수면에 도달하는 태양광이 감소한다. 또 에어로졸이 증가하여 구름이 될 때에 에어로졸을 핵으로 하는 구름입자 크기는 작아져서 보다 태양광을 반사하기 쉬운 구름이 만들어 지고, 이런 구름은 비구름이 되지 않기에 구름 수명이 길어진다. 이러한 종합적인 효과로서 태양광을 차단하여 온난화를 억제한다는 시나리오이다.

라. 해수의 디메틸황화합물과 대기방출

식물플랑크톤이 세포 삼투압 조절을 위해 생합성한 유기 황화합물 DMSP

(dimethylsulfoniumpropionate)은 해조류나 세균이 가지는 효소에 분해되어 DMS이 생성된다. DMS과 플랑크톤 생물량의 관계, DMS 생성에 관여하는 식물플랑크톤 종조성과 현존량, 동물플랑크톤에 의한 포식관계, 세균대사의 기여 등이 해수의 DMS 농도를 결정한다. 특히 영양염이 풍부하여 생물생산성의 높은 연안해역이나 아한대해역은 이전부터 DMS 생성효율이 높은 것으로 알려진 소형 식물플랑크톤이 아니라, 대량으로 발생하는 대형규조에 의한 DMS 생성효과가 크다는 것이 최근 선상관측에서 명확해지고 있다. 또 한편으로 일사량 증가로 DMS를 분해하는 세균감소가 DMS를 증가시키고, 광화학적 산화로 DMS가 감소하는 것도 생각할 수 있다.

해수표면에서 대기로 방출되는 DMS량은 식물플랑크톤에 의해 생성되는 양의 약 10%로 추정된다. 그러나 해양에서 대기로 방출되는 DMS량을 해양과 대기의 DMS 농도 차이와 풍속 등에서 구해진 대기와 해양 사이의 기체 교환계수를 기본으로 계산한 벌크방법(bulk methos)으로는 결과값의 오차가 매우 크게 나타난다. 그러나 최근에 CO_2 플러스에 이용되는 에디공분산법(eddy covariance method)으로 DMS 농도와 바람의 수직수송 성분을 10 Hz (1초에 10회) 정도의 높은 시간 분해능으로 직접 방출량을 측정하는 방법이 시도되고 있다.

마. 인위적 기원질소가 해양생물 종을 변화시킨다.

최근 동아시아에서 질소화합물 대기 방출량이 증가하고 있고, 특히 동중국해나 동해/일본해 등 주변 해역을 중심으로 하는 태평양 서부해역에서 침적량이 증가가 확인되고 있다. 지금까지 질소가 부족한 해역은 대기 질소를 고정하여 서식하는 식물플랑크톤이 중심이 되는 해양생태계가 유지되어 왔다. 그러나 대기로부터 질소의 공급 및 지구온난화에 의한 해양 표면수온 상승으로 해양성층화가 발달하게 되고, 이에 따라 생물종 변화가 일어날 가능성이 시사된다.

한편 남태평양의 외양대기는 북반구의 해양대기와 비교하여 인위적 기원물질의 영향은 매우 작고, 에어로졸 입자농도도 낮다. 만일 이러한 해양과 대기환경에서 해양 생물생산이 낮아지게 되면, 해양생물 기원 에어로졸 감소를 발생시켜, 구름 입자 농도가 낮아지면서 구름 입자크기가 크게 되고, 이에 따라 구름 수명이 짧아지게 되어 온난화를 한층 촉진하는 효과를 나타낸다.

최근 지구규모의 물질순환 모델을 이용하여 전체 해양의 질소화합물 침적량과 미래를 예측한 결과[16)]에 의하면, 2030년에 인도양이나 태평양 서부해역의 질소 공급량이 수배로 증가하여, 식물플랑크톤도 증가하는 것으로 나타났다. 이에 따라 대기의 CO_2가 해양으로 흡수되지만, 약 10%가 대기에서 질소화합물 침적에 따른 시비(施肥)효과에 기여하는 것으로 예측 되었다. 동시에 CO_2의 약 300배의 지구온난화 지수를 가지는 N_2O가 해수에서 생성되어 대기로 방출되어, CO_2 감소에 의한 온난화 억제효과의 2/3가 상쇄되는 것으로 계산되었다. 대기의 변화가 해양생태계에 영향을 끼치게 되고, 그 피드백으로 대기에 변화를 주게 된다. 지구화학적 물질순환과 기후의 관계를 나타내는 하나의 사례지만, 인류의 입장에서 보면 결코 낙관적인 시나리오라고 할 수만은 없을 것이다.

마지막으로 제7장의 내용을 더욱 깊게 이해하고 싶은 독자를 위해 다음과 같은 참고도서를 소개하여 둔다.

- 岩坂 泰信, 西川 雅高, 山田 丸, 洪天 祥(編), 2009. 黄砂. 古今書院, 342pp.
- 大河内 直彦, 2015. チェンジング·ブルー. −気候変動の謎に迫る−(岩波現代文庫). 岩波書店, 496pp.
- 笠原 三紀夫, 2008. 大気と微粒子の話 −エアロゾルと地球環境−/東野 達(監修). 京都大学学術出版会, 223pp.
- 三崎 方郎, 1992. 微粒子が気候を変える −大気環境へのもう一つの視点−. 中公新書, 202pp.

08

육상에서 해양으로 물질수송

1. 하천수
2. 해저 지하수
3. 빙하 및 해빙에 의한 물질수송

제8장

육상에서 해양으로 물질수송

제1장에서 해양을 중심으로 하는 물질수지도(그림 1.11)에 나타낸 것과 같이 육지는 해양으로 물질을 공급하는 공급처로서 중요하다. 제7장에서 설명한 대기를 경유하는 물질수송과 함께 하천이나 빙하 및 해빙 또는 지하수를 통하여 대량의 화학물질이 육지에서 해양으로 운반된다. 제8장에서는 이와 같은 지표 또는 지하 경로를 통하여 바다로 유입되는 육상기원 물질에 대하여 설명한다.

1. 하천수

가. 하천수 유량

해양의 화학물질 공급원으로 하천의 역할이 매우 크다는 것에 논쟁의 여지는 없다. 용존성, 입자성 또는 콜로이드 입자로 막대한 화학물질(천연물질과 인공물질)이 하천을 통해 바다로 유입되어, 해양의 화학조성이나 생물생산에 큰 영향을 준다고 하는 것을 인공위성 사진으로 그림 8.1에 나타내었다. 아마존강에서 유출되는 하천수에 포함된 영양염으로 유지되는 높은 엽록소(식물플랑크톤) 농도가 남미대륙 동부 연안에서 수백 ㎞에 거친 해역까지 광범위한 범위에서 선명하게 확인된다.

전 세계 하천을 통한 해양유출 총 유량은 37,400 ㎦/yr로 추정된다. 표

2.1에 의하면 · 하천수 용량은 1.7×10^3 ㎦로 이것을 하천유량으로 나누면, 하천수의 평균 체류시간이 되며, 약 17일이 된다. 해양순환의 시간 규모가 1,000 ~ 2,000년이라는 것에 비하면, 매우 짧은 시간이라는 것을 알 수 있다.

그림 8.1. 남미대륙 북동부 해역에서 2002년에서 2005년에 거친 인공위성 MODIS가 촬영한 해색자료의 합성도(빨강~노란 부분은 엽록소 농도가 현저하게 높은 것을 나타낸다(http://oceancolor.gsfc.nasa.gov/인용).

나. 하천수와 해수의 화학조성 차이

해수는 전체 해양 어디에서도 비교적 균일한 화학조성을 나타낸다. 그러나 하천수 화학조성(chemical composition)은 위에서 설명한 짧은 평균 체류시간에서 예상할 수 있는 것처럼 해수와 다르게 지역성이 매우 크다. 표 8.1은 세계 하천에서 유량의 많은 순으로 8개를 선정하여 하천수의 화학조성을 비교한 결과이다. 하천 사이에 주요 성분에 대해서도 농도 차이가 한 자릿수 이상 편차가 있는 것을 알 수 있다.

표 8.1. 세계의 대표적인 8개 하천에 대한 주요 이온농도와 유량(Berner and Berner(1987)[1]. 하천수의 평균농도는 세계 680개 하천을 평균한 값(Meybeck(2004)[2]. 또 해수 평균조성은 Broecker and Peng(1982)[3]을 인용)

	Ca^{2+}	Mg^{2+}	Na^{+}	K^{+}	Cl^{-}	SO_4^{2-}	HCO_3^{-}	SiO_2	유량
	mmol/kg								㎦/yr
아마존강	0.13	0.04	0.07	0.02.	0.03	0.02	0.33	0.12	7,245
콩고강	0.06	0.05	0.07	0.028	0.08	0.03	0.18	0.16	1,230
양쯔강	1.12	0.26	0.18	0.031	0.12	0.19	2.43	0.10	1,063
오리노코강	0.08	0.04	0.07	0.017	0.08	0.04	0.18	0.19	946
미시시피강	0.84	0.37	0.48	0.072	0.29	0.27	1.90	0.13	580
메콩강	0.35	0.13	0.16	0.051	0.14	0.04	0.95	0.15	577
파라나강	0.13	0.10	0.24	0.046	0.17	0.03	0.51	0.34	567
갠지즈강	0.61	0.21	0.21	0.079	0.10	0.09	1.72	0.21	420
하천평균농도	0.59	0.24	0.24	0.044	0.17	0.18	0.80	0.14	
해수평균농도	10.3	53.0	470	10.2	550	28	2.3	0.10	

세계 8개 하천을 포함하여 680개 하천을 평균한 화학조성을 표 8.1의 밑에서 2번째 줄에 나타내었다. 이 화학조성에 제8장 1절에서 설명한 하천의 총유량을 곱하면 하천에서 해양으로 유출되는 평균적인 플럭스가 계산된다. 또 하천수와 해수의 화학조성을 비교하기 위해 표 8.1의 가장 밑줄에는 해수의 평균 화학조성을 나타내었다. 대부분 화학조성에서 당연하지만 해수가 하천수에 비해 압도적으로 농도가 높다.

표 8.1의 해수와 하천수의 화학조성을 비교하면, 농도가 크게 다르다는 것 말고도, 둘 사이에 주목 해야만 하는 차이가 있다. 최대 농도가 되는 양이온과 음이온 조합이 해수는 나트륨이온(Na^{+})과 염소이온(Cl^{-})인 것에 대해서 하천수는 칼슘이온(Ca^{2+})과 중탄산이온(HCO_3^{-})인 것이다. 이것은 하천수가 육상에서 침식과 풍화작용에 관여하기 때문에 암석성분인 탄산칼슘($CaCO_3$)이 용출되고 있기 때문이다.

다. 하천수 화학조성은 어떻게 결정될까?

Gibbs(1970)[4)]는 다양한 하천수의 양이온 및 음이온 조성을 해석하여 하천수 화학조성의 3가지 기본적인 프로세스 조합으로 대부분 설명이 가능하다고 하였다. 3가지 과정은 A) 빗물 공급, B) 암석의 침식과 풍화, 그리고 C) 증발과 석출(析出, deposition)이다.

그림 8.2(a)와 (b)는 세계의 대표적인 하천수와 호수에 대한 양이온 Na^+ 및 Ca^{2+}의 조성비 ($Na^+/(Na^+ + Ca^{2+})$)를 그림 8.2(a)의 가로축에 놓고, 음이온 Cl^-과 HCO_3^-의 조성비 $Cl^-/(Cl^- + HCO_3^-)$)를 그림 8.2(b)의 가로축에, 그리고 각 세로축에 염분을 놓고 도식화 한 그림이다. 또 그림 8.2(c)는 그림 8.2(a)와 (b)의 특징을 간략하게 나타내었다. 양이온 및 음이온 모두에서 대략적으로 90도 회전한 V자(〈)형으로 자료가 도식화 되어, 하천 화학조성은 위의 3가지 프로세스를 단성분(end member)으로 설명되고 있음을 알 수 있다. A, B, C 중에 어느 프로세스 영향을 가장 강하게 받고 있는 가에 따라 하천의 기본적인 화학조성이 결정된다고 할 수 있다.

하천수 기본성질은 염분농도가 매우 낮은 강수(그림 8.2(c)의 A영역)에서 출발한다. 이 화학조성 그대로 바다로 흘러가는 하천도 있다. CO_2를 포함한 약산성 하천 수가 지속적으로 토양이나 암석을 접촉하면 $CaCO_3$나 칼슘을 포함한 규산염 광물 등 풍화작용을 받기 쉬운 고체물질이 용해된 하천수는 Ca^{2+}나 HCO_3^- 농도가 증가한다(그림 8.2(c)의 B영역). 이러한 화학조성으로 바다로 유출되는 하천도 있다. 더욱이 B영역의 하천수가 고온에 건조한 환경에 노출되면, 물이 증발되어 염분이 더욱 증가하게 되면, $CaCO_3$이 침전하여 하천수에서 제거되는 그림 8.2(c)의 C영역으로 이동한다.

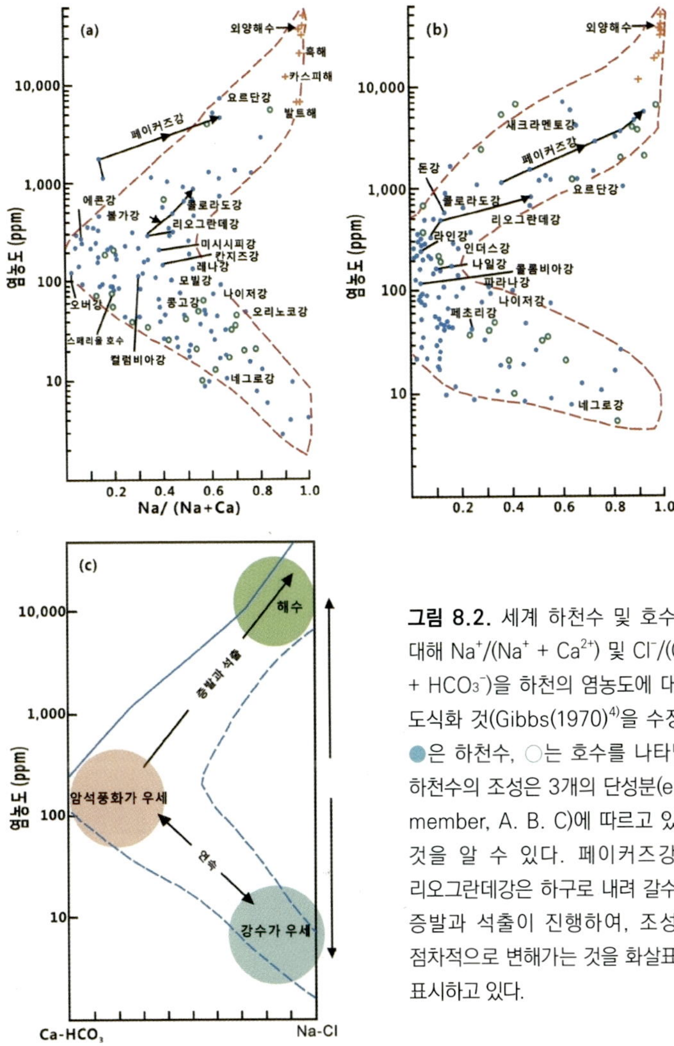

그림 8.2. 세계 하천수 및 호수에 대해 $Na^+/(Na^+ + Ca^{2+})$ 및 $Cl^-/(Cl^- + HCO_3^-)$을 하천의 염농도에 대해 도식화 것(Gibbs(1970)[4])을 수정). ●은 하천수, ○는 호수를 나타냄. 하천수의 조성은 3개의 단성분(end member, A. B. C)에 따르고 있는 것을 알 수 있다. 페이커즈강과 리오그란데강은 하구로 내려 갈수록 증발과 석출이 진행하여, 조성이 점차적으로 변해가는 것을 화살표로 표시하고 있다.

라. 하구역에서 하천과 해양의 상호작용

하천수가 바다에 도달하는 하구역은 하천수와 해수가 접촉하여 혼합되는 경계영역이다. 여기에 조석에 의한 물리적 혼합작용도 발생한다. 표 8.1에서 알 수 있는 것처럼 많은 화학성분이 하구역을 사이에 두고

농도구배(濃度句配, concentration gradient)가 크고, 염분은 거의 0에서 35까지 급격하게 증가한다. pH, 산화환원상태, 유기물 농도, 영양염 농도 등의 인자도 크게 변화한다.

그림 8.3은 하구역의 혼합영역을 개념적으로 도식화한 것이다. 통과하는 하천수에서 경계영역은 다양한 물리적, 화학적, 생물학적 과정이 관여하는 일종의 필터(filter)작용을 하는 것으로 생각할 수 있다. 보존성 화학성분은 단순한 혼합만으로 농도가 변화지만, 용존성에서 입자성으로 변화하기 쉬운 화학성분은 침강하여 퇴적물로 제거된다. 이와는 반대로 입자성에서 용존성으로 변화하기 쉬운 화학성분이나 퇴적물에서 재부유 또는 용출하는 성분도 있다.

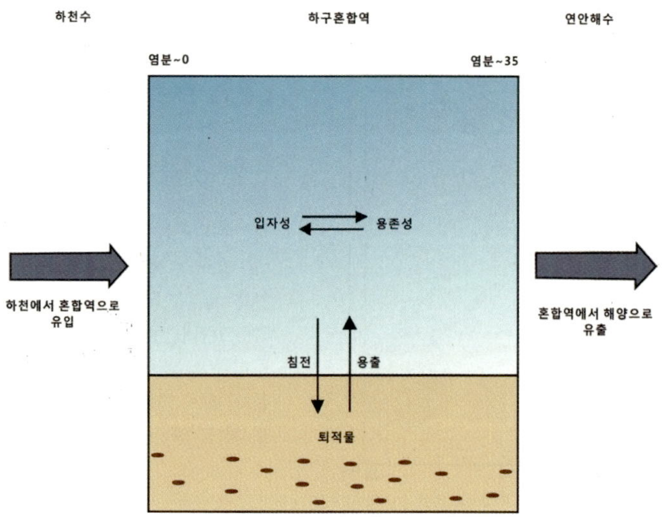

그림 8.3. 하구역에서 하천수와 해수의 혼합 개념도(Chesterand Jickells(2012)[5])를 수정).

하구역에서 혼합과정을 단순하게 모델화 한 것이 그림 8.4(a) 및 그림 8.4(b)이다. 전자는 하천수에 농도가 낮은 화학성분에 대하여, 후자는 반대로 하천수에 농도가 높은 성분에 대하여 각각 염분증가와 함께 농도가 변화하는 모습을 나타내었다. 만일 보존량으로 혼합이 발생하면 빨강 실선에 농도가 분포한다. 비보존량으로 혼합이 발생하면(무엇인가의 생물 · 화학적 반응이 발생), 혼합으로 농도가 증가하는지? 아니면 농도가 감소하는지? 에 따라 실선의 위쪽 또는 아래쪽에 점선과 같이 분포한다.

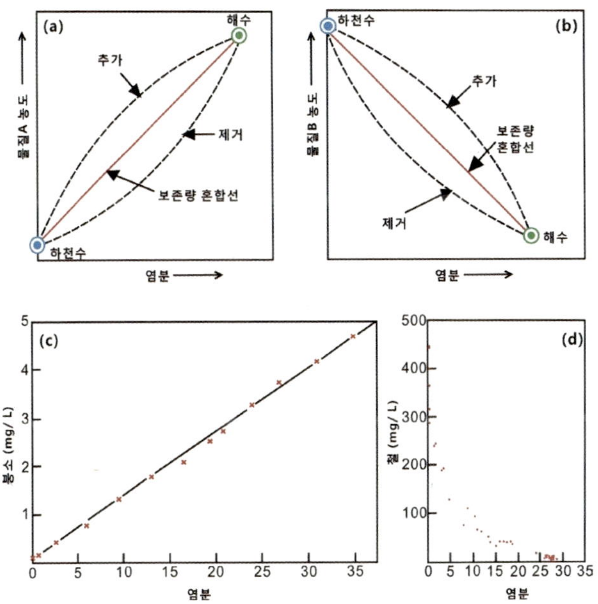

그림 8.4. 하구역에서 용존물질 농도변화 모델(a) (b)와 실측사례(c) (d) (Chester and Jickells(2012))[5)]를 수정. (a) (b)에서 보존량으로 혼합은 실선으로, 비보존성으로 예상되는 혼합을 점선으로 표시하였다. (c)는 보존량 사례, (d)는 비보전량 사례(혼합과정에 의해 제거되는 경우).

실례로 그림 8.4(c)에 영국 테마강(Theme river) 하구역에서 용존붕소의 실측 사례를 나타내었다. 붕소농도와 염분 사이는 명확한 직선관계를 나타내어, 붕소가 보존량으로 거동하는 것을 나타내었다. 한편 그림 8.4(d)는 영국 뷸리강(Beaulieu river) 하구역에서 용존 철을 측정한 사례이다. 이 값들은 아래쪽으로 만곡하는 것으로 하구역에서 혼합에 의해 철이 불용성 입자로 제거되는 것을 알 수 있다.

현실은 위의 두 가지 사례처럼 단순한 사례만 있는 것이 아니고, 염분 증가에 따라 농도가 감소하거나, 증가하는 관측 사례도 있다. 저염분에서 제거반응이 우선되지만, 염분이 높아지면 반대로 용해반응이 우선되기 때문으로 판단된다. 어쨌든 각 화학성분의 화학적 · 생물학적 반응에 대응하여, 하천수 물질농도와 하천수 유량을 곱한 것이 모두 해양으로 유출된다고 할 수 없는 것에 주의해야 할 것이다.

2. 해저 지하수

가. 연안의 지하수 용출현상

연안해역의 해저에서 지하수 용출(submarine groundwater discharge; SGD) 현상은 하천수와 함께 육지에서 바다로 화학물질을 수송하는 글로벌한 과정으로 주목받고 있다. 육상 강우는 일단 지표에 스며들어 지하수가 된다. 그 대부분은 지표로 돌아와 하천을 형성하고, 하구역을 거쳐 바다로 유출되지만, 투수성의 높은 지층에서는 지하수 일부가 복류수(river-bed water)인 채로 시간을 두고 낮은 지대로 흘러내려 연안해역의 해저에서 천천히 용출한다.

그림 8.5는 연안에서 지하수가 용출되는 개념도이다. 육지에서 지하수로 이동하는 경로가 얕은 흐름과 깊은 흐름, 2개로 구분하여 표현되고 있지만, 지하수 흐름의 통로가 되는 투수성 높은 지층이 어디에 존재하고 있는가에 따라 지하수 용출 깊이는 다양하게 변화한다. 또 육상기원 지하수에 더해져 연안해수가 해저에 숨어들었다가 재차 바다로 재용출하는 순환지하수 존재도 알려진다(그림 8.5의 하얀 점선).

SGD 존재를 분명하게 나타낸 사례로 그림 8.6에 미국 남동부 사

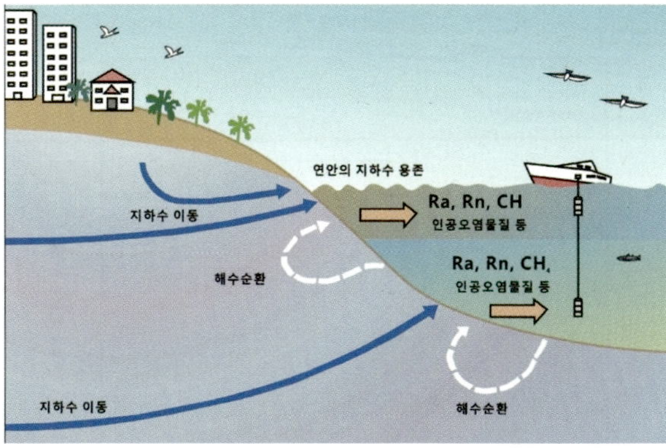

그림 8.5. 연안 지하수가 유출되는 개념도(국제원자력기구(IAEA) 웹사이드(http://wwwv.iaea.org/nael/page.php'?page=2213) 그림을 수정).

우스 케롤라이나(South Carolina)주 연안에서 얻어진 표층해수의 라듐-226(^{226}Ra) 및 라듐-228(^{228}Ra)의 농도분포를 나타내었다. 외양역의 ^{226}Ra와 ^{228}Ra 농도(7.5 dpm/100L 및 2~4 dpm/100L)와 비교하여 연안선 부근은 매우 높은 ^{226}Ra와 ^{228}Ra 농도가 검출되었고, 두 항목 모두 외양에서 연안으로 접근할수록 농도가 증가하였다. 이와 같은 ^{226}Ra와 ^{228}Ra 분포는 하천이나 대기에서 공급되는 것으로 만은 설명되지 않으며, 분명하게 연안 퇴적물에 기인하는 ^{226}Ra와 ^{228}Ra가 지하수와 함께 용출하는 것을 나타내고 있다[6,7].

SGD는 용출량이 많으면, 해저에서 아지랑이처럼 용출되는 모습을 관찰할 수 있다. 그러나 해저면의 넓은 범위에서 조용하게 용출되는 SGD의 존재 여부를 확인하는 것이 쉽지 않다. 단 해저 바로 위의 해수(해저직상수)의 화학적 성질을 자세하게 조사하여 검출할 수도 있다. 위에서 설명한 ^{226}Ra와 ^{228}Ra 외에 해저직상수의 용존기체 라돈(^{222}Rn)이나 메탄(CH_4)의 농도분포를 이용하는 화학적 방법으로 SGD 용출량을 추정한 사례도 있다[8,9].

지하수 용출의 정량적 평가 사례가 매우 한정적이며, 아직 확실하지 않은 부분이 많다. 지금까지 지구규모로 SGD 용출량을 추정한 몇 개의

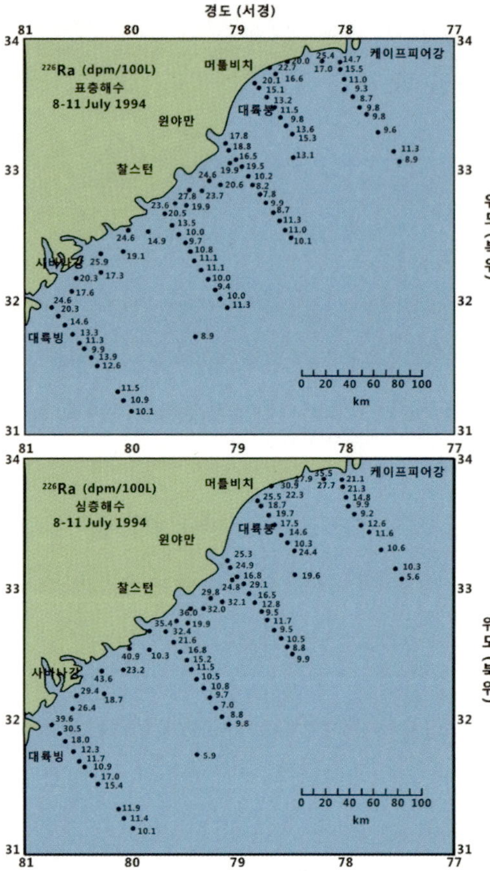

그림 8.6. 미국 동부 연안해역의 해수 ^{226}Ra 및 ^{228}Ra 분포(Moore(1996)[6], (2000)[7]를 수정).

연구가 있지만, 육지에서 바다로 유출하는 전체의 유출량에 대한 SGD의 점유비율이 0.01%에서 31%까지로 매우 넓은 범위의 값으로 보고된다. 谷口(2005)[10]는 이들 문헌을 정리하여 일반적으로 하천 총 유출량에 대한 SGD의 점유비율은 수%에서 10% 수준으로 보는 것이 타당할 것으로 추정하였다.

나. 지하수의 화학조성과 화학플럭스

지하수의 화학조성에서 주요성분은 부근의 하천수와 유사한 담수성질을 나타내지만, 미량성분은 땅속의 토양이나 퇴적물 내부를 오랜 시간 통과할 때에 함양되고 있는 것에 영향을 받고 있어 크게 변화한다. 실제 땅속의 유기물 분해와 인위적인 오염의 영향을 받아 하천수보다 지하수에 영양염 농도가 높은 것이 알려져 있다. 이 때 SGD는 연안해역에서 외양에 거처 일차생산을 높이는 효과를 보일 것이다.

SGD에 따른 화학플럭스 관측은 매우 어렵기 때문에 아직도 걸음마 연구단계에 있으며, 연구결과도 매우 한정되고 있어, 아직 하천수처럼 지구규모의 플럭스를 명확하게 추정 할 수 있는 수준에는 도달하지는 못하고 있다. 제8장 2절에서 설명한 것처럼 육지에서 바다로 유출되는 양의 수%에서 10%정도를 담당할 뿐이라 하더라도, 지하수에 높은 농도로 포함된 화학성분에 대한 플럭스는 무시할 수는 없게 된다. 몇 가지 예를 들어보자.

방글라데시에서 벵갈만으로 유출되는 세계 유수의 하천인 갠지스-브라마푸트라 수계는 해양으로 화학적 수송에 커다란 역할을 하고 있다. Dowling et al.(2003)[11]은 이 수계에 동반하는 SGD에 의한 바다로 바륨, 라디움 및 스트론튬 플럭스를 추정하여, 하천에서 유입되는 플럭스와 거의 같다는 것을 보고하였다. 특히 여기에서 SGD를 경유하는 스트론튬 플럭스는 지구규모의 해수 스트론튬 동위원소 비($^{87}Sr/^{86}Sr$)에 까지 영향을 미치고 있을 가능성을 지적하였다.

일본은 도야마만(富山湾) 연안 용출수에 대해 많은 연구가 있다. 예로서 中口 등(2005)[12]은 도야마 동부의 가타카이강(片貝川) 선상지(扇状地, alluvial fan) 및 구로베강(黒部川) 선상지 연장선 위의 연안해역(수심 8 ~ 33 m)에서 잠수부가 직접 채수한 해저 용출수의 영양염과 용존유기탄소(DOC)를 분석하였다. 그 결과 해저 용출수의 아질산 + 질산, 그리고 규산 농도는 바로 상부의 해수에 비하여 2 ~ 3 자릿수가 높은 농도를 나타내었다. 반면 DOC는 두 자릿수가 낮은 농도였다. 도야마만 SGD는 영양염 공급원으로 역할이 매우 크며, 특히 질소 플럭스는 도야마만으로 유입하는 주요 하천의 플럭스와 거의 같은 것으로 추정되었다.

지금까지 SGD 관측이 실시된 연안해역은 그림 8.7에 나타낸 것처럼 전 세계에 분포한다. 즉 연안 용출수는 세계적인 현상으로 해양의 지구화학에 커다란 영향을 미치고 있는 것에 의심의 여지가 없을 것이다. 그러나 아직 연구 자료의 축적은 충분하지 않다. 앞으로의 연구 진전에 의해 연안 지하수의 화학조성이나 화학플럭스가 전체 지구규모에서 규명될 수 있는 날을 기대하여 본다.

또 SGD가 해수로 용출할 때 수온이나 화학조성이 급격하게 변화하는 지하수/해수 혼합영역이 표층퇴적물에서 해저면 바로 위에서 형성되는 것으로 판단되지만, 이에 대한 상세한 생물지구화학적 특징에 대한 연구는 아직 충분하지 않다.

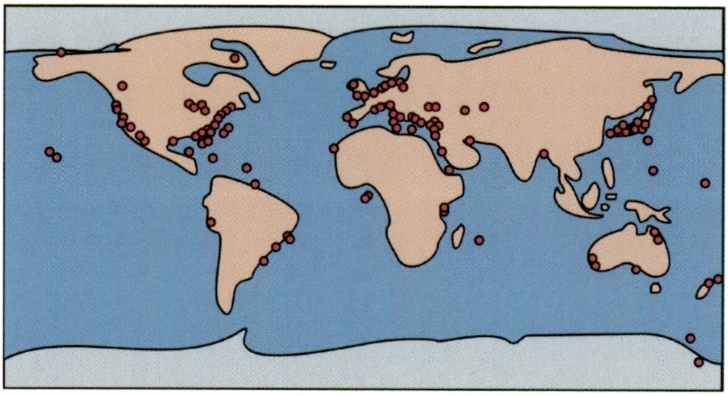

그림 8.7. 2007년까지 세계에서 보고되는 SGD 관측영역
(IAEA웹사이드〈http://www.iaea.org/nael/page.php'?page=2213)을 수정).

3. 빙하 및 해빙에 의한 물질수송

남극대륙이나 그린란드에서 빙하의 물리적인 풍화작용에 의해 육지의 암석 및 광물이 박리되어, 쇄설화 되면서 바다로 운반된다. 이때에 많은 원소, 특히 해수에 농도가 매우 낮은 철 등의 미량원소가 해양표층으로 공급되고 있을 가능성이 있다.

북극해는 해빙이 만들어 질 때 바다 표층에 입자물질이나 얕은 수심의 표층퇴적물이 얼음 속에 들어가게 된다. 이들 물질은 해빙 이동과 함께 외양을 운반된다. 대기에서 내려오는 에어로졸도 해빙에 포집되는 것이 알려진다. 이들 입자물질은 해빙이 녹아내리는 것과 함께 해수에 방출되어 침강한다. 현재 지구온난화에 따라 북극해 해빙은 감소하고 있다. 해빙에 의한 입자물질 수송과정에도 변화가 발생할 가능성이 있다.

이러한 빙하나 해빙에 의한 육상에서 해양으로 물질플럭스는 해양의 다양한 화학원소에 중요한 역할을 할 것으로 생각되지만, 아직 정량적인 논의가 이루어질 수준에 도달되어 있지는 않다. 앞으로 착실한 관측자료 축적이 무엇보다 필요한 부분이다.

칼럼 7

도야마만(富山湾)의 해저용출수

8장에서도 설명하였지만, 일본에서도 해저용출수(지하수) 연구가 활발하게 이루어진다. 그중에서도 동해/일본해 연안해역인 도야마만은 대규모 해저용출수가 일어나는 곳으로 도야마대학 등의 연구에 의해 상세하게 알려지고 있다.

도야마만 연안해역에 용출하는 지하수는 도야마만의 눈앞에 웅장하게 펼쳐지는 다테야마(立山)의 많은 봉우리 등 일본 알프스에서 기원한다. 겨울 북서계절풍이 동해/일본해를 통과할 때에 해수면에서 대량의 수증기가 공급되고, 이들 수증기는 일본의 척양산맥(脊梁山脈, 태백산맥과 같이 한 나라의 지형에서 척추역할을 하는 산맥)을 지나기 전에 다량의 비나 눈으로 내린다. 도야마현의 연강수량은 약 3,000 ㎜에 달한다, 그 중 20%가 땅속으로 스며들어 도야마만의 연안 지하수로서 용출되고 있는 것으로 판단하고 있다.

스쿠버다이빙으로 도야마만의 해저를 잠수하면 수심 10 ~ 20m 부근에서 지하수가 활발하게 뿜어 나오는 모습을 직접 볼 수 있다. 용출수만을 잘 채집하여, 도야마대학에서 화학분석을 한 결과 다양한 내용들을 알게 되었다. 물의 산소와 수소의 동위원소 비에서 용출수의 기원은 해발 800 ~ 1,200 m의 고산지대에 내린 빗물인 것을 알았다. 또 용출수 시료의 인공방사선 핵종 트리튬(제6장 참조)의 분석 결과 땅속으로 스며든 빗물이 도야마만에서 용출하기까지는 10 ~ 20년이 소요된다는 것도 알게 되었다.

지표의 가파른 경사의 하천을 흐르는 물은 빠르게 바다로 유출되어 버린다. 그러나 지하수는 오랜 시간 지하를 천천히 이동한다. 그러는 동안 지하의 영양염을 풍부하게 함유하게 되고, 그 영양염은 도야마만의 생물생산을 유지하는데 크게 공헌하고 있다. 이러한 지하수의 혜택은 도야마만이 아니라 전 세계 연안 용출수 해역에 공통적으로 적용되는 내용이라 할 수 있다.

09

해저 지각유체의 지구화학

1. 해저 지각에 존재하는 수권
2. 고온 열수순환계의 지구과학
3. 저온 열수순환계의 지구화학
4. 열수 이외의 요인에 따른 해저 지각유체계
5. 지하 생물권과 해저 지각유체의 지구화학

제9장

해저 지각유체의 지구화학

1. 해저 지각에 존재하는 수권

해양은 거의 지구표면의 2/3를 차지한다. 최근 연구에서 해저에 육지 지하수와 같이 지각내부에 지각유체(地殼流體)가 존재하는 것이 밝혀졌다. 중앙해령에서 새롭게 만들어진 해양지각은 냉각과 함께 갈라지는 틈(間隙)이 발생하며, 이 간극률(間隙率, porosity)은 10%에 달하고, 간극에는 유체로 가득 채워져 있을 것으로 생각된다. 표 9.1은 이러한 추정값을 기초로 지구에 물이 저장되는 장소와 저장량을 추정한 것이다[1]. 해저 지각에 존재하는 유체는 전체 수권 유체량의 1 ~ 2%에 해당하는 양으로 육지 전체의 물 저장량보다 큰 저장소(reservoir)이다. 이 저장소는 해저면 경계에서 해양과 접촉하고 있어 해양지구화학 분야에서 무시할 수 없는 영역이 되고 있다.

또한 해저는 플레이트(板, plate) 확장과 침강이 이루어지는 장소로서 이러한 역동적인 해저 지각유체의 운동을 볼 수 있을 것으로 기대된다(그림 9.1). 육지 지하수에 보이는 중력퍼텐셜(gravitational potential)을 구동력으로 하는 유체이동에 더하여 마그마를 열원으로 하는 대류적인 유체순환 및 플레이트 운동에 동반되는 지각변형 및 압축에 동반되는 유체이동 등을 생각할 수 있으며, 이들 모두는 큰 규모를 가지는 유체이동계로 추정된다. 만일 지각유체가 이러한 이동성이 풍부한 것이라고 한다면, 지구규모 관점에서도 이들 물질이동 프로세스는 매우 중요할 역할을 담당하게 될 것이라는 점에는 이론이 여지가 없다.

표 9.1. 다양한 지구의 물 저장소 및 존재량 (Mottl et al.(2007)[1]을 수정)

	물의 질량(10^{18} kg)	BSE(Bullc Silicate Earth)에서 수소원자의 중량농도(ppm)
수권	1,621	44
해양	1,371	38
간극수(퇴적물 속)	180	5
해저 지각유체	26	0.7
빙상	28	0.8
육지 지하수	15	0.4
호소 및 하천	0.2	0.01
암석권(지각)	310	
혈암	221	6
육지 탄산염암	2.5	0.1
해양성 점토	7.5	0.2
해성 탄산염	0.5	0.01
해양지각(화성암)	41	1.1
육상 변성암	36	1.0
유기물	1.3	0.04
맨틀	200 ~ 2,500	5 ~ 70

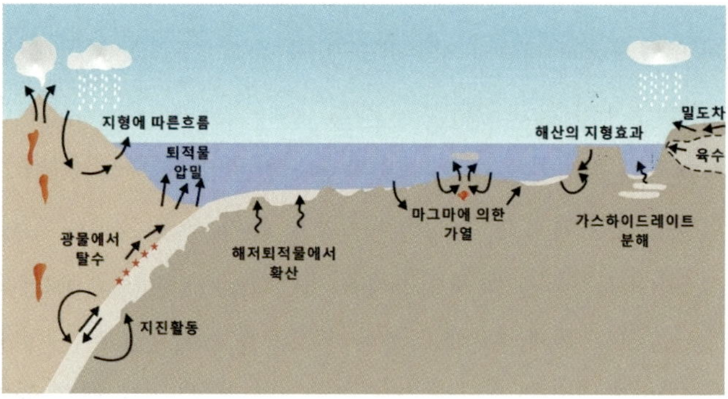

그림 9.1. 지구활동을 반영한 해저 지각유체의 거동(Ge et al. (2001)[2]을 수정).

그러나 지금까지 심해저는 접근이 쉽지 않다는 이유로 해저 지각유체의 실태규명은 추진되지 못하였고, 그 결과 지각유체 존재조차도 거의 무시되어 왔다. 최근 해양저 지구과학의 발전과 함께 지각유체 실체를 실증하는 연구가 활발해지면서 마침내 해양지구화학에서 지각유체가 차지하는 중요성이 새롭게 인식되기 시작하였다.

2. 고온 열수순환계의 지구화학

가. 열수형성에 동반한 물질수지

300℃를 넘는 고온열수가 해저에서 분출하는 열수활동(hydrothermal activity)은 해저 지각유체 활동을 가장 역동적으로 관찰할 수 있는 현상이다. 이 유체운동의 원동력은 지각 속으로 마그마가 관입되는 것이다. 마그마가 간극을 채우고 있는 유체를 해수의 끓는점 또는 임계점(405℃)에 가까운 온도까지 상승시키면, 해수 밀도가 급격히 낮아지면서 위쪽으로 이동하게 된다. 이에 따라 간극압은 낮아지고 주변에서 유체가 유입되어, 하나의 유체순환시스템이 성립되고 있다.

지각 내부에 단층계가 발달하면 유체이동이 그 곳으로 집중되어 열수순환시스템에 이류가 촉진된다. 활발한 고온열수분출이 발생할 때에는 열수상승경로가 단층계에 의해 제약받는 경우가 많다.

일본열도는 플레이트가 침강하는 위치에 있어, 육지에 화산 및 온천이 많이 존재하는 것처럼 해양에도 이즈(伊豆)-오가사하라호(小笠原弧) 및 오키나와 트로프(trough)처럼 주변해역에 많은 열수순환계 존재가 확인되고 있다[3].

1) 열수의 화학조성 특징

대표적인 고온열수의 화학조성을 표 9.2에 나타내었다. 열수 화학조성을 심층해수의 화학조성과 비교하면 다음과 같은 점이 특징적이다.

표 9.2. 대표적인 고온열수의 화학조성(Gamo et al. (2006)[4]을 수정)

해역	단위	오키나와 트로프*	이즈 오가사하라호	마리아나 트로프	북피지 해분**	라우(Lau) 해분***	동태평양 해팽	중앙인도양 해령	심층해수
지점(site)		Iheya Kita	Suiyo	Alice Spring	White Lady	Mariner	21°N	Kairel	
수심 (m)		1,000	1,380	3,600	2,000	1,920	2,600	2,450	
온도	℃	309	311	287	285	179-365	355	360	1-3
pH		5.0	3.7	3.9-4.4	4.7	2.3-2.6	3.3-4.0	3.5	7.8
알카리도		1.8	-0.2	0.1-0.4	0.1	-2.7~-2.0	-0.5~-0.2	-0.5	2.3
Na		4.0	446	438	210	387-454	432-510	560	463
K		72	30	31	10	26-31	23-28	14	9.8
Mg		0	0	0	0	0	0	0	52.7
Ca		21.9	89	22	6.5	40-45	12-21	30	10.2
Mn		0.65	0.58	0.29	0.01	4.9-6.0	0.7-1.0	0.84	〈0.001
Fe	mM	n.d.	0.43	0.006	0.01	11-12	0.6-2.4	5.4	〈0.001
Si		12.3	13.2	14	14.0	15	16-20	16	0.18
Cl		557	658	557	255	531-597	489-592	642	540
SO_4		0	0	0	0	0	0	0	28.0
CO_2		228	42	43	14.4	41-71	6.8	n.d.	2.3
CH_4		3.7	0.1	n.d.	0.04	0.07-0.08	0.05-0.09	0.08	〈0.0000001
H_2S		n.d.	1.6	2.5	2.0	3.9-9.0	6.6-8.4	4.0	0

n.d. = no data, *Kawagucci et al. (2011)[5], **Takai et al.(2008)[6]

① 해수의 주요성분 중 나트륨이온(Na^+)과 염소이온(Cl^-)은 대부분 열수에서 해수와 같은 농도 수준이다. 그러나 마그네슘이온(Mg^{2+})과 황산이온(SO_4^{2-})은 열수에 거의 포함되어 있지 않다. ② 심층해수는 산소를 포함하는 산화(호기)환경인 것에 반해, 열수는 환원(혐기)환경 인자로서 황화수소(H_2S) 및 메탄(CH_4)을 포함한다. ③ 기체성분에서 H_2S와 CH_4에 추가하여 이산화탄소(CO_2)도 열수에 극단적으로 농도가 높다(그림 9.2에는 표시되지 않았지만 열수에 따라서는 인해 수소(H_2) 가스도 높은 농도로 존재한다). ④ 심층해수에 거의 포함되지 않은 금속원소는 물론 많은 미량원소가 열수에 농도가 높다.

이 화학조성의 특징은 해수기원인 유체가 해저지각 속으로 이동하는 동안 주변의 암석과 퇴적물에 포함된 광물과 다양한 반응을 한 결과로 이해할 수 있다[7,8]. 해저 속 지각을 구성하는 규산염 광물은 비교적 물과 반응성이 좋고, 암석을 구성하는 광물(1차 광물)이 유체와 반응하여 별도의 광물(2차 광물)로 변질하는 반응이 진행된다.

열수순환계는 이러한 변질반응(hydrothermal alteration)이 고온에서 빠르게 진행되기 때문에, 일반적인 해저 퇴적물에서 일어나는 유체와 광물이 반응하는 속성과정에 비해 원소 · 화학종의 교환이 매우 빠르다. 열수순환계에서 일어나는 화학반응은 그림 9.2에 나타낸 것과 같이 3개의 과정으로 구분하면 이해가 쉽다. ① 비교적 저온(100~200℃)의 유입영역(recharge zone)에서 변질되는 반응이 일방적으로 진행되는 과정. ② 마그마 바로 위의 고온(300~400℃) 반응영역(reaction zone)에서 유체와 광물 반응이 평형에 도달하는 과정. ③ 열수가 해저면까지 상승하는 영역(discharge zone)에서 일어나는 상분리 등의 제반 과정. 다음은 각 과정에서 일어나는 대표적인 반응에 대하여 설명한다.

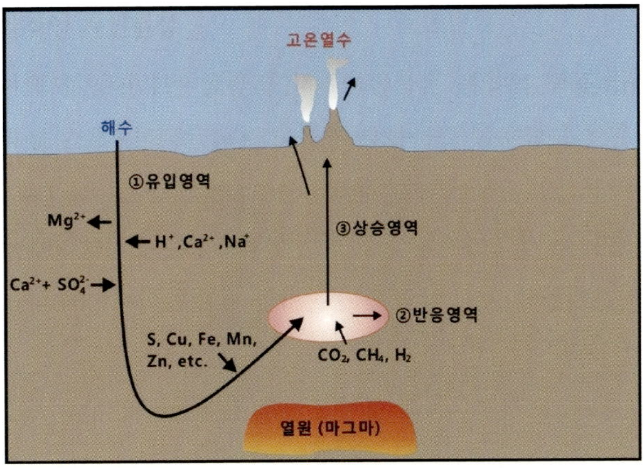

그림 9.2. 열수순환계에서 일어나는 열수 – 암석반응의 모식도(Tivey(2000)[9]를 수정).

2) 열수유입 영역에서의 변질반응

저온의 해수유입영역에서 일어나는 대표적 화학반응은 양이온에서 두 번째로 많이 해수에 용존하는 Mg^{2+}이 지각을 구성하는 규산퇴적물에 흡수되는 반응이다. 해수가 암석과 반응할 때는 이온 반경이 작은 Mg^{2+}을 포함하는 2차 광물이 가장 쉽게 형성된다. 이러한 2차 광물이 만들어 지는 것과 함께 유체가 산성으로 변화되어, 1차 광물의 용해가 촉진되어, 칼륨(K^+) 및 칼슘(Ca^{2+}) 등 양이온이 열수에 용해된다.

해수에 음이온으로 두 번째 많이 용존하는 황산이온(SO_4^{2-})도 유입영역에서 반응하여 해수에서 제거된다. SO_4^{2-}가 환원되어 황이온(S^{2-})이 되는 반응과 SO_4^{2-} 일부가 경석고(anhydrite, $CaSO_4$)로 침전하는 반응이 진행되기 때문이다.

이러한 저온(100 ~ 200℃)의 유입영역에서의 반응은 해수를 기원으로 하는 유체가 순차적으로 암석과 반응하면서 진행되는 것으로 Mg^{2+} 및 SO_4^{2-}이 지각으로 흡수되는 반응은 일방적으로 진행된다.

3) 반응영역의 고온 열수반응

마그마 부근의 반응영역에서 열수는 해수를 임계점에 가까이(300 ~ 400℃) 가열시켜, 열수와 광물반응이 더욱 활발하게 된다. 여기서는 Na^+, Ca^{2+}, K^+과 같은 양이온도 2차 광물에 흡수되어, 궁극적으로 열수 화학조성이 다양한 규산염 광물에 대해 용해평형(equilibrium of dissolution)에 도달하게 된다. 이 때문에 열수의 주성분 화학조성은 유입영역에서 반응한 이력과는 관계없이 온도, 압력 및 공존하는 광물에 의해 지배되는 일정한 화학조성이 된다.

실제로 고온 해저열수계의 화학조성을 컴파일한 2성분 그림을 보면(그림 9.3), 다양한 해역에서 얻어진 열수 화학조성이 하나 또는 두 개의 직선을 따라 분포하는 모습을 볼 수 있다[7]. 이러한 결과는 열수순환계 주변에 있는 암석의 화학적 특성(규장질암, felsic rock) 또는 고철질암(mafic rock) 또는 초고철질암(ultra mafic rock)으로 반응영역에서 형성된 2차 광물조합이 다른 것으로부터, 열수 주요성분조성의 차이를 어느 정도 반영한 것이기 때문이다[8].

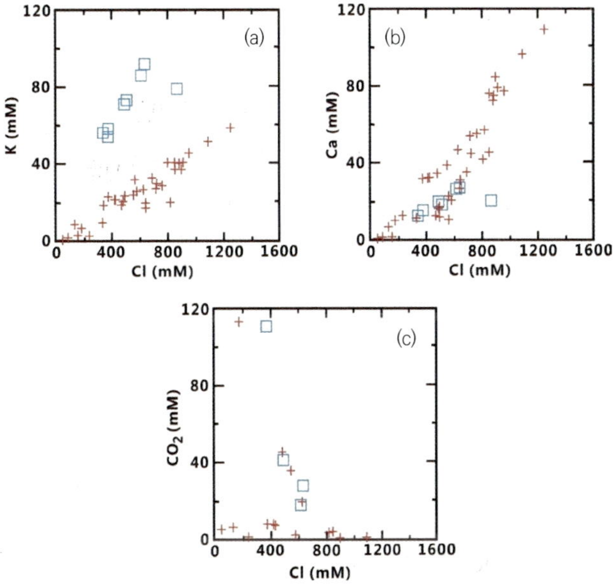

그림 9.3. 고온 열수의 주요 2 성분의 화학조성을 비교한 모식도(浦辺 등(2009)[3]를 수정). +는 중앙해역의 열수 순환계, □는 오키나와 트로프의 열수순환계 자료.

여기에 더하여 그림 9.3(c)에 나타낸 것처럼 마그마기원인 휘발성 성분이 유체에 용해되는 것은 열수유체의 화학조성을 더욱 이질적인 것으로 변화 시킨다[8]. 마그마에서 탈 가스 되는 휘발성 성분은 육지의 화산에서 화산가스에 포함된 화학성분에 해당하는 것으로 이산화탄소(CO_2), 이산화황(SO_2) 또는 황화수소(H_2S)가 대표적인 화학종이다(이외에 염화수소 및 수소 등도 포함).

일본열도 주변해역에서 플레이트가 침강하는 위치에 발달된 열수순환계는 마그마 자체가 휘발성 성분을 풍부하게 포함하고 있기 때문에 열수조성에 미치는 영향도 뚜렷하게 나타난다[4]. 하나의 사례로 CO_2가 유체에 녹게 되면, pH 및 완충능력이 그에 따라 변화한다. 황산이 SO_2 형태로 유체에 흡수되어, 더욱 산화된 유체는 강한 황산산성을 나타내지만, H_2S 형태로 유체에 흡수되면 유체는 환원적 성질을 나타낸다.

4) 열수상승 영역의 물리 · 화학과정

열수상승 영역에도 다양한 반응과정이 발생할 가능성이 있다. 열수가 상승하는 동안 염분, 압력조건이 상경계(phase boundary)를 넘게 되면, 기상(기체 상태)과 액상(액체 상태)으로 상분리(phase separation)가 발생한다(그림 9.4). 대부분 상분리는 임계점보다 낮은 온도영역에서 비등(沸騰/끓음, boiling)이 발생하여, 염분이 낮은 기상(vapor phase)이 액상에서 분리된다.

해저 열수시스템은 열수가 상승하는 동안 상분리가 발생하기에 물리적으로 상분리 과정(phase segregation)이 완전하게 진행되지 않은 상태로 해저에 도달하는 경우가 많다. 이때는 해수보다 염분이 낮은 열수가 분출한다(표 9.2의 북피지(north Figi) 해분이 전형적인 사례이다). 이러한 비등에 의해 열수에 녹아있던 원소(화학종)는 기상과 액상으로 분배된다. CO_2 등 휘발성 성분은 기상으로 보다 많이 분배되고, 용존 이온성분은 액상으로 남는다. 이와 같이 해저에서 비등을 경험한 열수는 주요성분의 조성비를 유지한 채로 화학조성이 크게 변화한다.

또 열수 상승영역이 퇴적물로 덮여 있을 때에는 퇴적층에 열수가 확산될 수 있다[10]. 이때는 원래 퇴적층에 있던 간극수와 열수가 혼합하여 유기물 분해반응 및 무기물 침전 또는 용해라는 다양한 반응이 진행될 가능성이 있다. 이러한 과정을 거쳐 분출한 열수는 특이적인 화학조성을 나타낸다. 이러한 사례는 표 9.2의 오키나와 트로프 열수가 전형적인 사례로 높은 알카리도 및 CH_4 농도가 높은 것이 특징적이다.

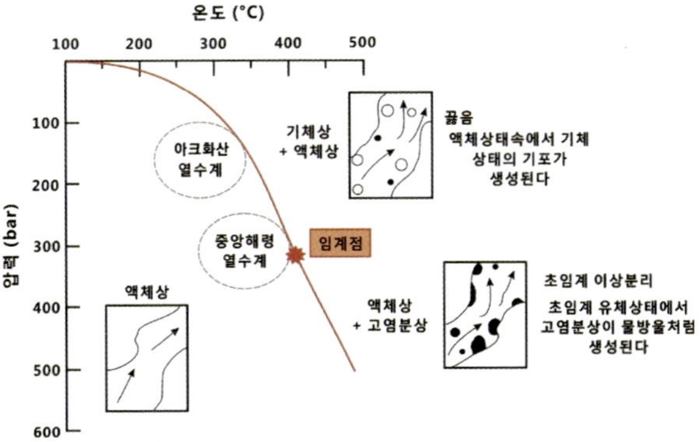

그림 9.4. 해수의 상경계 곡선과 해저 열수순환계 수심의 비교.

나. 열수분출에 따른 물질수지

해저면에 도달한 열수는 열수분출공(hydrothermal vent)에서 해수로 분출한다. 검은 현탁물을 뿜어내는 것과 같이 보이는 블랙스모커(black smoker)는 열수와 해수 혼합에 의해 급격한 침전이 일어나고 있음을 나타낸다. 심해해수는 2 ~ 3℃로 매우 낮은 수온을 보이며, 산소를 포함하고 있기 때문에 고온에서 환원적 열수가 대량으로 방출되면, 극적인 물리 · 화학적 환경변화를 경험하게 된다.

1) **열수광상**

열수광상(熱水鑛床, hydrothermal deposit) 형성은 이러한 물리 · 화학환경의 극적인 변화로 열수에 용존하던 화학종이 침전반응을 하는 것으로 설명된다[9]. 예를 들면 열수에 녹아 있는 칼슘이온(Ca^{2+})이나 바륨이온(Ba^{2+}) 등 알칼리토금속 이온은 해수에 많은 양으로 포함된 SO_4^{2-}과 반응하여 황산염 광물을 형성하여 침전한다. 또한 아연, 납, 구리 등의 중금속 원소는 온도가 낮아지면 황화물의 용해도가 현저하게 낮아지게 되어(몇 자릿수 이상), 황화광물을 생성하여 침전한다. 황화광물의 침전

생성은 중금속 원소와 결합하는 황 이온(S^{2-})도 열수에서 H_2S로 용존하고 있어 해수와 혼합이 없더라도 열수의 조그만 온도와 화학조건의 변화에도 해저 아래에서 황화광물이 침전되기도 한다.

이러한 열수광상은 해저면에서 굴뚝 모양으로 올라오는 침니(chimney) 및 그 기슭에 지형적으로 높아지는 둔턱의 형태로 열수분출공 주변에 축적된다[9]. 최근 해저굴삭에 의해 열수분출해역의 해저 아래에 열수유체의 확산이 확인되고 있어, 해저 속에서 열수광물의 침전생성반응이 가능성도 지적되고 있다[10]. 이러한 황화광물/황산염 광물의 축적이 오랜 시간에 거처 지속적으로 진행되면서 열수광상이 형성되는 것으로 추정되고 있다[3]. 즉 열수순환계는 유체(해수)의 넓은 유입영역을 배경으로 화학성분을 열수분출공이나 주변의 극소적인 해저에 응집시키는 기능을 가지고 있고, 이로 인해 해저 열수광상이라는 경제적 가치를 제공하는 광물자원상을 만들고 있다고 할 수 있다.

열수광상에 들어있는 광석의 화학조성이 해당 열수순환계가 위치하는 해저의 지질학적 환경에 의해 현저한 차이를 보이는 것도 알려진다(그림 9.5). 플레이트 확장역에 위치하는 해저 열수광상은 대부분 철황화물이 차지하고 있지만, 플레이트가 침강하는 위치에 존재하는 열수광

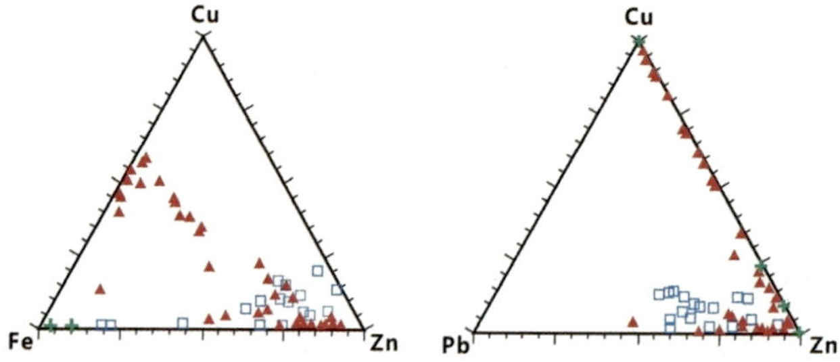

그림 9.5. 대표적 해저 열수광상에서 채취된 광석의 화학조성 비교(浦辺 등(2009)[3]을 수정) +는 중앙해령의 열수광상, ▲이즈 오가사하라호의 열수광상. □는 오키나와 트로프의 열수광산 자료.

상은 아연, 납, 구리가 풍부한 곳이 많다. 더욱이 미량원소인 금, 은, 비소, 안티몬과 같은 원소의 존재량도 침강지 열수광상에 매우 높게 포함되는 것이 알려진다. 그러나 이러한 지질학적 배경과 열수광상 광석의 화학조성에서 보이는 차이점의 관련성을 제어하는 요인에 대해서는 아직 확실하게 알려져 있지 않다.

2) 열수플룸

한편 위에서 설명한 침전생성을 하지 않은 화학종은 열수분출과 함께 해수에 확산되어 간다[11]. 열수밀도는 주변 해수밀도보다 낮기 때문에 분출한 열수는 주변 해수와 혼합되면서 희석되고, 밀도차이에 의해 상승한다. 일반적으로 수백 m 정도 상승하면, 주변해수와 밀도균형을 이루게 되어, 밀도가 같게 되면서 방향을 전환하여 수평방향으로 확산한다. 이와 같이 열수기원의 수괴가 수평방향으로 확산되는 현상을 열수플룸(hydrothermal plume)이라 하고 있다.

열수플룸은 열수가 천배에서 백만배 정도 희석되어 있으나, 철, 망간 등 해수에 극히 낮은 농도로 존재하는 일부 금속원소는 일반 해수보다 상당히 높은 농도를 나타낸다. 망간은 용존성으로 비교적 오랜 시간 열수플룸에 존재한다. 또 철은 유기착염(organic complex) 형태로 용존하거나, 산이나 수산화물의 입자성으로 열수플룸속을 떠다니기도 한다.

입자성의 철은 다양한 화학종을 흡착하는 것으로 알려지며, 열수플룸에서 이러한 현상들이 확인된다. 예를 들면 최근에 화제가 되고 있는 레어 어즈(rare earth, 희토류) 퇴적물은 해수의 희토류 원소를 열수플룸의 철수산물이 흡착하여 침전 · 퇴적된 것으로 생각되고 있다. 이외에도 인, 바나듐, 크롬. 비소 등의 산소산(oxyacid)이 현탁물에 공침되어 해수에서 제거되는 사례도 알려진다.

휘발성 성분도 침전하지 않기에 열수플룸에 비교적 높은 농도로 포함되어 있다. CH_4, H_2 등의 환원성 물질은 열수플룸에서 미생물 활성을 촉진하는 것으로 알려지고 있다[12].

3. 저온 열수순환계의 지구화학

지금까지 설명한 것처럼 열수순환시스템에는 매우 다양한 화학반응을 동반한다. 대부분 원소(화학종)는 해양지각이나 마그마에서 열수로 녹아들어 해저까지 수송된 다음, 열수분출에 의해 해양으로 공급되거나 해저에 축적된다. 한편으로는 마그네슘과 같이 열수순환시스템이 제거원(sink)이 되어 있는 원소(화학종)도 있다. 해양의 지구규모의 지구화학 균형을 생각할 때에는 열수순환계의 원소교환을 정량적으로 검토하고, 그것이 해양에 기여정도를 정량적으로 논의하는 것이 중요하다(그림 1.11 참조).

가. 해령 측면부에서 저온 열수순환계

이러한 이론에서 최근 주목되는 것은 열수활동에 관여하는 지구규모의 물질수지에서, 저온 열수순환시스템의 기여가 크다는 것이 밝혀지고 있다는 것이다[12]. 고온 열수시스템이 중앙해령 및 아크화산(arc volcano) 등 마그마 활동이 활발한 극히 협소한 영역에 집중되어 발달하는 것에 반해, 저온 열수순환시스템은 이들 외측의 넓은 영역의 해저에서 형성되는 것으로 추정되고 있다.

해저면에 접촉하는 심해해수는 2 ~ 3℃의 저온으로 지각유체가 이 보다 수 ℃라도 높으면, 해저면을 향한 유체이동이 발생하게 될 것이다. 해양지각의 평균적 냉각속도로부터 추산하면, 중앙해령에서 마그마 관입과 지각형성이 종료되어 50Ma (1 Ma는 100만년)가 경과된 오래된 해저에도 이론적으로 열수순환시스템의 형성될 수 있다는 것을 예상할 수 있다. 열수순환에 따른 지구규모의 유체플럭스를 7.1×10^{15} kg/yr로 추정한 연구에서 열수순환계의 2/3는 플레이트 형성 이후 5 ~ 65 Ma가 경과한 중앙해령의 측면부(ridge flank)에서 일어나는 것으로 추정되고 있다[13].

이와 같은 해령 측면부에서 순환하는 해저 아래 지각유체 온도는 10 ~ 25℃로 생각된다. 이 정도 온도에서도 변질광물의 생성은 진행되기 때문에 마그네슘과 같은 원소의 제거원으로서 기능은 매우 클 것으로 생각되어 진다. 그러나 각각의 원소에 대해 물질플럭스를 정량적으로 논의하는 것은 매우 어렵다. 왜냐하면 이러한 저온열수는 고온열수가 단순하게 희석ㆍ냉각되어 만들어 지는 것이 아니기 때문에, 화학적 특징을 파악하는 것이 매우 어렵기 때문이다.

나. 저온 열수순환계의 연구사례

1990년대에 들어서면서 이러한 저온 열수순환계에 따른 열수분출이 북동 태평양 후안데푸카(Juan de Fuca) 해령의 동쪽 측면부에서 처음으로 확인되면서 실측자료를 근거로 논의가 가능하게 되었다[14]. 이 해역(그림 9.6)은 60℃의 저온 열수용출이 Baby Bare 해산에서 확인되었고, 근처의 수 ㎞ 이내의 현장인 1026B, 1301A에서 심해굴삭에서 지각유체에 직접 접근하는 것도 시도되었다.

저온 열수유체의 화학조성 특징은 그림 9.6(b)에 나타낸 것과 같이 해수와 비교하여 Na^+, K^+, 리튬(Li^+), 루비듐(Rb^+) 마그네슘(Mg^{2+})과 같은 양이온 및 알카리도(alkalinity), SO_4^{2-}, 질산이온(NO_3^-), 인산이온(PO_4^{3-}) 등 음이온의 농도는 낮고, 칼슘(Ca^{2+}), 스트론튬(Sr), 규소(Si), 붕소(B), 망간(Mn)과 같은 원소의 농도는 해수보다 높다는 것이 밝혀졌다.

이들 실측자료를 바탕으로 열수순환에 의해 해양에서 제거되는 물질플럭스를 계산한 내용을 그림 9.7에 나타내었다. 여기에 나타낸 원소(화

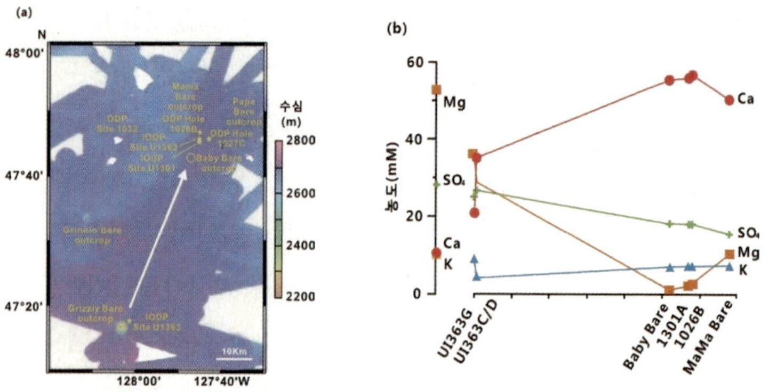

그림 9.6. (a) 후안데푸카해령 동쪽 측면부의 지형도와 저온열수의 분출 및 유입이 확인된 해산. 그림 중앙 북북동 방향의 화살표 방향으로 지각유체가 흘러가는 것으로 생각되고 있다(Wheat et al.(2013)[15]를 수정) (b) 이 해역에서 채수된 저온열수 시료의 주성분 화학조성의 정리. Y축에 비교를 위해 해수농도를 도식화 하였다. x축은 (a)의 화살표를 따라 설정된 굴삭지점 사이의 거리로 나타내었다. 한 눈금이 10㎞에 해당한다(石橋(2009)[12]에 컴파일된 자료 및 Wheat et al.(2013)[15]의 자료를 이용하여 작성).

학종)에 대해서는 하천에서 유입된 플럭스와 열수에 의해 제거되는 플럭스가 한 자릿수 정도 차이로 일치하여, 해양의 화학수지에서 해저열수활동이 큰 역할을 하는 것을 잘 설명하고 있다.

또한 지각 속의 유체이동을 지배하는 요인으로 유체온도보다 지형에 의존하는 간극압의 차이가 중요하다는 것도 밝혀졌다. 해양지각은 틈이나 간극이 많기 때문에 유체가 움직이기 쉽지만, 위에 퇴적물이 쌓이면 간극압이 높게 되어 유체의 움직임도 어렵게 된다. 해산과 같이 지형적으로 높은 부분이 퇴적물을 뚫고 해저면 위로 머리를 내밀면, 그 곳을 통로로 하여 해양으로 유체가 출입할 수 있을 것으로 생각된다(그림 9.6(a)).

최근 해수유입이 있는 것으로 생각되는 Grizzly Bare 해산 부근 1 ㎞ 이내에서 심해굴착(site U1363)으로 직접 지각유체를 채취하여 모델 가설에 대한 검증이 실시되었다[15]. 그 결과(그림 9.6(b)) 지각유체의 화학조성은 저온열수와 해수의 중간 조성을 나타내어, 유입한 해수와 지각유체의 혼합이 일어나고 있는 것이 확인되었다. 그렇지만 유체의 ^{14}C 연

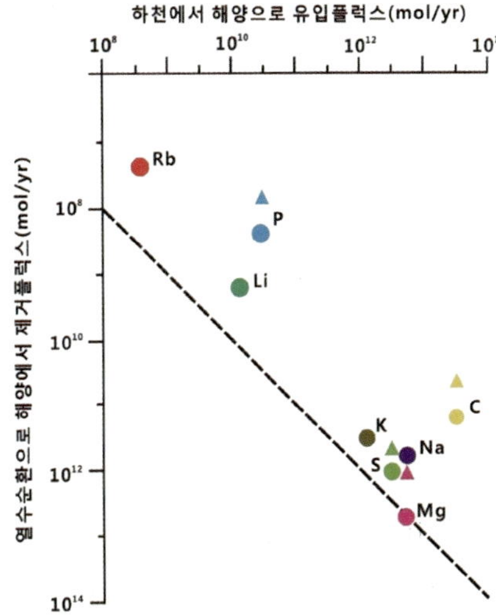

그림 9.7. 해양의 화학수지에 대한 해저 열수순환계에 의한 제거플럭스와 하천에 의한 유입플럭스의 비교. ●는 저온열수 순환계에 의한 물질플럭스, ▲는 고온열수 순환계에 의한 물질 플럭스를 나타냄. (石矯(2009)[12]에 컴파일된 자료를 이용하여 작성).

대는 50 ㎞ 떨어진 Baby Bare 해산의 저온해수와 큰 차이 없는 값을 보이고 있어, 이류(移流) 방법이 그렇게 단순하지 않다는 것을 추론하고 있다.

4. 열원 이외 요인의 해저 지각유체계

열원에 의해 움직이는 열수순환계 이외에도 해저 속에서 유체가 분출하는 현상이 알려진다. 이러한 용출수(湧出水)를 냉용출수(cold seep)라고 하며, 대부분은 해수보다 다소 높은 온도를 보인다. 이러한 용출수는 대부분 해저에서 조금씩 솟아나오기 때문에 시각적으로 확인하기 어렵다. 용출수는 플레이트가 침강하는 영역, 특히 해구의 대륙 쪽 사면에서 집중적으로 확인되는 경우가 많다. 일본열도 주변에서도 사가미(相模)

트로프, 난카이(南海)트로프, 난세이(南西)제도해구, 일본해구, 동해/일본해(도야마만(富山湾)), 오쿠시리(奥尻) 연안, 사도(佐渡) 연안 등에서 확인되어 있다.

이러한 용출수 분출대(噴出帶)에는 많은 경우 생태계를 동반하여, 지속적인 유체플럭스가 유지된다. 용출수 기원과 이류의 원동력에 대해서는 육지 쪽에서 지하수의 연장, 압력 상승에 따른 점토광물의 탈수, 가스 하이드레이트(gas hydrate)의 분해 등 다양한 아이디어가 제안되고 있다(이들이 복합적으로 작용할 가능성도 있을 것이다). 이러한 현상은 해저심부에서 일어나야 하지만, 가스 하이드레이트를 제외하고는 지진파탐사 등 지구물리학적인 관측에 의해 현상의 흔적을 찾는 것은 어렵다. 또 지하심부까지 해저굴삭 등으로 유체를 직접 채취할 기회가 매우 한정적이기에 논의는 아직도 정리되지 못하고 있다. 최근에 물의 동위원소 비에 추가하여 리튬이나 붕소와 같이 저온에서도 유체와 퇴적물 사이에 교환이 이루어지는 원소 동위원소를 이용하여 유체의 기원을 파악하고자 하는 연구가 활발히 추진되고 있다.

이들 용출수는 퇴적층에 비교적 오랜 시간을 거쳐 상승하고 있다고 생각되며, 퇴적물 초기 속성과정(10장 1절 다항 참조)으로 일어나는 다양한 화학반응의 영향을 강하게 받는 것이 알려진다. 특히 유기물 분해로 생성된 탄산물질이나 암모니아 등의 농도가 높아질 때가 많다. 유체에 풍부하게 용존하는 CH_4 및 유기물을 이용한 황산환원반응이 해저 바로 밑에서 진행되기도 한다. 이외의 해저면 부근에서 일어나는 무기적 반응으로서 풍부하게 용존하는 탄산이온에서 방해석(calcite) 및 백운석(dolomite) 등의 탄산염 광물이 침전 생성되는 사례도 자주 보고 된다.

5. 지하 생물권과 해저 지각유체의 지구화학

최근 해저 지각유체에 대한 연구가 주목을 받는 것은 해양지각에 '지하생물권(地下生物園)'이 넓게 퍼져 있다는 가설과 관련이 있다. 해양 생물량(biomass) 대부분은 해수가 아닌 해저 속에 존재한다는 추정도 있고, 지구의 탄소순환뿐만 아니라 지구생명의 존재이유와 진화, 그리고 지구생명권이 어디까지 확산될 것인가? 라고 하는 문제에 대해 지금까지 상식을 초월하는 새로운 사고전환이 강하게 요구되고 있다.

가. 화학합성 미생물

심해저는 태양광이 전혀 도달하지 않으며, 해양표층의 광합성 기원 유기물 대부분이 해저에 도달하기 이전에 침강하면서 분해된다. 이는 해저지각 속에 확산되는 지하생물권이 광합성 기초생산에 의존하는 생태계와는 독립적으로 존재한다는 것을 의미한다. 해저에서 유기물의 기초생산을 담당하고 있는 것은 열수 및 용출수에 용존하는 환원성 물질이 해수에 용존하는 산화성 물질과 결합하여 산화환원반응에 의해 발생하는 화학에너지를 이용할 수 있는 화학합성 미생물군집이다. 이러한 화학합성 미생물을 기초생산자로 하는 생태계가 열수분출공 및 용출수 분출해역 등, 매우 한정된 공간에 매우 높은 밀도로 유지하기 위해서는 지각유체에서 환원성 물질이 지속적으로 공급되어야만 한다.

화학합성(化學合成, chemosynthesis)으로 생산된 유기물을 해수로 확산시키지 않고 효율적으로 이용하기 위해서 대형생물은 몸속(때에 따라서는 세포 내)에 화학합성 미생물을 공존시키는 시스템이 어렵지 않게 관찰된다. 지금까지 설명한 것처럼 해양 지각유체에 환원성 물질이 풍부한 것은 해저 환원환경에서 유체가 주변 지각물질과 반응한다는 점에서 화학합성 미생물은 "지구를 먹는 미생물"이라고 바꾸어 말 할 수도 있을 것이다.

나. 지각유체의 환원성 물질

많은 화학합성 미생물은 에너지대사에 이용할 수 있는 환원성 물질(전자공여체)과 산화성 물질(전자수용체)의 짝이 결정되어 있다. 따라서 화학합성 미생물생태계를 구성하는 미생물은 공급되는 열수 및 용출수의 화학조성에 크게 의존할 수밖에 없다[16]. 열수에 용존하는 환원성 물질로는 CH_4, H_2, 암모늄이온(NH_4^+), H_2S(황, 티오황산 등의 황화합물) 및 2가 철 이온(Fe^{2+}) 등이 있다. 한편 해수에 용존하는 산화성 물질로는 산소(O_2), 중탄산이온(HCO_3^-)과 탄산이온(CO_3^{2-}), 황산이온(SO_4^{2-}), 질산이온(NO_3^-) 등이 있다.

제9장 2절에서 설명한 것처럼 열수의 화학조성, 특히 용존하는 환원성 물질의 농도는 열수가 순환하는 해저 아래의 지질학적 현장을 강하게 반영한 것이다[16]. H_2S는 열원이 되는 마그마가 기원인 물질로 다양한 형태의 열수계에서 황화수소 농도는 크게 변화하지 않는다. CH_4는 퇴적물에 포함된 유기물 분해에 의해 열수에 부가되는 물질로 해저에 퇴적물이 많이 존재하는 지질학적 현장의 열수순환계에서 농도가 높다. H_2는 해저면 부근에서 맨틀물질이 노출되는 것과 같이 극도로 환원적인 장소에서 만들어지는 물질로 특수한 열수순환계에서 높은 농도를 나타낸다.

H_2와 CH_4는 환원성 물질로 퍼텐셜이 높기 때문에 열수에 이들 농도가 높을 때에는 이들을 특이적으로 이용하는 미생물이 생태계 대부분을 차지하게 된다. 예를 들어 열수 H_2 농도와 H_2를 대사하는 미생물의 세포수(개체군) 사이에 강한 상관이 관찰된다(그림 9.8). 또 환원성 물질로 화학퍼텐셜이 높다는 것은 효율적으로 에너지를 이용할 수 있다는 의미이기 때문에 이러한 열수에 동반되는 생태계는 생물밀도가 높으면서 풍요로운 생태계가 된다.

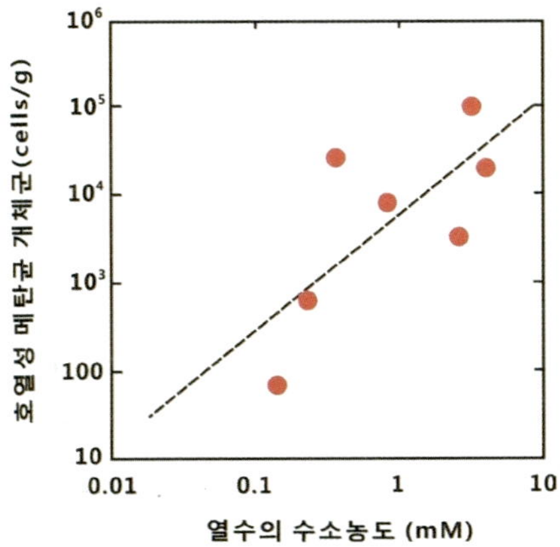

그림 9.8. 열수에 용존하는 수소(H_2) 농도와 호열성 메탄균 군집(1g 당의 세균수)과의 관계. 호열성 메탄균은 수소산화에 따른 이산화탄소를 환원하여 메탄을 생성한다(Takai and Nakamura(2011)[17]를 수정).

그러나 H_2S를 산화하는 미생물은 모든 열수계에서 서식이 가능하지만, 다른 환원성 물질에 비하여 에너지 효율이 낮기 때문에 기초생산이 낮아, 대형생물이 서식밀도가 매우 낮은 생태계로만 유지된다[16].

해저 생물권 및 그에 동반하는 열수생태계는 지각유체의 화학조성에 의해 제약받게 되며, 더욱이 열수 화학조성은 열수순환계가 발달한 해저의 지질학적 배경을 반영하고 있다. 이러한 지각유체를 매체로 하여 암석권-수권-생물권 사이에 강한 고리가 형성되어 있다는 것이 보다 상세한 심해저 조사와 연구를 통해 더욱 명확해지고 있다.

10

해저퇴적물과 고해양학

-해양의 과거를 탐구하는 지구화학-

1. 해저퇴적물의 지구화학
2. 해저퇴적물에 기록된 과거의 해양환경
3. 과거의 수온환경 복원
4. 과거 해수의 pH 복원 – 붕소동위원소 비
5. 영양염(인산염) 농도 복원 – Cd/Ca 비와 $\delta^{13}C$
6. 고해양 심층순환의 복원

제 10 장

해저퇴적물과 고해양학

- 해양의 과거를 탐구하는 지구화학 -

중앙해령에서 새롭게 만들어진 해양지각을 제외하면, 일반적으로 해양지각의 상층부는 해저퇴적물로 덮여있다. 이것은 해양의 침강입자(즉 육상기원의 광물입자와 해양생물기원의 무기 및 유기물(marine snow)[1])가 시간이 지남에 따라 해저에 축적된 것이다. 플레이트가 이동하고, 해양지각의 연령이 증가에 따라 해저퇴적물의 두께도 증가한다. 그림 1.10에 나타낸 것과 같이, 해저퇴적물은 해양화학물질의 제거원(sink)으로 중요한 역할을 하고 있다. 해저에 축적한 물질은 초기속성작용(제10장 1절 나항 참조)에 의해 변질되거나, 다시 해수에 용해되기도 한다. 또한 해저퇴적물은 밑으로 내려 갈수록 연대가 오래되기 때문에, 과거 해양의 환경변화를 복원하기 위한 유용한 수단으로 이용되는 화학물질과 그 동위원소 정보를 우리에게 제공한다.

1. 해저퇴적물의 지구화학

가. 침강입자에 의한 수직수송

해양 표층에서 일어나는 활발한 생물활동기원 유기물 대부분은 해수에서 산화 분해되어, 이산화탄소(CO_2) 및 영양염으로 변환되어 재순환한다. 하지만 분해가 되지 않은 유기물은 침강하여 해저에 도달한다. 또한 해수에 용해되지 않은 무기물인 탄산염($CaCO_3$)과 오팔($SiO_2 \cdot \eta H_2O$) 등의 생물골격(껍질 또는 각)도 해저로 운반된다.

입자성 유기물(POM. 제5장 2절 참조)이 주성분인 침강입자는 유기물끼리 서로 응집되거나, 유기물에 알루미늄이나 규산염 등 다양한 육상 기원 입자가 부착되어 전기적으로 끌어당기는 힘에 의해 응집체를 형성하면서 대형화되어 해저로 빠르게 수송된다. 이것은 생물펌프(제3장 3절 나항 참조)라고 하며, 해저로 물질을 수직수송하는 중요한 메커니즘이다. 침강입자는 머린스노(marine snow)라고도 하며, 수중 카메라와 잠수정이 촬영한 영상에서도 확인할 수 있다(칼럼 1 참조).

침강입자의 종류와 양은 계절마다 크게 변화하여 연안이나 외양 등 해역에 따라 큰 차이를 보인다는 것이 장기적인 시계열 세디먼트 트랩 실험에 의해 명확해지고 있다. 이러한 침강입자의 계절정보는 세디멘트 트랩 아래의 퇴적물에 기록되게 된다.

해저부근의 해수와 퇴적물의 경계를 해저경계층(benthic boundary layer 또는 bottom boundary layer)이라고 한다(그림 1.11 참조). 또한 해저면은 유기물인 접착성 입자가 모여 있는 얇은 층을 이루고 있으며, 이 층을 응집층(flocculent layer)이라 한다.

해저경계층과 해저면을 통한 물질순환은 양방향으로 활발하게 진행된다. 해저에 침강하는 대부분 입자는 저서생물에게 포식되거나, 미생물 등에 의한 산화 · 분해를 받기 때문에 해저퇴적물에는 수% 정도의 입자 밖에 보존되지 않는다. 유기물이 분해, 무기화되어 생성 된 질소와 인 등 영양염은 해저 바로 위의 해수로 용출되어, 다시 해양의 물질순환계으로 되돌려진다.

해저의 유기탄소와 무기탄소의 퇴적량은 150 Gt(기가톤)으로 막대하며, 연간 0.2 Gt의 탄소가 해저에 퇴적된다. 때문에 해저퇴적물은 전 지구적 탄소순환에서 제거원으로서 큰 역할을 담당하고 있다[1].

나. 해저면으로 용존산소 공급과 소비

해저퇴적물과 접촉하는 저층해수는 특수한 일부 해역을 제외 하면, 산소(O_2)를 포함하는 산화환경이다. 해저면에 접촉하는 해수의 용존 O_2는 열염순환에 의해 표층에서 공급되는 부분과 유기물 분해와 저서생물 호흡에 의해 소비되는 부분과의 균형에 의해 농도가 결정된다.

구체적으로 육상기원 유기물의 유입이 많은지? 적은지? 해수순환을 방해하는 폐쇄성 해역인지? 해양표층의 생물생산력과 해저생물의 활동도가 높은지 여부, 다양한 인자가 해저면 해수의 용존 O_2 농도를 제어한다. 예를 들어 절구모양의 지형을 나타내는 반폐쇄적 해양인 술루(Sulu)해(서부 태평양)와 안다만(Andaman)해(인도양 동부) 등은 지형적으로 O_2가 공급되기 어려운 환경이기 때문에, 해저면 해수의 용존 O_2 농도는 비교적 낮다.

해저에 퇴적한 유기물질은 시간과 함께 미생물 활동에 의해 산화 분해가 된다. 이 과정을 초기속성과정(early diagenesis)이라고 한다. 퇴적물 표면에서 저층해수의 용존 O_2를 이용한 분해가 발생한다(호기환경). 그러나 O_2는 바로 소비되기 때문에 퇴적물 깊이가 증가 할수록 산소가 없는 혐기환경으로 변화하게 된다[2)].

예를 들어 그림 10.1은 연구선을 이용하여 채니한 술루해 표층퇴적물의 단면 사진이다. 술루해는 필리핀 서쪽에 있는 폐쇄성이 강한 해역으로 저층해수의 용존 O_2 농도는 50 μmol/kg 수준으로 일반 외양해역(그림 6.4에서 태평양 해역은 150 ~ 200 μmol/kg)에 비하면 낮다. 사진의 색상도 퇴적물 표층에는 짙은 갈색(철산화물이나 망간산화물의 존재를 의미)의 산화층이 확인된다. 산화층 두께는 채취된 지점과 수심에 따라 조금씩 다르다. 그리고 산화층 아래에 환원층이 연결되고 있다. 산화층과 환원층의 경계(산화환원 경계층: redox boundary layer) 부근은 산화환원전위가 플러스에서 마이너스로 변화되기 때문에, 산화환원전위 불연속면(redox potential discontinuity: RPD)이라고도 한다.

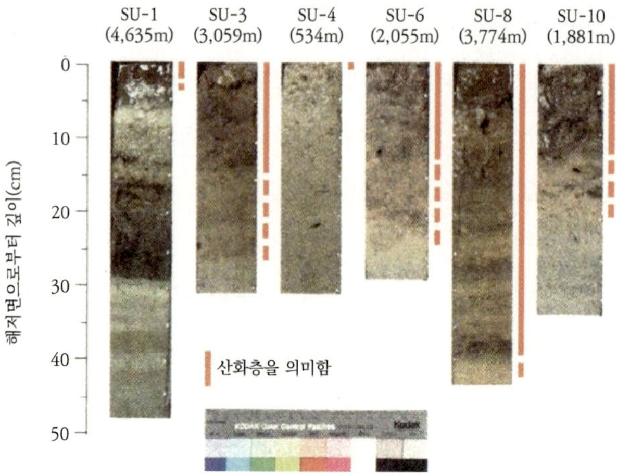

그림 10.1. 하쿠호마루(白鳳丸) KH-02-4차 조사항해에서 채취된 Sulu해 6개 지점 해저퇴적물의 단면 사진. 괄호의 숫자는 해저면의 깊이를 의미한다(저자인 무라야마(村山)촬영).

다. 퇴적물의 초기속성작용

초기속성작용에는 우선 유기물이 용존산소에 의해 산화되어 CO_2와 물로 분해된다. 그 이후 O_2가 모두 소비되면, 산화제(전자수용체. electron acceptor)로, 간극수의 질산이온(NO_3^-), 퇴적물의 망간산화물(Mn(IV)) 및 철산화물(Fe(III)), 그리고 간극수의 황산이온(SO_4^{2-})의 순서로 사용된다(그림 10.2, 표 10.1 참조).

이와 같이 O_2, NO_3^-, SO_4^{2-} 등 무기물을 최종적으로 전자수용체(terminal electron acceptor)로 하는 에너지생산반응이 호흡(respiration)이다. O_2가 최종전자수용체로 있으면 호기성 호흡(aerobic respiration), 그 외는 혐기성 호흡(anaerobic respiration)이라 부른다.

위에서 설명하는 산화제가 모두 소모되면, 메탄발효(methane fermentation)에 의한 유기물분해가 발생하며, CO_2, 메탄(CH_4), 암모니아 (NH_4) 등이 생성된다. 이 CH_4이 퇴적물로 이동하여, 저온, 고압조건에서 물 분자와 결합하여 포접 수화물(clathrate hydrate) 형태인 샤베트 형태로 지층에 축적된 것이 메탄하이드레이트(methane hydrate)이다.

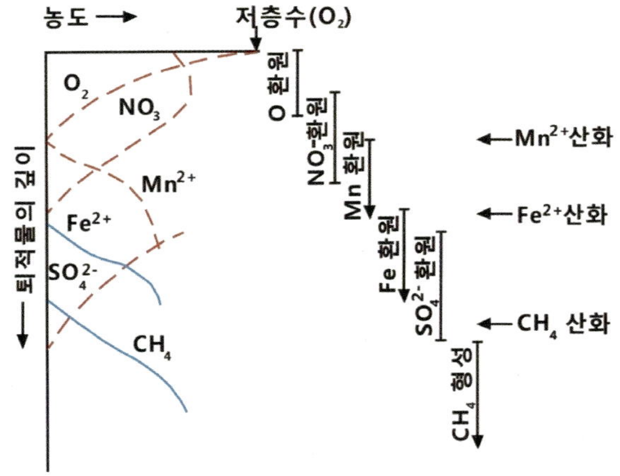

그림 10.2. 해저퇴적물 주변의 호기·혐기경계에서 유기물 분해에 사용된 전자수용체의 단계적인 모델 (Emerson and Hedges (2003)[3]을 수정).

해양유기물은 제3장에서 설명한 것과 같이, [$(CH_2O)_{106}(NH_3)_{16}H_3PO_4$]라는 화학조성(Redfield 비)으로 표현된다. 퇴적물의 산화적인 환경에서 유기물의 산화 분해반응은 다음과 같이 나타낼 수 있다(식 (3.3)과 같다).

$$(CH_2O)_{106}(NH_3)_{16}H_3PO_4+138\,O_2 \rightarrow 106\,CO_2+16\,HNO_3+H_3PO_4+122\,H_2O \qquad (10.1)$$

이 반응에서 O_2가 먼저 고갈하고, 이후에는 위에서 설명한 것과 같이 O_2를 대체하는 전자수용체가 순차적으로 이용된다. 표 10.1은 이러한 호기성 및 혐기성 호흡에 의해 유기물이 단계적으로 분해되는 화학양론식을 정리한 것이다. 여기서 각 반응식에 기재되어 있는 깁스의 자유에너지(Gibbs free energy; $\triangle G^0$)의 감소분이 미생물에 의해 획득된 에너지의 이론값이다. 해저퇴적물의 미생물은 유기물을 분해하여 생명유지 활동에 필요한 에너지를 얻기 때문에 획득 할 수 있는 에너지가 높은 순서로 반응에 이용한다. 이렇게 유기물의 산화환원반응은 산화제가 소비되어 산화환원전위가 낮아지면, 그 다음의 환원반응이 시작되는 형태로 단계적으로 진행된다.

NO_3^-는 양적으로 작지만, 질산환원반응(nitrate reduction)의 에너지 효율은 비교적 높다. SO_4^{2-}는 해수의 주성분이기 때문에 많은 양으로 존재하여, 좀처럼 고갈되지 않지만, 황산환원반응(sulfate reduction)에서 획득할 수 있는 에너지는 산소호흡에 비해 약 1/10 밖에 되지 않는다. 황산환원이 발생하면, 황화수소(H_2S)가 발생하여 주변에 존재하는 철과 반응하여 황화철(FeS_2: pyrite)이 형성된다. SO_4^{2-}도 소진되면, 마지막은 메탄발효가 발생한다.

질산환원, 황산환원 및 메탄발효는 미생물(탈질소세균, 황산환원세균, 메탄발효세균 등)이 담당한다. 망간산화물(Mn(IV))과 철산화물(Fe(III))에 의한 호흡은 비생물반응이지만, 이들 원소는 해저퇴적물에

표 10.1. 해저 표층에서 유기물의 산화분해과정(Froelich et al. 1979)[2)]

반응식	ΔG^0(KJ/mol)*
1. $OM+138O_2=106CO_2+16HNO_3+H_3PO_4+122H_2O$	-3190
2. $OM+236MnO_2+472H^+=236Mn^{2+}+106CO_2+8N_2+H_3PO_4+366H_2O$	-3090~-2920
3. $OM+94.4HNO_3=106CO_2+55.2N_2+H_3PO_4+177.2H_2O$	-3030
4. $OM+84.8HNO_3=106CO_2+42.2N_2+16NH_3+H_3PO_4+148.4H_2O$	-2750
5. $OM+212Fe_2O_3$(or $424FeOOH$)$+848H^+$ $=424Fe^{2+}+106CO_2+16NH_3+H_3PO_4+742H_2O$	-1410 (or - 1330)
6. $OM+53SO_4^{2-}=106CO_2+53S^{2-}+16HNO_3+H_3PO_4+106H_2O$	-380
7. $OM=53CO_2+53CH_4+16NH_3+H_3PO_4$(메탄발효)	-350

OM(Organicc Matter)는 $(CH_2O)_{106}(NH_3)_{16}H_3PO_4$를 의미한다.
*1 mol의 유기탄소(글루코스)를 산화할 때 얻어지는 표준 자유 에너지.

많은 양으로 존재하기 때문에 산화제로 이용된다.

현재 초기속성과정에서 화학반응의 시·공간적 변화의 정량적 평가와 그에 따른 물질수송량의 해명됨에 따라, 해저퇴적물에 남겨진 과거의 해양환경정보, 특히 전 지구적 탄소순환, 심층순환, 해양산성화, 과거의 생물생산력 및 대기의 산소농도 등을 복원하는데 유효한 기초적인 자료로 사용할 수 있게 될 것이다.

라. 퇴적층의 간극수

해저퇴적물의 입자와 입자 사이의 간극은 해수가 기원인 유체로 채워져 있다. 이를 간극수 또는 공극수(interstitial water 또는 pore water)라고 한다. 간극수의 화학성분을 살펴보면, 초기속성과정이 어떤 산화환원단계에 있는지 알 수 있다. 또한 해저퇴적물의 생물지구화학적 물질순환에 관한 기타의 많은 정보를 얻을 수 있다.

간극수에 용존하는 물질은 주로 분자확산에 의해 이동하기 때문에, 해수에 비교하면 매우 느리다. 간극수에서 확산플럭스를 구하기 위해서는 Fick법칙이 적용 가능하다[4]. 이는 간극수의 용존물질 농도에 차이가 있을 때, 농도가 높은 쪽에서 낮은 쪽으로 물질이 분자확산으로 이동되지만, 그 때의 단위 시간당 이동량(플럭스)은 농도구배에 비례한다는 것이다. 다만, 퇴적물의 간극률(퇴적물 입자의 밀집도를 표시한 지표)도 고려할 필요가 있다.

일차원(z축 방향)의 확산플럭스 F는 다음과 같이 농도구배에 간극율과 확산계수를 곱한 식으로 표시할 수 있다.

$$F = -\Phi(z) D_s(z) \frac{\partial C(z)}{\partial z} \tag{10.2}$$

여기서, $\varphi(z)$는 간극율, $D_s(z)$는 간극수에서 분자확산계수, $C(z)$는 용존물질의 농도를 나타내며, 모든 항은 z(깊이, 퇴적물의 깊이 방향에 양

(+)의 함수로 표시된다.

퇴적 시간스케일이 길어지는 것과 함께, 깊은 퇴적물 일수록 쌓이는 퇴적물 자체의 무게에 의해 압밀(壓密, compaction)이 더하여진다. 간극수가 위쪽으로 눌러 빠져나가는 효과가 생기는 등 퇴적물의 상층과 하층에서 조건이 달라진다. 이 효과를 제거하기 위하여, 퇴적물의 방사성 핵종 ^{210}Pb(반감기 22.3 년)으로 퇴적속도를 구하고, 퇴적물의 간극율φ를 보정하는 방법도 있다.

퇴적물의 물질이동은 입도(grain size)와 퇴적속도에 관계한다. 입자크기가 작은 펄층은 간극수가 입자에 충돌하면서 이동하기 때문에, 굴곡율(tortuosity)과 흡착효과에 유의할 필요가 있다.

마. 간극수 채취방법

화학분석을 위해서 해저퇴적물의 간극수를 채수하는 방법은 확립되어있다. 우선 연구선에서 multiple core를 해저에 내려 표층퇴적물을 채취한다(그림 10.3 참조). 퇴적물 시료는 선상에서 즉시 층별로 절단하여 간극수를 분리한다. 이때에는 유압식 압착장치에 의한 방법, 질소나 불활성 기체 등을 이용한 가스압력으로 밀어내는 방법 또는 원심분리기를 이용하여 퇴적물과 간극수를 분리하는 방법 등이 사용된다.

간극수 추출 때에는 퇴적물 시료의 변질이나 간극수와 퇴적물 사이의 이차적 반응에 의한 화학조성 변화를 방지하기 위하여 해저와 같은 저온상태를 유지하는 것이 바람직하다. 그래서 저온실험실에서 수행하던지, 추출장치에 냉각수를 순환시켜야 한다. 또한 대기에 접촉을 하면 산화가 진행되어, 간극수의 화학조성이 변화되기 때문에 챔버 속에서 불활성 가스를 충진하여, 무산소 조건에서 간극수를 추출 할 수도 있다. 간극수 중에서 분석하고자 하는 항목에 따라 적합한 추출방법을 선택하는 것이 중요하다.

그림 10.3. 해저표층을 교란하지 않고 채취 가능한 multiple core(도쿄(東京)대학교 대기해양연구소, 저자 무라야마(村山) 촬영).

1960년대부터 반세기 이상 계속된 국제심해시추프로젝트(DSDP, IPOD, ODP, IODP)에서는 일반적으로 해저에서 2,000 m 이상의 두꺼운 해저퇴적물을 채취하여, 선상에서 유압압착장치를 사용하여 간극수를 채취하여 분석하고 있다(예를 들면 蒲生 · Gieskes (1992)[5]참조). 이것은 해저의 물질순환(화학적 특징과 플럭스), 속성작용은 물론 미생물과의 반응, 기후변화에 대응한 저층해수 조성의 변화 등을 해석하기 위한 목적으로 장기간 자료가 축적되고 있다.

최근 간극수의 채수방법에 다양한 아이디어가 이용되고 있다. 예를 들어 2003년에 진행된 통합국제심해굴착계획 및 북극해 항해(IODP Exp. 302)에서 수심 1,200 m 부근의 해령 위에서 채취된 퇴적물은 기존 방법과는 다른 Rhizon법[6]을 이용하여 간극수를 추출하였다. 이 방법은 퇴적물을 파괴하지 않고 간극수를 채취 할 수 있다. 코어라이너(드릴파이프 내면에 넣는 플라스틱 원통형 관)에서 퇴적물 중심의 간극수 시료를 추출하기 전에 코어라이너에 작은 구멍을 뚫어, 퇴적물 중심에서 간극수를 주사기로 감압하면서 추출한다(그림 10.4). 이 방법은 퇴적구조

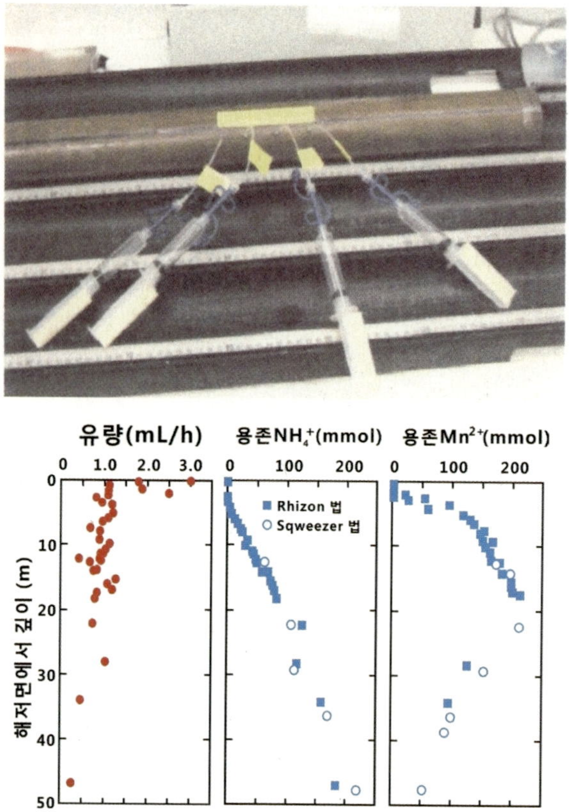

그림 10.4. Rhizon법에 의한 간극수 추출(위)과 간극수의 유량, NH_4^+농도 및 Mn_2^+농도분포(아래) (Dickens et al. (2007)[7]를 수정).

를 파손시키지 않고, 신속히 추출할 수 있기 때문에 간극수의 변질이 없으며, 채취간격을 세밀하게 설정할 수 있다(그림 10.4에 NH_4^+와 Mn_2^+의 분석 사례를 나타내었다).

또한 해저퇴적물을 채취하는 대신에 해저면에 현장관측기기를 장기간 설치하여, 해저경계층을 포함한 해저면 부근의 퇴적물 간극수의 화학적 성질을 모니터링 하는 방법도 개발되고 있다. 이러한 기술혁신은 앞으로 간극수 연구에 큰 활력을 가져올 것으로 기대된다.

바. 생물교란 작용

해저에는 저서생물(benthos)이 서식하여 끊임없이 퇴적물 표면이나 표층을 움직이면서 퇴적물을 수직이나 수평방향으로 교란시키고 있다. 침전물 포식자(deposit feeder)인 저서생물은 현탁입자와 침전물을 포식하고 일련의 대사과정을 통해 퇴적물로 다시 유기물을 배출한다. 또한 관이나 굴을 만드는 저서동물은 퇴적물 표면의 퇴적구조와 조성을 변화시키거나, 퇴적물 속에 해저면의 저층해수를 끌어들이기도 한다. 이러한 저서생물에 의한 이차적 작용을 총칭하여 생물교란 작용(bioturbation)이라 한다.

그림 10.5는 동해/일본해의 퇴적물 시료에서 관찰된 생흔(생물이 움직인 흔적)을 X선 CT를 스캔하여 3D 입체구조를 만들어 저서생물이 퇴적물 속을 움직인 흔적을 관찰한 것이다. 이러한 생물교란 작용이 어느 정도이며, 어느 깊이까지 일어나는지는 저서생물의 종조성과 서식밀도에 의존하기 때문에 해역 및 수심에 따라 다르게 표현된다.

대서양 중앙부(수심 2,500 m)의 전형적인 해저퇴적물 시료에서 방사성 핵종(14C과 210Pb)을 측정한 결과, 이들 핵종의 농도가 일정하게 되는 표층 8 cm 깊이까지 생물교란 작용이 확인되었다[8]. 또한 필자의 경험으로는 외양역에서 10 ~ 15 cm 정도, 연안해역에서는 20 cm 이상의 깊이까지 생혼이 관찰되었다.

그림 10.5. 동해/일본해 퇴적물로부터 복원된 생물흔적 화석. 퇴적물의 지름(가로방향)은 8 cm(무라야마(村山), 미공개 자료).

현저한 생물교란 작용은 간극수의 화학성분 분포를 변화시키는 것은 물론, 다음에 설명하는 고환경의 시계열 변화기록을 지워 버릴 수도 있기 때문에 주의가 필요하다.

2. 해저퇴적물에 기록된 과거의 해양환경

해저퇴적물은 현재 해양의 생물펌프의 역할과 초기속성과정에 대한 자세한 해석에 활용될 뿐만 아니라 해양환경 전반에 대한 과거의 내용을 복원할 수 있는 '기록자' 또는 '이야기꾼'으로 귀중한 정보를 우리에게 제공하게 된다. 지구 표면의 70%를 차지하는 해양이 과거에 어떤 모습이었는지 복원하는 것은 전 지구적 환경변천을 이해하고 미래를 예측하는데 매우 중요하다.

예를 들어 해수의 가장 기본적인 성질이면서 기후조건과 밀접하게 관련된 변수로 수온이 있다. 그러나 과거의 수온을 직접 측정하는 것은 불가능하다. 그래서 우리는 해저퇴적물에 저장된 당시의 화학물질과 생물화석을 이용하여 과거의 수온을 복원하려고 노력해왔다. 온도 이외에도 pH, 영양염 농도, 심층순환의 패턴 등 다양한 고대 해양환경을 복원할 지표(프록시)를 찾는 연구가 계속되어왔다.

1970년대에 미국에서 실시된 '세계의 제4기 고기후에 관한 연구 계획(climate long range investigation, mapping and predication, CLIMAP)'은 최종 빙하기 중 가장 추운시기(last glacial maximum, LGM)의 전 지구적 표층수온(sea surface temperature, SST)이 복원되어, 그림 10.6과 같이 지구표층의 평균수온이 현재보다 2℃ 정도 낮았다는 것이 밝혀졌다. 현재 해양에서 SST와 부유성 생물(특히 부유성 유공충) 군집의 구성 패턴과의 관계를 통계 방법으로 분석하여, 이를 해저 퇴적물에 보존된 LGM 당시의 생물화석 군집조성과 비교하여 SST를 추정하였다.

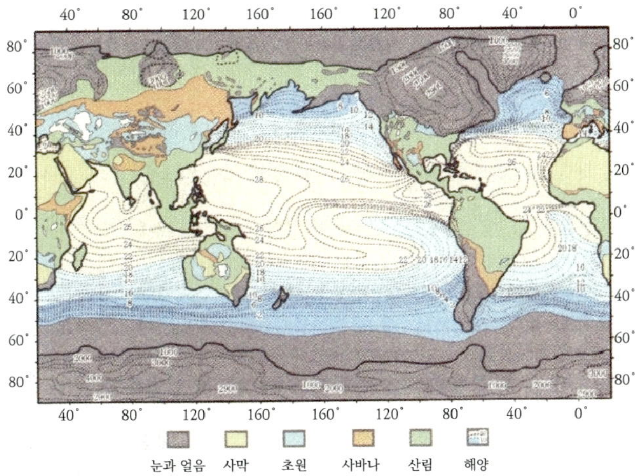

그림 10.6. 해저퇴적물의 미화석 군집을 바탕으로 복원한 최종빙하기(약 2만 년 전)의 수온(CLIMAP Project members (1976)[9]을 수정).

한편 해저퇴적물에 잔존하는 석회질 화석($CaCO_3$)의 산소동위원소 비 또는 그 내부에 있는 금속성분이나 유기화합물을 이용하여 고대 수온을 복원하는 지구화학적인 방법이 커다란 진보를 이루었다. 특히 고해양학에서 자주 사용되는 재료는 유공충 화석이다. 유공충은 중생대까지 거슬러 올라갈 수 있는 해양 원생동물로 진화속도가 빠르고, 저위도에서 고위도에 걸쳐 전 지구적으로 분포하고 있다. 탄산칼슘($CaCO_3$)의 껍질(각)을 가지고 해저에 침강하여 퇴적물 중에 미소화석으로 보존된다. 그 각은 종류에 따라 다양한 형태를 나타내어 지질연대와 대응되기 때문에 표준화석으로 활용된다. 유공층은 서식장소에 따라 부유성 플랑크톤으로 서식하는 것을 부유성 유공충(planktonic foraminifera), 해저에 서식하는 것을 저서성 유공충(benthic foraminifera)으로 구분한다.

부유성 유공충 화석을 제10장 3절에서 설명하는 방법으로 분석한 SST와 CLIMAP으로 복원한 SST 사이에는 다소 차이가 있다. 이것은 부유성 유공충 화석군집 조성은 수온뿐만 아니라 기타 여러 환경인자에 의해 성장이 지배되고 있기 때문으로 현재 지속적인 연구가 진행되고 있다.

또한 최근 특히 눈길을 끄는 것은 유기지구화학 방법을 이용한 고해양 복원방법에서 큰 진전을 보이고 있다. 생물기원의 유기화합물이 화석이나 퇴적암에 잔존할 때, 이것을 화학화석(chemical fossil)이라는 용어로 표현된다. 그 중에서 오직 생합성에 기원하는 탄소골격을 가지는 것을 바이오마커(biomarker) 또는 분자화석(molecular fossil)이라고 하여, 고(古)수온 뿐만 아니라 퇴적환경, 산화환원환경 등 다양한 고환경 조건을 복원하는 프록시로 유용한 마커가 발견되었다[10).

다음은 고해양학에서 자주 사용되는 프록시의 몇 가지를 이용하여, 고환경 정보를 해석하는 원리와 문제점에 대해서 설명하였다.

3. 과거의 수온환경 복원

가. 생물기원 탄산염의 산소동위원소 비

1) Urey의 선구적 발견

산소(O_2)는 질량수 16, 17, 18의 세 개의 안정동위원소가 있다. 이들은 지구에서 ^{16}O: 99.76 %, ^{17}O: 0.0375%, ^{18}O: 0.1995%의 비율로 존재한다. 이러한 상대비는 온도 등 환경변수의 변화와 산소가 어떤 화학물질에 포함되느냐에 따라 약간 변화한다(동위원소 분별이 일어난다).

과거 수온환경(= 고(古)수온) 복원의 지표로 가장 많이 이용되는 것이 해양생물화석(탄산칼슘, $CaCO_3$)의 산소동위원소 비($\delta^{18}O$)를 이용하는 방법이다. 여기에서 $\delta^{18}O$는 산소동위원소에서 질량 차이가 큰 ^{16}O과 ^{18}O의 비를 나타낸다. 다음과 같은 표준물질(STD)을 가지는 동위원소 비에서 상대적인 차이로 정의 되어 천분율(‰ 퍼밀)로 표시한다.

$$\delta^{18}O(‰) = [\frac{(^{18}O/^{16}O)_{sample}}{(^{18}O/^{16}O)_{STD}}] \times 1000 \qquad (10.3)$$

$(^{18}O/^{16}O)_{sample}$은 탄산염 시료를 진공상태에서 25℃의 온도 조건에서 무수인산과 반응시켜 얻어지는 이산화탄소(CO_2) 가스의 산소 동위원소 비, $(^{18}O/^{16}O)_{STD}$는 탄산염의 표준시료 PDB(뒤에서 설명)를 동일하게 처리하여, 얻어진 CO_2 가스의 산소동위원소 비이다.

1947년 시카고 대학의 Harold Urey는 열역학적인 방법에 의해 복수의 분자사이에서 동위원소의 거동을 검토하고, 물(H_2O)과 탄산이온(CO_3^{2-}) 사이의 산소동위원소 교환반응에 따라 ^{16}O보다도 ^{18}O가 탄산이온에 농축되고, 농축정도가 온도에 따라 달라진다는 것을 발견하였다.

$$H_2^{18}O + \frac{1}{3}C^{16}O_3^{2-} \leftrightarrows H_2^{16}O + \frac{1}{3}C^{18}O_3^{2-} \qquad (10.4)$$

그래서 과거의 탄산염 $^{18}O/^{16}O$비를 측정하면, 과거 수온환경 복원에 이용이 가능하다고 지적하였다.

Urey의 실험실 멤버였던 Samuel Epstein은 조개의 사육실험을 실시하여, 조개의 성장선을 따라 패각(방해석, $CaCO_3$)을 세밀하게 채집하였다. 그리고 패각의 $\delta^{18}O$와 해수의 $\delta^{18}O$를 정밀하게 측정하여, 패각의 $\delta^{18}O$값과 수온 사이에 높은 상관관계가 있다는 것을 밝혔다(그림 10.7).

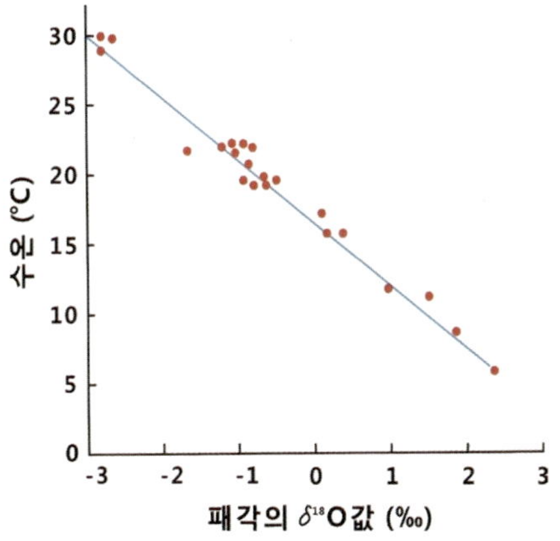

그림 10.7. $CaCO_3$ 생성 때의 수온과 산소동위원소 비($\delta^{18}O$)와의 관계(Epstein et al. (1953)[11]를 수정).

이와 같이 해수에서 탄산염이 형성될 때, 산소동위원소 비($\delta^{18}O$)는 해수의 산소동위원소 비와 수온에 의해 결정된다. 탄산염 및 해수$\delta^{18}O$의 값(각각 $\delta^{18}O_C$ 및 $\delta^{18}O_{SW}$로 가정한다)을 알면, 조개가 성장하였을 때 수온(℃)은 아래의 식 (10.5)로 복원할 수 있다[12].

$$T(℃) = 16.9 - 4.2(\delta^{18}O_c - \delta^{18}O_{sw}) + 0.13(\delta^{18}O_c - \delta^{18}O_{sw})^2 \qquad (10.5)$$

여기서 $\delta^{18}O_C$와$\delta^{18}O_{SW}$는 식 (10.4)에 따라, 동일한 표준물질(PDB)을 가진 $^{18}O/^{16}O$비에서 상대적인 차이로 정의된다.

2) 산소동위원소 비의 표준물질과 과거의 수온환경 정밀도

탄산염 $\delta^{18}O$를 구하기 위한 표준시료 PDB는 미국 사우스캘로라이나주의 백악기 PeeDee 층의 Belemnites(벨렘나이트) 화석으로서, Urey가 최초로 표준물질로 사용하였다. Belemnites는 백악기 말에 멸종된 연체동물문, 두족강의 한 분류군으로 현재 오징어와 비슷한 모양을 하는 해양생물이다. 몸은 등에서 앞부분까지 화살촉 모양의 껍질(방해석)을 가지고 있다. 이 껍질의 모양으로 Belemnites의 화석을 시석(矢石) 또는 전석(箭石)이라고 불리기도 한다.

현재 PDB는 이미 고갈되었기 때문에 대안으로 미국국립표준기술연구소(National Institute of Standards and Technology; NIST)가 배포하는 표준물질 NBS-19를 이차 표준물질로 사용하여, PDB 스케일로 변환이 이루어지고 있다.

한편 해수 등의 시료에서 $\delta^{18}O$값을 구할 때 또 다른 표준물질로 표준해수 SMOW (standard mean ocean water)가 사용된다. 이것은 캘리포니아대학의 Harmon Craig가 수심 500 ~ 2,000 m의 외양수(대서양, 태평양, 인도양)가 매우 균일한 산소동위원소(변동 폭 ±0.1‰)를 가지는 것을 기반으로 만들었다.

식 (10.5)을 사용 할 때에는 SMOW 스케일로 얻어진 $\delta^{18}O$값을 PDB 스케일로 변환하여야 한다. PDB 스케일의 $\delta^{18}Q$값($\delta^{18}O_{PDB}$)과 SMOW 스케일의 $\delta^{18}Q$값 사이의 변환 식으로 다음 식 (10.6)이 권장되고 있다[13].

$$\delta^{18}O_{SMOW} = 1.03086\delta^{18}O_{PDB} + 30.86 \tag{10.6}$$

$CaCO_3$의 산소동위원소 비(δ18O)는 안정동위원소 질량분석기(Isotope Ratio Mass Spectrometry, IR-MS)를 사용하여, 측정오차 ±0.02‰ 정도로 정확하게 측정할 수 있다. 그러나 시료의 불균일성 등에서 오차는 조금 더 커서 일반적으로 ±0.1‰정도이다. δ18O값 1‰의 변화는 약 4℃의 수온변화에 해당하기에 T의 측정 정밀도는 ±0.4℃가 된다. 이 기술을 다양한 생물기원의 $CaCO_3$화석 즉 부유성 유공충, 저서성 유공충, 산호, 패류, 이석 등에 적용하면 그들이 살았던 시대의 수온을 복원할 수 있다.

3) 연구진전과 문제점

식 (10.5)의 큰 문제점은 과거 수온환경 T(℃)를 결정하기 위해서는 화석 $CaCO_3$의 $\delta^{18}O$값 뿐만 아니라 당시 해수의 $\delta^{18}O$값도 필요하다는 것이다. 현재의 해수 $\delta^{18}O$로 근사 할 수도 있지만, 해수(특히 생물이 서식하는 표층수)의 $\delta^{18}O$값은 지역적인 하천수 유입과 전 지구적인 물 순환의 변화(예를 들면, 빙하기 대륙 빙하의 성장 등)의 영향을 받기 때문에 반드시 일정하다고 보기는 힘들다.

Horibe & Ohba(1972)는 동일한 $CaCO_3$도 방해석(calcite)과 아란석(aragonite)에서 결정구조가 다른 것을 착안하여, 사육실험 자료에 근거하여 각각의 산소동위원소 비 수온계의 관계식을 밝혔다[14].

방해석 온도스케일

$$T(℃) = 17.0 - 4.34(\delta^{18}O_c - \delta^{18}O_{sw}) + 0.16(\delta^{18}O_c - \delta^{18}O_{sw})^2 \quad (10.7)$$

아란석 온도스케일

$$T(℃) = 13.9 - 4.54(\delta^{18}O_c - \delta^{18}O_{sw}) + 0.04(\delta^{18}O_c - \delta^{18}O_{sw})^2 \quad (10.8)$$

이 두 식에서 T(℃)와 $\delta^{18}O_{sw}$를 독립적으로 구할 수 있다. 실제 방해석과 아란석을 모두 포함하는 내만성 패류(*Neptunea arthritica*)의 화석(제4기 갱신세 후기)으로부터 당시의 수온환경(9.0℃)과 $\delta^{18}O_{sw}$(-1.45‰)가 복원되어 있다.

$\delta^{18}O$ 과거 수온환경은 다른 문제도 지적되고 있다. 부유성 유공충과 산호는 $CaCO_3$ 껍질을 형성 할 때 해수의 산소동위원소 비와 반드시 동위원소 평형을 이루고 있지 않은 속과 종이 있다. 이것은 공생조류와 생물자신의 호흡과 신진대사 등 생리작용으로 CO_2가 껍질의 형성에 사용되었기 때문에 발생하는 것으로 생물학 효과(vital effect)라고 한다. 이 원인을 규명하기 위해, 현제 해수의 부유성 유공충을 플랑크톤 채취 장치와 세디멘트 트랩으로 수집하여 종마다 산소 동위원소 비를 측정하는 등 다양한 비교 검토가 이루어지고 있다. 앞으로 이러한 문제해결이 진행되면 정확한 $\delta^{18}O$법에 따라 과거 수온환경의 복원이 가능할 것으로 기대된다.

나. 부유성 유공충 각의 Mg/Ca 비

1) 방법원리

부유성 유공충의 각(껍질)에 있는 $CaCO_3$ 결정은 대부분 종에서 방해석(calcite)으로 구성되어 있다. 방해석의 결정이 형성될 때 아래와 같은 평형조건의 이온교환반응에 의해 칼슘이온(Ca^{2+})보다는 이온반경이 작은 마그네슘 이온(Mg^{2+})이 결정격자 속에서 소량 흡수된다.

$$CaCO_3 + Mg^{2+} \leftrightarrows MgCO_3 + Ca^{2+} \tag{10.9}$$

$CaCO_3$의 $MgCO_3$ 함유량(Mg/Ca 비)은 해수온도가 높아질수록 증가하여, 거의 ±1℃의 오차에서 수온으로 변환된다. 수온 이외에 해수의 Ca, Mg농도의 변화도 Mg/Ca 비에 관여할 것으로 보이지만, 두 원소 모두 표 1.1에서와 같이 해양에서 긴 평균체류시간을 가지므로, 해역에 따른 농도의 차이는 문제가 되지 않는다. 염분 및 pH도 영향을 미칠 수 있다고 하지만, 일반적인 해역에서 그 효과는 매우 작기 때문에 Mg/Ca 비는 수온만이 영향을 주는 지표로 생각을 하여도 큰 문제는 없다.

유공충 껍질의 Mg/Ca 비는 원자흡광광도계 또는 유도결합플라즈마 발광분광분석기(ICP-AES), ICP 질량분석기(ICP-MS) 등을 이용하여, 비교적 간단하게 높은 정밀도로 측정이 가능하다. 때문에 1990년대 후반부터 과거의 SST를 복원하는 새로운 프록시로 부유성 유공충 화석의 Mg/Ca 비가 활발히 사용하게 되었다[15)].

Mg/Ca법의 장점은 다음의 2가지 이다. 하나는 제10장 3절 가항에서 설명한 $\delta^{18}O$법과 결합하여, 식 (10.5)에서 미지수였던 당시의 해수 $\delta^{18}O$ 값을 산출 할 수 있게 되었다. 해수의 $\delta^{18}O$ 값은 염분과 좋은 상관관계가 있다는 것이 알려져 있기 때문에, 염분도 동시에 복원할 수 있다. 또 다른 하나는 부유성 유공충이 종별로 표층부터 심층수 수백 m까지 넓은 범위에 서로 다른 서식수심을 가지고 있어, 복수의 종에 대한 Mg/Ca 비에 대한 과거 수온환경 데이터를 통합하면, 당시 표층수온의 수직구조에 대해서도 정보를 얻을 수 있다는 것이다.

유공충의 껍질은 해수에서 무기화학반응으로 형성되는 것이 아니라, Ca과 Mg이 일단 세포에 흡수되어, 신진대사와 포식 등의 생리·생태작용 후, 생물학적 광물화작용(biomineralizalion)에 의해 탄산염 껍질로 이동한다. 따라서 해수에서 탄산염 껍질에 Ca 및 Mg을 흡수할 때의 Mg/

Ca 비의 변화는 생물학적 분배계수 D_{Mg}에 따라 표현된다.

$$D_{Mg} = \frac{(Mg/Ca)_{foram}}{(Mg/Ca)_{seawater}} \tag{10.10}$$

여기에서 $(Mg/Ca)_{foram}$는 유공충 껍질, $(Mg/Ca)_{seawater}$는 해수의 Mg/Ca 비이다. D_{Mg}는 수온의 증가에 따라 지수함수적으로 증가하는 것이 알려져 있다.

유공충 껍질의 Mg/Ca 비(다시 말하면 $(Mg/Ca)_{foram}$)와 수온 T사이의 관계는 지금까지 사육실험 데이터 및 세디멘트 트랩에서 채취한 유공충 시료, 해저퇴적물 표층의 유공충 시료 등을 분석 한 데이터가 축적되어 왔다. 그것들을 종합하면, $(Mg/Ca)_{foram}$은 다음의 경험식으로 표현할 수 있다.

$$(Mg/Ca)_{foram} = B\exp(A \times T) \tag{10.11}$$

A와 B는 상수이며, A는 Mg/Ca 변화의 수온 의존성(기울기), B는 y축의 절편이다.

지금까지 많은 수온 환산식이 제시되었지만, 해역(서식하는 위도)과 유공충의 종류에 따라 다르게 된다는 것이 밝혀져 있다(그림 10.8 참조). 앞으로 더 많은 데이터를 축적하여, 수온계로서 정확도를 높여 나가는 것이 중요할 것이다.

2) 앞으로의 문제점

초기속성과정에서 유공충 껍질의 용해와 재결정에 의해 $CaCO_3$ 껍질이 기본적인 Mg/Ca 비가 변화될 가능성이 지적되고 있다. 퇴적물에서 분리된 유공충 껍질이 침강 후 어떤 환경에 보존되어 있는 시료인지에 대한 충분한 검토가 필요하다.

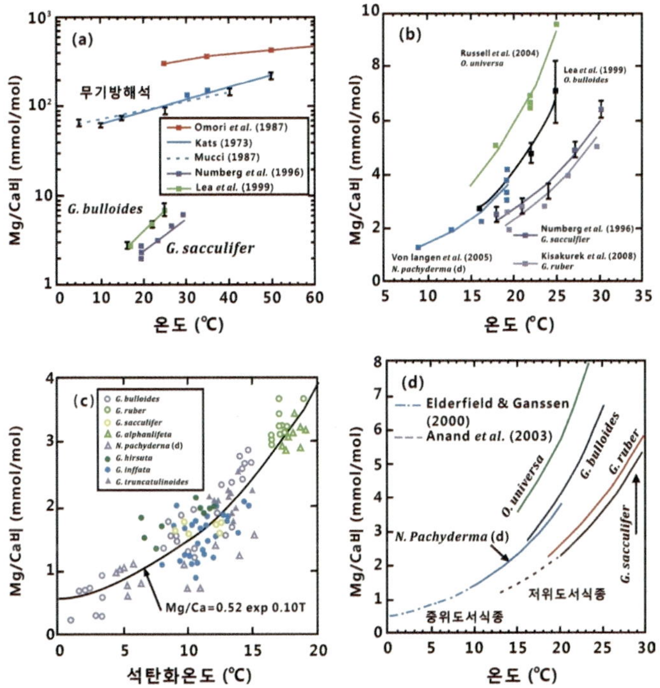

그림 10.8. 유공충의 Mg/Ca 비와 수온과의 관계(Sagawa 2010)[15]. (a) 사육한(2 종) 부유성 유공충(*Globigenia bulloides*와 *G. Sacculifer*) 데이터는 실험실에서 무기적으로 생성한 방해석과 크게 다르다. 생물학적 효과가 크다는 것을 나타낸다. (b) 5 종의 부유성 유공충에 관해서 사육실험에 의해 얻어진 데이터, (c) 북대서양 표층퇴적물로부터 채취된 8 종의 부유성 유공충 데이터, (d) 사육실험, 세디멘트 트랩에서 얻어진 시료 및 표층퇴적물에서 얻어진 결과의 취합. 저위도와 중위도 서식종으로 크게 구분되지만, *Orbulina universa*는 어느 쪽에도 속하지 않는다.

최근에는 유공충 한 개체별로 Mg/Ca 비의 개체 내 분포를 측정할 수 있게 되었다. 이와 같은 극미량분석은 최근 기기분석기술의 큰 진전, 즉 전계방사 전자현미분석기(field emission electron probe micro analyzer, FE-EPMA), 레이저절삭유도결합플라즈마질량분석기(laser ablation inductively coupled plasma mass spectrometry, LA-ICP-MS), 초미세이차이온질량분석기(nano secondary ion mass spectrometer, Nano-SIMS)등과 같은 분석기기의 실용화에 따라 가능하게 되었다.

그 결과 유공충 한 개체의 Mg/Ca 분포의 복잡한 패턴을 밝힐 수 있게 되었다. 유기물이 풍부한 층에는 Mg이 농축되는 경향이 있는 등, Mg/Ca 비에 불균일이 발견되어 유공충에 의한 생물학적 광물화작용(biomineralizalion)의 세부적인 이해가 요구된다. 한편 부유성 유공충의 성장단계에 따른 Mg/Ca 비의 세밀한 변화로부터 성장에 따른 서식수심 변화 등 생활사 복원으로 이어질 가능성이 있다.

Mg/Ca 비에 의한 과거 수온계는 앞으로 해명해야 할 문제점이 다소 남아있지만, 고해양학에 있어 매우 효과적인 방법의 하나임에는 틀림이 없다. 과거 수온계로서 원리를 정확히 이해하고, 문제점 해결이 된다면, 앞으로 고(古)수온계로서 사용 가능성은 점차 확대될 것이다.

다. 알케논의 불포화도

1) 방법원리

식물플랑크톤의 일종인 인편모조류(Coccolithophorid)는 착편모조문(Haptophyta)에 속하는 미세조류로서, 세포표면에 $CaCO_3$을 주성분으로 하는 인편(비늘)인을 각형성한다. 외양역에 서식하는 인편모조류 중에서 *Emiliania huxleyi*와 *Gephyrocapsa oceanica*의 2 종은 탄소수 37 ~ 39, 불포화수(이중결합의 수) 2 ~ 4의 긴사슬 methyl 또는 ethyl ketone(알케논, alkenones로 통칭함)을 생합성한다.

Marlowe et al. (1984)은 이러한 인편모조류가 만드는 알케논의 불포화도가 성장할 때 수온과 함께 변화하는 것을 발견하여, 해양퇴적물에 잔존하는 알케논의 불포화도를 분석하면, 당시의 SST를 복원할 수 있다고 하였다[16].

알케논의 불포화도가 SST의 프록시로 하는 원리는 다음과 같다. 인편모조류는 성장온도의 변화에 대응하여 생체막(세포막과 핵막)을 구성하는 알케논 등 지방질화합물 조성비를 변화시켜, 막 유동성을 일정하게 유지하려고 한다. 때문에 높은 수온환경에서 생합성되는 알케논에는 녹는점이 높은 2 불포화(2중 결합이 2곳) 알케논이 다수 합성되며, 낮은 수온환경에서는 3 불포화(2중 결합이 3곳) 알케논이 상대적으로 농도가 높아지는 등 온도 의존성이 발생한다.

탄소수 37의 알케논에 관한 불포화도는 다음과 같이 $U^{K'}_{37}$라는 지표에 따라 정의할 수 있다(U^K는 unsaturated ketone의 약어).

$$U^{K'}_{37} = [C_{37:2}]/[C_{37:2}]+[C_{37:3}] \quad (10.12)$$

여기서 $[C_{37:2}]$ 및 $[C_{37:3}]$은 각각 탄소수 37의 2 불포화 알케논 및 3 불포화 알케논의 농도를 나타낸다. Prahl et al.(1988)은 *E. huxleyi*의 배양실험을 수행하고, $U^{K'}_{37}$과 수온(T) 사이에 높은 선형 관계가 성립하기에, 아래와 같은 환산 식을 제안하였다[17].

$$U^{K'}_{37} = 0.034\times[°C] + 0.039 \quad (10.13)$$

$U^{K'}_{37}$값은 0부터 1 사이의 값을 가지며, 이에 대응하는 SST는 -1.1℃와 28.3℃이다. 따라서 28.3℃ 보다 높은 SST는 복원할 수 없다. 일반적으로 정밀도가 높은 수온을 구할 수 있는 범위는 6 ~ 27℃의 범위라고 한다(그림 10.9 참조). 생장온도가 1℃ 변화하면, $U^{K'}_{37}$은 0.04단위로 변화한다. 퇴적물에서 추출한 알케논은 불꽃이온화검출기 가스크로마토그래피(FID-GC)로 정밀하게 분석된다. $U^{K'}_{37}$의 분석오차(일반적으로 ±0.02 정도)로부터 수온의 추정오차는 ±0.5℃ 정도로 계산된다.

2) 앞으로의 문제점과 주의점

식 (10.13)은 북동 태평양에서 채취된 *E. huxleyi*을 이용한 실내배양 실험에서 얻어진 것으로, 해역에 따라 적용할 수 없게 된다. 알케논을 생성하는 *E. huxleyi*와 *G. oceanica*의 구성비가 크게 변화하면, 온도변환식이 달라질 가능성이 있다. 사실 많은 배양실험의 결과에서 이러한

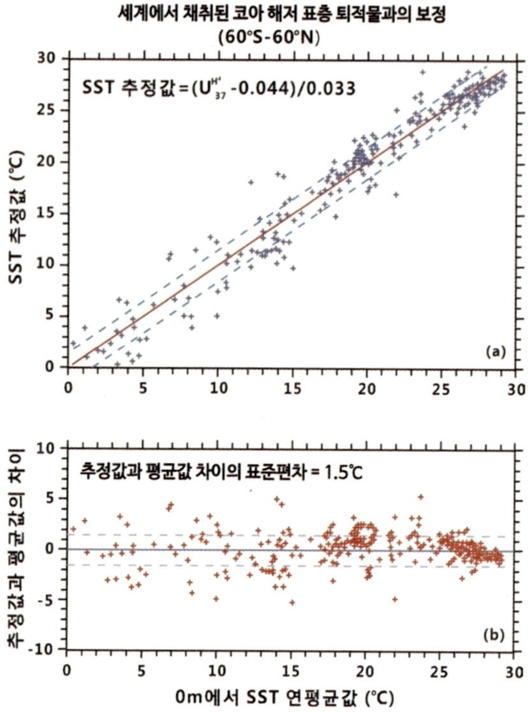

그림 10.9. 알케논 수온과 실제 표층수온과의 관계(Muller et al. (1998)[18]를 수정).

내용들이 지적되었다.

퇴적물의 초기속성과정에서 유기물이 산화 분해되지만, 알케논처럼 긴 탄소 골격을 갖는 불포화화합물은 비교적 분해되기 어려운 것으로 알려져 있다. 또한 분해되어도 2 불포화와 3 불포화의 알케논의 분해속도가 거의 동일하여, $U^{K'}_{37}$에는 영향을 주지 않는 것이 알려진다. 하지만 해역에 따라서는 3 불포화 알케논이 선택적으로 먼저 분해되는 경우도 발견되는 등, 더 많은 검토가 필요할 것으로 보인다[19].

얻어진 과거 수온환경을 올바르게 해석하기 위하여 인편모조의 성장시기(계절)나 서식 수심에도 유의할 필요가 있다. Ohkouchi et al. (1999)

은 서태평양의 북위 48도에서 남위 15도까지 범위의 해저표층퇴적물 시료에서 알케논 수온을 구하여, 실제 SST와 비교 하였다[20]. 북위 48도의 SST는 연간 3.3 ~ 11.3℃의 범위에서 변화하고, 여름부터 가을에 수심 약 50 m에 수온약층이 발달한다. 바로 아래의 해저면에서 얻어진 알케논 수온은 10.3℃로 비교적 고온을 나타내었다. 따라서 알케논은 온화한 여름부터 가을에 걸쳐 수온약층 상층부에서 생성된 것으로 생각된다. 한편 북위 27도에서 연간 SST는 21.7 ~ 27.8℃의 범위이지만, 알케논 수온은 18.1℃이었다. 이것은 알케논이 표층해수에서 생성된 것이 아닌, 더 깊은 수온약층에서 생성된 것을 시사하고 있다.

Kabata(2008)는 알케논 수온이 실제 수온과 벗어난 이유를 질산 등 영양염의 고갈에 따른 인편모조의 스트레스, 30℃에 가까운 높은 과거 수온환경역에서 $U^{K'}_{37}$의 포화에 의한 수온 오차의 증가, 표층해수의 염분 저하에 의한 영향 등을 지적하였다[21].

현재 인편모조의 생리기능과 알케논의 합성, 대사경로 등에 관한 생물화학적 관점에서 기초연구가 활발히 진행되고 있어, 알케논 수온 플록시의 적용 가능성이 높아질 것으로 기대된다.

4. 과거 해수의 pH 복원 – 붕소동위원소 비

붕소(B)에는 2개의 안정동위원소, ^{10}B와 ^{11}B가 있다. 해수의 붕소는 2종의 용존종인 $B(OH)_3$(붕산)과 $B(OH)_4^-$(붕산이온)로 존재한다.

해수의 붕소동위원소 조성에 pH 의존성이 있는 것으로 밝혀져 있다[22]. 그림 10.10에서 나타낸 것과 같이, 해수의 $B(OH)_3$와 $B(OH)_4^-$는 pH 변화에 따라 붕소동위원소 비를 변화시킨다(pH 7.5 ~ 9.5에서 크게 변화한다). 여기에서 붕소동위원소 비는 식 (10.14)과 같이 표준물질의 천분율 편차로 정의된다. 표준물질은 NIST의 NBS951 붕산이 사용된다.

$$\delta^{11}B(‰) = [\frac{(^{11}B/^{10}B)_{sample}}{(^{11}B/^{10}B)_{STD}} - 1] \times 1000 \qquad (10.14)$$

해양생물의 $CaCO_3$ 껍질에는 $B(OH)_4^-$가 포함된다. 그래서 $CaCO_3$화석에 포함된 붕소동위원소 비는 당시 해수 pH 프록시가 된다[23].

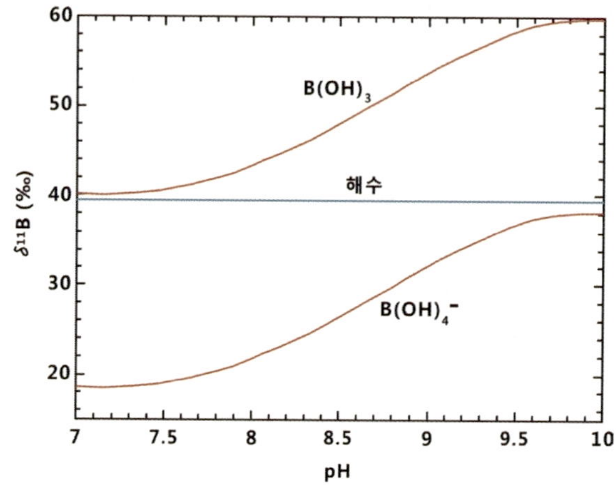

그림 10.10. 해수의 pH와 해수의 2종의 붕산의 δ^{11}B와의 관계.

Pearson and Palmer(2000)는 부유성 유공충 껍질에 포함된 붕소의 δ^{11}B값을 이용하여, 신생대 표층해수의 pH를 복원하였다(그림 10.11)[24]. 이를 바탕으로 대기의 CO_2농도를 추정하고, 소신세 후기에서 시신세 초기(약 6,000만 년 전 ~ 5,200만 년 전)에 걸쳐 2,000 ppm 이상이었던 대기 CO_2농도가 5,500만 년 전 ~ 4,000만 년 전 사이에 급격히 감소하였음을 보여 주었다. 그 원인은 중앙해령과 화산에서의 CO_2 탈가스 감소와 대기로부터 수권 및 생물권에 탄소흡수량이 증가한 것을 의미한다.

앞으로 인위적인 영향에 따른 대기의 CO_2농도 상승은 해양산성화

(pH의 저하)를 발생시킨다. $CaCO_3$ 껍질을 형성하는 유공충, 나노플랑크톤, 산호, 조개류 등은 해수 산성화 진행으로 서식에 위협을 받고 있다. 자연계의 pH 변화 패턴을 이해하기 위해서는 과거 해양의 pH 복원이 매우 중요하며, 붕소동위원소 비의 역할은 매우 클 것으로 기대된다.

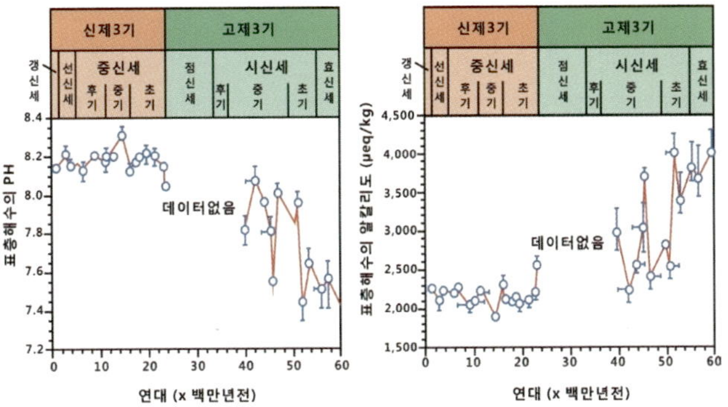

그림 10.11. 붕소동위원소에 의해 복원된 신생대의 해양표층수의 pH 변화(좌). 그것을 기초로 계산된 알칼리도의 변화(우) (Pearson and Palmer (2000)[24]를 수정).

5. 영양염(인산염) 농도 복원 - Cd/Ca 비와 $\delta^{13}C$

해수의 카드뮴(Cd)은 대표적인 영양염인 인산염(PO_4^{3-})과 유사한 농도분포를 나타내며, 해양표층의 생물활동에 의해 해수에서 제거된다. 생물의 배설물과 사체(유기물)와 함께 머린스노로 해저로 침강한다. 해양 중층 ~ 심층에서 유기물이 산화 분해가 일어나며, Cd도 PO_4^{3-}와 같이 해수에 용출된다. 이렇게하여 Cd과 PO_4^{3-}는 서로 비슷한 수직농도 분포를 나타나게 된다.

유공충이 $CaCO_3$껍질을 생성할 때, Ca의 일부가 Cd로 치환된다. 특히 저서성 유공충은 껍질의 Cd/Ca 비와 서식하는 해수의 PO_4^{3-}농도 사이에는 좋은 상관관계를 나타낸다. 때문에 해저퇴적물에 포함된 저서성 유공충의 Cd/Ca 비를 분석하여 과거 해수의 PO_4^{3-}농도를 추정할 수 있다.

즉 영양염(인산염) 농도의 복원이 가능하다.

또한 저서성 유공충 $CaCO_3$화석의 $\delta^{13}C$값도 과거 PO_4^{3-} 농도의 좋은 프록시가 된다. 해수의 총 용존무기탄소의 $\delta^{13}C$값도 PO_4^{3-}농도와 음(-)의 상관관계가 있다. 이것은 해양 표층에서 기초생산이 일어날 때 생물체가 가벼운 ^{12}C를 우선적으로 흡수되기 때문에 PO_4^{3-} 농도 감소와 $\delta^{13}C$의 증가가 나타난다. 또한 심층에서 유기물의 분해되면 심층수의 PO_4^{3-}는 증가하고, $\delta^{13}C$는 감소한다. 저서성 유공충이 껍질을 형성할 때에는 해수의 총 용존무기탄소를 흡수하기 때문에 PO_4^{3-}의 프록시로서 $\delta^{13}C$값이 $CaCO_3$ 속에 기록되어 해저퇴적물에 화석으로 보존된다.

6. 고해양 심층순환의 복원

산업혁명 이후, 화석연료의 대량 소비, 삼림벌채 및 기타 토지이용의 변화 등의 인간 활동은 대기의 CO_2농도를 급격하게 증가시켰다. 대기 CO_2농도는 산업혁명 이전의 280 ppm에서 계속 증가하고 있으며, 2013년 5월 9일 하와이 마우나로아 관측소에서 처음으로 400 ppm을 돌파하였다. 온실효과기체인 CO_2의 증가는 지구온난화를 발생시켜, 해수면 상승, 해수산성화, 기후변화, 생물 종의 멸종 등 앞으로의 지구환경에 큰 변화가 초래하는 것을 염려하고 있다[1].

한편 과거의 대기 CO_2농도의 변화를 복원하기 위하여, 남극대륙 빙하에서 채취 된 코어샘플에서 과거의 대기(공기화석)를 분석하였다. 그 결과 그림 10.12와 같이 과거 4번의 빙하기와 간빙기 사이클과 함께, 대기 CO_2농도는 약 80 ~ 100 ppm의 변동을 보였던 것으로 밝혀졌다[25].

이것은 현재의 인위적인 CO_2증가와 전혀 다른 요인으로 지구시스템 속에서 자연적으로 발생한 현상이다. 대기에 비하여 약 60배 정도로 대량의 CO_2를 포함하는 해양대기에서 CO_2를 흡수하거나, 반대로 대기에 CO_2를 방출하는 역할을 담당한 것으로 생각된다. 해양의 심층순환은 해양과 대기 사이의 탄소순환에 크게 영향을 미친다. 그래서 과거의 해양 심층순환의 패턴과 속도를 밝히고, 대기 CO_2농도의 변동 메커니즘과 관계를 규명하는 것이 고해양학의 커다란 과제 중의 하나이다. 이것은 미래의 기후예측을 추정하는데도 중요한 주제가 될 수 있다.

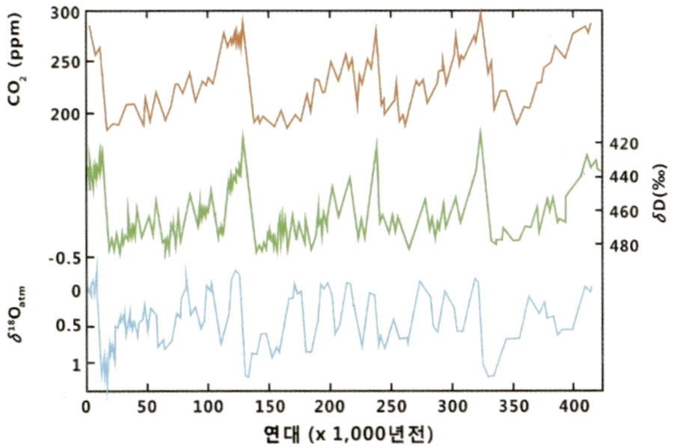

그림 10.12. 남극 포스토크(Vostock)의 빙하 코어에 기록된 과거의 대기 CO_2농도. 얼음 δD(수소동위원소 비, 기온 프록시) 및 대기 O_2의 $\delta^{18}O$(전 지구적 빙하량 프록시)의 변화. 과거 4회의 빙하기와 간빙기의 사이클에 대응하여 대기 CO_2농도가 80 ~ 100 ppm으로 변화하고 있다(Petit et al. (1999)[25]를 수정).

가. 방사성 탄소를 이용한 방법

과거 심층수의 "연령" 을 복원하기 위해, 방사성 탄소 ^{14}C(반감기 5,730년)를 활용할 수 있다. 이미 제6장에서 ^{14}C가 해양순환에 유용한 화학추적자임을 설명하였다. 만약 과거 해수의 ^{14}C분포를 재현 할 수 있다면, 현재의 해양에서 수행하고 있는 것과 같은 과거 심층순환의 시간스케일도 추정할 수 있다.

해저퇴적물의 유공충화석이 그것을 가능하게 할 수 있다. 부유성 유공충화석($CaCO_3$)에는 과거의 표층해수의 ^{14}C값이, 또한 저서성 유공충에는 과거의 저층수의 ^{14}C값이 기록되어 있기 때문이다. 그래서 해저퇴적물의 같은 층에 저장되어있는 부유성 유공충과 저서성 유공충을 채집하여, 그 껍질 있는 ^{14}C연대를 측정함으로서 당시의 심층수 "연령"을 계산할 수 있다.

이 방법으로 과거로 돌아간다는 것은 ^{14}C의 반감기를 고려할 때, 수만 년 전까지 이며, 약 2 만 년 전의 최종빙하기에서 가장 추운 시기(LGM)는 충분히 파악할 수 있다. LGM의 태평양 해역의 해저 퇴적물에 포함되어있는 유공충화석의 ^{14}C값을 계측하여 보면, 그림 10.13에 나타낸 바와 같이 LGM에서는 부유성 유공충을 지시하는 ^{14}C값과 저서성 유공충을 지시하는 ^{14}C값의 차이가 현재보다 큰 것을 알 수 있다. 이것은 표층수와 저층수가 상하로 교환되는 데 소요되는 시간, 즉 심층순환의 시간스케일이 현재 해양에서 약 2000년에 비해 500년이 더 길었다는 것을 의미하고 있어, LGM은 현재보다 심층수순환이 느렸던 것으로 보인다[26]. 또한 북태평양에서도 LGM에서 연령이 오래된 심층수가 존재하고 있었으며[27], 간빙기에 용승하여 연령이 오래된 CO_2가 대기로 방출과 동시에 대기 CO_2농도도 상승하였다는 증거가 발견되었다[28]. 이러한 결과와 대기 CO_2농도의 변동(그림 10.12)과 관련하여 추가적인 연구가 진행되고 있다.

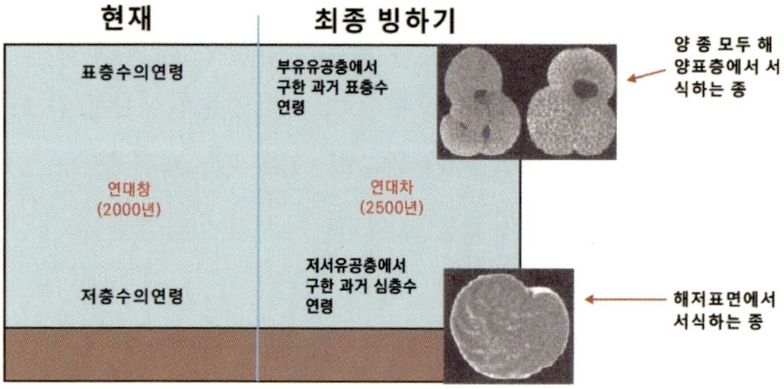

그림 10.13. 현재의 저층해수 연령과 유공충의 ^{14}C로부터 계산한 최종빙하기의 심층수 연령 비교. 시코쿠(四国) 근해의 예를 나타내었다(사진은 저자인 무라야마(村山)가 촬영).

나. $^{231}Pa/^{230}Th$ 비를 이용한 방법

지금까지 설명한 수온과 영양염 농도 등 해수 자체의 물리 · 화학적 변수를 복원하는 것뿐만 아니라, 과거의 심층수가 흐르는 속도를 복원할 수 있는 독특한 프록시가 있다. 해저퇴적물의 방사성 핵종 토륨-230(^{230}Th)과 프로트악티늄-231 (^{231}Pa)과의 상대비이다.

해수의 우라늄-234(^{234}U)는 반감기 2.45×10^5년으로 α붕괴하여, 토륨-230(^{230}Th 반감기 8.0×10^4년)이 된다. 또한 해수의 우라늄-235(^{235}U)는 반감기 7.04×10^8년으로 α 붕괴하여 토륨-231(^{231}Th)이 되지만, ^{231}Th은 반감기가 25.5시간으로 짧고, 바로 β붕괴하여 프로트악티늄-231(^{231}Pa, 반감기 3.3×10^4년)로 변화된다.

해수 우라늄의 평균체류시간은 약 5×10^5년으로 길며, 해양에 균일하게 분포하고 있다. ^{234}U와 ^{235}U의 농도와 반감기 등에서 ^{230}Th과 ^{231}Pa의 해수에서 생성 비($^{231}Pa/^{230}Th$ 비)는 0.093으로 계산된다. 해수의 Th와 Pa는 모두 침강입자에 흡착하기 쉬운 성질을 가지고 있기 때문에, 우라늄에서 생성된 다음 빠르게 해저로 제거된다. 여기에서 만약 Th와 Pa가 똑같이 침강되어 제거된다면, 해저 퇴적물에 존재하는 ^{230}Th과 ^{231}Pa도 0.093의 비가 될 것이다(방사붕괴에 의해 감소분은 보정하여 고려한다).

그렇지만 현실은 그렇지않다. 침강입자에 의해 제거되는 방법이 Th과 Pa 사이에서 조금 다르기 때문이다. Pa은 침강입자에 흡착하는 경향이 약하며, 심층류가 있으면 쉽게 수평으로 수송된다(Pa쪽이 Th보다도 해수에서 평균체류시간이 길다). 그림 10.14와 같이, 전혀 심층흐름이 없을 때(a), 해저퇴적물 중 $^{231}Pa/^{230}Th$ 비는 어디든지 0.093이 될 것이다. 그러나 (b)와 (c)처럼 심층흐름이 있을 때는 심층류의 크기에 따라 ^{231}Pa과 ^{230}Th에서 분리가 발생한다. 퇴적물 $^{231}Pa/^{230}Th$ 비는 흐름의 상류측에서 0.093보다 적어지며, 하류로 갈수록 점차 증가할 것으로 생각된다. 이러한 ^{231}Pa과 ^{230}Th의 분별 정도는 저층흐름이 빠를수록 현저하게 발생한다.

때문에 해저퇴적물의 $^{231}Pa/^{230}Th$ 비를 자세히 조사하여 모델분석을 실시하면, 과거 심층순환의 방향과 속도를 추정할 수 있다. 또한 다른 고해양 프록시의 데이터도 적절히 결합하여, 마지막 빙하시대의 대서양 심층순환 패턴은 현재와 반대였다는 것이 최근 밝혀지고 있다(그림 1.8에서 설명하였던 북대서양 심층수의 남하는 약화되고, 남극 저층수의 북상이 강화되었다)[29].

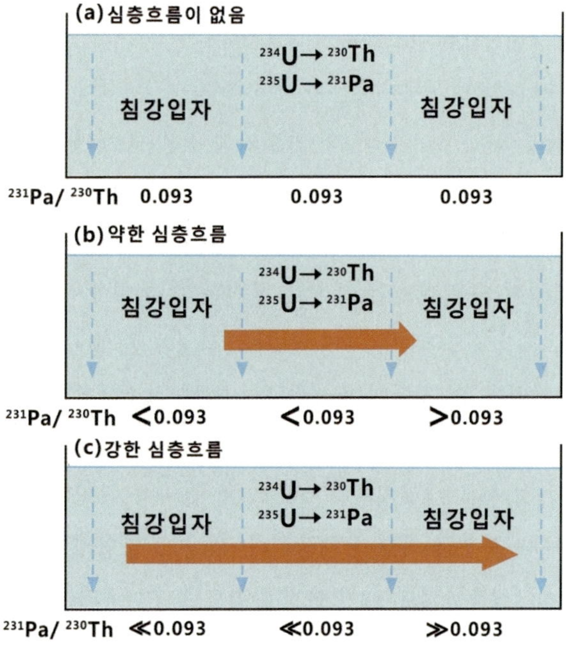

그림 10.14. 해양에서 해저퇴적물까지 ^{231}Pa과 ^{230}Th의 분별을 이용한 심층흐름 복원의 원리. (a) 심층흐름이 없을 때, (b) 심층흐름이 약할 때 그리고 (c) 심층 흐름이 강할 때에 따라 해저 퇴적물의 $^{231}Pa/^{230}Th$ 비가 변화한다.

7. 높은 수준의 해저퇴적물 연구를 위하여

이상 설명한 것과 같이 고대 해양환경을 복원하기 위한 연구는 해저퇴적물에 포함된 다양한 물질을 이용하는 해양지구화학적 방법으로 진행되고 있다. 현재 해양환경을 조사하여 환경변수와 프록시 사이에 어떤 관계가 있는지를 자세히 살펴볼 수 있다. 또한 검교정 프로그램 결과를 바탕으로 퇴적물에 존재하는 프록시로부터 과거의 환경정보를 정밀하게 얻을 수 있는 수준까지 왔다. 특히 제4장에서 설명 하였던 최근의 화학분석 기술 향상으로 이전에 측정이 불가능하였던 미량원소와 동위원소 비를 정확하게 측정 할 수 있게 되었다. 자연히 프록시 데이터의 품질은 높아지게 되고, 새로운 프록시도 개발 될 수 있을 것이다.

최근 이러한 복원데이터를 경계조건으로서 해양물질순환 모델과 대기와 해양결합 모델을 이용한 이론적 접근도 효과적인 접근방법이 하나가 되고 있다. 그리고 대기, 해양과 해빙, 식물, 빙상, 탄소순환의 5개의 독립된 모델을 결합시킨 기후모델 연구도 수행되어, 과거에서 현재까지 전 지구적인 기후변화 메커니즘을 분석하고 있다.

현장조사 방법에도 선진적인 기술혁신이 진행되고 있다. 예를 들어 정확한 위치가 결정된 해저면에서 시료를 채취하기 위하여 연구선에서 해저 바로 위까지 하강시켜 견인하고, 음향트랜스 폰더에 의해 일정하게 위치를 확인하면서 해저영상을 선상에서 관찰할 수 있는 시스템인 NSS(navigable sampling system, 자항식 심해저샘플 채취 및 데이터 관리시스템; 도쿄대학 대기해양연구소가 개발)의 실용화가 진행되고 있다.

또한 해저를 교란시키지 않고 퇴적물을 채취할 수 있는 채니기와 해저설치형인 현장계측장비를 결합한 새로운 관측방법들이 개발되고 있다(小栗(2013)[30] 등). 해저 현장에서 퇴적물의 산소프로파일을 모니터할 수 있는 미세전극장치와 산소농도를 시각화하고, 시간변화를 모니터할 수 있는 센서 등 마이크로 관점에서도 해저퇴적물의 지구화학적 현상을 이해할 수 있는 방법이 개발되고 있다.

과거에서 현재까지 해양의 지구화학적 순환의 종합적인 이해를 위하여, 해저퇴적물의 지구화학적 연구 중요성은 계속하여 증가하게 될 것이다.

11

해양지구화학의 새로운 발전을 향하여

1. 지구시스템에서 인간권의 형성
2. 지구시스템의 화학적 변화
3. 해양 분석화학기술의 발전

제11장

해양지구화학의 새로운 발전을 향하여

산업혁명을 경계로 지구와 해양의 물질순환에서 인간 활동의 비중이 현저히 증가되어 지구시스템의 새로운 부속시스템으로'생물권'에서 "인간권"이 분화하게 되었다. 인간권의 급격한 팽창에 따른 지구환경과 해양환경의 화학적 변화는 최근 다양한 측정값들이 경년변화로 관측되고 있다. 우리는 이런 현상, 특히 인간과 밀접하게 관련되는 해양지구화학의 여러 과정들을 정확하게 기재하여, 앞으로 전 지구규모의 환경을 보전하기 위한 기초자료를 축적해야 할 것이다.

1. 지구시스템에서 인간권의 형성

현재의 지구환경은 지구탄생 이후 약 46억년이라는 긴 시간을 거쳐 구축되었다. 태양계 행성들 중에 유일하게 바다가 있는 지구에서 환경의 구축과 변천과정에 바다가 수행하였던 역할은 무궁무진하다. 막대한 화학물질 및 열량을 내포하는 시스템으로서 바다는 지구의 물질순환 및 에너지순환에 큰 영향을 미치고 있다.

지구역사 초기에 탄생 한 생명은 지구환경의 변화와 함께 진화를 계속하여, 대기의 산소농도를 증가시킴은 물론 진화를 가속 시키면서 바다에서 육지로 생물권은 확대가 되었고, 생물의 지능은 계속 향상되었다. 고고학적 연구에 의하면 지금부터 1,000만 ~ 700만 년 전부터 직립 보행하는 최초의 인류(유인원)가 생물권의 동물분류에서 사람과(Hominidae)로 나누어지게 되었다. 이 사건은 지구역사 46억년을 1년에 비유한 지구달력에서 12월 31일 아침에 발생한 사건으로 인류탄생은 오랜 지구역사에서 보면 극히 최근에 일어난 사건임을 알 수 있다.

유인원은 다양하게 도태를 거쳐 진화를 거듭하였으며, 마침내 16 ~ 19만 년 전에 현생인류인 호모 사피엔스가 아프리카에 출현하였다. 그들은 전 세계로 퍼져나가 인구를 증가시키면서 문명을 발전시켜 지금은 70억 명을 넘는 인구증가가 지속 되고 있다. 그로 인하여 지구시스템에서 차지하는 인간 활동의 영향이 생물권에 모두 수용될 수 없는 단계까지 오게 되었다.

특히 19세기의 산업혁명 이후에 고도의 문명을 유지하는데 필요한 에너지는 급격히 증가되어, 에너지를 얻기 위하여 지구를 적극적으로 잠식하는 석탄과 석유와 같은 화석연료를 단기간에 대량으로 소비하게 되었다. 현재 한 사람이 매년 3톤(선진국에서는 훨씬 많음; 예를 들어 미국에서는 20톤이나 됨)의 이산화탄소를 대기로 방출하고 있다. 또한 원래 자연계에 존재하지 않았던 다양한 화학물질이나 핵종이 다양하게 만들어져, 대기와 해양에 노출되고 있다. 결과적으로 암세포와 같은 지구의 병인 온난화와 해양산성화를 비롯한 다양한 지구환경 및 오염문제가 발생하여 21세기 인류에 바람직하지 않은 쪽으로 커다란 영향을 미치고 있다.

그림 11.1은 지구탄생 이후 지구시스템을 구성하는 하부시스템(subsystem)이 분화를 거듭하여, 점차 복잡해지는 양상을 보여주고 있다. 제1장에서 설명한 것과 같이 이 책에서 다루는 해양지구화학에 깊게 관련되고 있는 것은 빨강으로 표시하였으며, 대기권, 수권, 암석권 및 생물권의 4개의 하부시스템이 있다. 인류가 막 탄생하였던 시기에는 생물권에 포함되어 있었지만 앞에서 설명한 것과 같이 최근은 생물권에서 인간권이 분화되었다고 생각하는 것이 자연스러우며, 앞으로 인간권 규

모는 지금보다도 더욱 거대하게 될 것이다.

그리고 인간권의 영문표현은 아직 일반화되어 있지 않지만, 여러 참고문헌을 통하여 살펴본 결과 '인간권(anthroposphere)'이라는 용어가 자주 사용되고 있다[2].

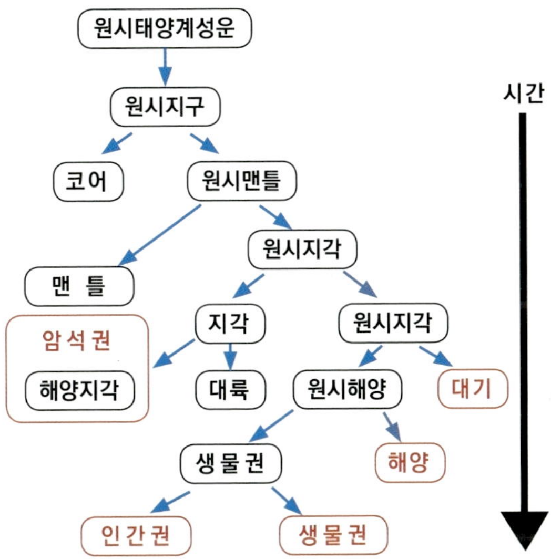

그림 11.1. 지구역사와 함께 분화되면서 복잡해지고 있는 하부시스템(鳥海(1996)[1]을 수정). 그림에서 이 책에서 다루는 하부시스템은 빨간색으로 표시하였다.

2. 지구시스템의 화학적 변화

가. 인류기원의 화학물질

인류에 의해 지구시스템으로 방출 된 화학물질은 크게 두 가지 범주로 구별된다. 하나는 인류역사 이전에도 지구에 존재하였던 천연화학물질과 방사성 핵종으로서 이산화탄소(CO_2)가 여기에 해당한다. 인류탄생 이전의 아주 오래전부터 CO_2는 지구의 대기-해양-생물권 사이를 정상적으로 순환하면서 빙하기처럼 주기가 수 만년의 대규모 기후변화에 따라 대기의 농도를 변화시켰다(그림 10.12 참조). 그러나 19세기 산업혁명을 기점으로 인류에 의한 화석연료 소비량이 급격히 증가하여 대량의 CO_2를 대기로 방출하였기 때문에, 지금까지의 정상적인 CO_2 순환이 무너지면서 과도기적인 상황이 계속되고 있다.

이외에도 이 범주에 속하는 원소로 납, 주석, 카드뮴, 수은 등의 중금속들이 있다. 이러한 물질은 20세기에 심각한 환경오염을 발생시켰지만, 지금은 이러한 환경문제가 점차 감소하고 있는 추세이다. 또한 천연우주선에 의해 생성되는 방사성 핵종 ^{3}H, ^{14}C, ^{129}I 등도 첫 번째 범주에 들어간다.

또 다른 범주의 물질은 원래 자연에서 존재하지 않았지만, 인류가 화학합성반응과 핵반응 등에 의해 만들어진 인위적 화학물질이나 방사성 핵종이다. 이미 제6장 4절 마항에서 설명한 할로겐 유기화합물 클로로플루오르카본류(일명 프레온가스), 대기 핵실험, 원자력발전소, 핵연료 재처리시설에서 방출된 인공방사성 핵종(^{90}Sr, ^{134}Cs. ^{137}Cs, ^{90}Tc, Pu동위원소 등)이 있다.

인공유기물질에서 생물활동을 심각하게 저해하는 독성을 가진 것도 있다. 예를 들어 노닐페놀, 다이옥신, PCB 또는 유기주석화합물과 같은 내분비교란 작용이 있는 유기물질은 생체의 호르몬작용에 나쁜 영향을 미치기 때문에 '환경호르몬'이라고도 부르며, 해양 생태계(특히 연안해역에서 어류)에 큰 피해를 주고 있다. 이러한 인공오염물질은 국제적으로 사용이 금지되거나 강하게 규제되어, 해양으로 유출이 차단되고 있지만, 한번 오염된 퇴적물과 파괴된 생태계는 복구가 쉽지 않다.

나. 대기로 방출된 이산화탄소의 행방

지구대기에 극히 소량으로 포함되어 있는 CO_2를 비롯한 온실가스에 의해 현재 지구 표면온도는 평균 15℃의 쾌적한 온도를 유지하고 있다. 물이 정상적으로 액체로 존재할 수 있기 때문에, 태양계 행성에서 유일하게 바다가 있고, 그에 따라 풍요로운 생명활동이 유지되고 있다. 산업혁명 이후 화석연료의 대량소비와 삼림벌채에 의해 대기의 CO_2농도는 산업혁명 이전의 280 ppm에서 현재 400 ppm까지 상승하였고, 지금도 계속 상승하고 있다. 또한 대기의 산소농도는 극히 미량이지만, 감소하고 있다. CO_2 생성될 때 O_2가 소비되기 때문이다.

화석연료 소비에 의한 O_2 감소와 CO_2 증가 비율은 표 11.1과 같이 화석연료의 탄소원자에 결합하는 수소원자의 수에 따라 차이가 있다. 예를 들어 천연가스를 대표 하는 메탄(CH_4)을 태울 때, $CH_4 + 2O_2 \rightarrow CO_2 + 2H_2O$처럼 O_2/CO_2 비는 2가 되지만, 가솔린을 연소할 때는 $CH_2 + 1.5O_2 \rightarrow CO_2 + H_2O$와 같이 O_2/CO_2 비가 1.5이다. 또한 시멘트산업과 같이 O_2를 소비하지 않고, CO_2가 발생하는 반응($CaCO_3 \rightarrow CaO + CO_2$)도 있다. 산업 활동에 따른 CO_2 발생의 상대적 규모는 표 11.1에 나타낸 바와 같이 정확하게 알 수 있기 때문에, 그 무게를 달고 평균하면 인위적으로 CO_2가 1 ㏖ 생성될 때 O_2는 1.4 ㏖이 소비되는 것을 알 수 있다(표 11.1).

표 11.1. 대기로 방출되는 인위적 CO_2의 종류와 O_2/CO_2 비의 변화(Broecker 2003)[3)]

대기로 CO_2를 방출하는 프로세스	O_2/CO_2 비	프로세스에서 점유하는 비율(%)
고체연료(석탄, 갈탄 등)의 연소	1.17	36.8
액체연료(가솔린, 등유 등)의 연소	1.44	41.6
천연가스(메탄, 프로판 등)의 연소	1.95	18.0
유정에서 불활성 기체연소	1.98	0.6
시멘트 공업	0.00	3.0
합계	1.39	100.0

여기서 1989년부터 2002년까지 13년 동안 대기에 방출된 CO_2의 양을 정확하게 계산하고, 이 CO_2가 모두 대기에 있을 때에 대기의 CO_2농도 증가가 얼마나 되는지 계산하면 40 ppm이라는 값을 얻을 수 있다. 또한 그에 대응하는 대기의 O_2감소는 앞에서 설명한 비율을 활용하여 40×1 = 56 ppm으로 계산된다. 대기의 O_2농도는 209,000 ppm이기 때문에 그 감소율은 0.03%에도 도달하지 않는 낮은 값이다.

이렇게 낮은 대기의 O_2감소를 정확히 측정함에 따라 인위적으로 방출된 CO_2가 대기, 해양 및 생물권에 어떻게 분배되고 있는 가를 추정할 수 있다[3,4]. 그림 11.2는 13년 동안 미국 캘리포니아주의 라호야(La Joya)에서 측정된 대기조성의 시계열 데이터이다. 대기의 CO_2농도는 이 기간 동안 20 ppm이 증가하였다. 이것은 위의 계산으로 예측된 40 ppm의 절반에 해당된다. 그래서 대기로 방출된 CO_2의 절반은 대기에 잔존하는 것을 알게 되었다. 한편 대기의 O_2농도는 O_2/N_2 비의 실측값에서 49 ppm이 감소한 것을 알게 되었다. 이것은 예측한 56 ppm보다도 다소 낮은 값이었다.

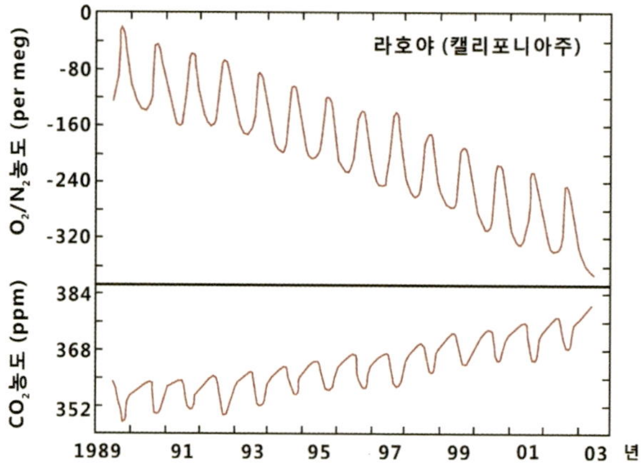

그림 11.2. 미국 캘리포니아주 라호야(La Joya)에서 1989년부터 2002년까지 대기의 O_2/N_2 비와 CO_2 농도 변화(Broecker (2003)[3]를 수정).

그림 11.3은 CO_2 증가를 가로축에, O_2 감소를 세로축에 놓고 모식화한 것이다. 1989년을 출발점(왼쪽 위의 원점)으로 13년 후인 2002년에 실측된 값을 빨간 원으로 나타내었다. 또 하얀 원은 위에서 설명한 것처럼 처음 계산한 CO_2 증가 40 ppm과 O_2 감소 56 ppm을 나타내고 있다. 대기의 CO_2를 흡수할 수 있는 것은 해양과 생물권이다. CO_2가 해양에 용해되더라도 대기의 O_2는 변화하지 않는다. 반면 생물권에서 광합성으로 CO_2를 흡수한다면, 거의 같은 몰수 O_2가 발생한다. 실측된 O_2 농도(49 ppm)가 예상(56 ppm)보다 적었던 만큼, 다시 말하면 약 7 ppm의 CO_2는 대기에서 생물권으로 이동한 것이 된다. 남는 13 ppm은 해양에 용해된 것으로 생각된다.

이상의 상황을 그림에 나타낸 것이 그림 11.3의 빨간 원 왼쪽에 연결된 2개의 화살표이다. 다시 말하면 대기에 방출된 CO_2에서 50%, 35% 및 15%가 각각 대기, 해양, 생물권으로 분배되고 있는 것을 알 수 있다.

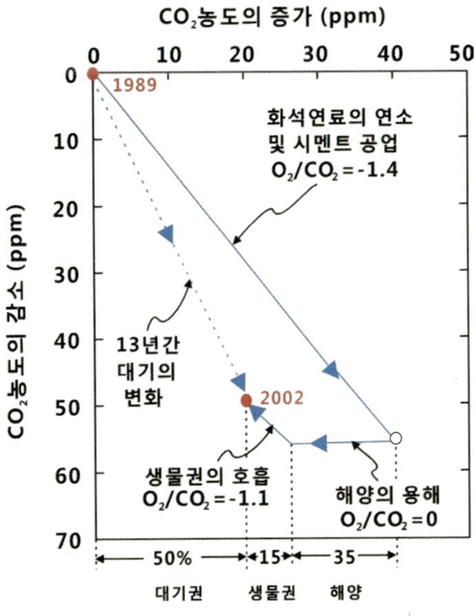

그림 11.3. 대기의 CO_2와 O_2 농도 변화의 해석(Broecker(2003)[3]를 수정).

다. 급격한 해양환경의 변화

지난 40억 년 이상 해양의 역사에서 지금처럼 급격한 해양환경이 변화가 지속되는 시기는 없었다. 인간의 일생이라고 할 수 있는 100년도 안 되는 짧은 시간에 이렇게 급격한 환경변화를 실감하게 하는 미증유의 시대를 우리는 경험하고 있다.

대기에 잔류한 CO_2에 의한 온실효과는 지구표면 온도를 점차 증가 시킨다(지구온난화). 대기의 CO_2 이외의 온실효과기체인 메탄(CH_4), 일산화이질소(N_2O), 할로겐카본류의 농도도 현재 증가하고 있어, 지구온난화를 가속화시키고 있다. 한편 대기의 먼지와 에어로졸은 태양광의 입사를 억제하여 지구를 냉각시킨다(제7장 참조). 온난화와 냉각화의 작용을 합하더라도 21세기말 지구표면 기온은 2 ~ 3℃의 이상 증가 할 가능성이 높다고 한다. 또한 극지방에서 해빙이 감소하거나, 해수면이 약 1 m 상승 한다는 것이 IPCC (lntergovernmental Panel on Climate Change)에서 예측하고 있는 내용이다[5)].

대기에서 해양으로 용해된 인위적 CO_2는 해수의 총 용존무기탄소 농도를 증가시켜 pH를 낮추게 된다(해양산성화, 칼럼 4 참조). 그림 11.4에 의하면 1980년대 후반부터 해양표면에서 현저한 pCO_2증가와 pH 감소가 관측되었으며, 21세기말에는 0.2 ~ 0.3 정도 낮아 질것으로 예측되고 있다[5)].

지구온난화에 의한 해수 온도의 상승은 O_2를 포함한 기체의 포화용해도를 감소시킨다(계산법은 부록을 참조). 또한 해양의 열염순환도 약화시킬 가능성이 있다. 이것은 극해역에서 형성되는 고밀도 표면수가 표면수온의 증가와 해수용해에 따른 저염화 등에 의해 억제되어, 표층해수가 심층으로 침강하기 어렵게 될 수 있다는 것이다. 이러한 열염순환의 약화는 해양표층수에서 공급되는 O_2 농도를 감소시키게 된다. 이러한 결과 해수의 O_2 농도는 그림 11.5에 나타낸 것과 같이 전 지구적으로 감소하는 것이 예견 된다. 최근 50년의 해양관측자료에서도 이러한 경향은 관찰되고 있다[6].

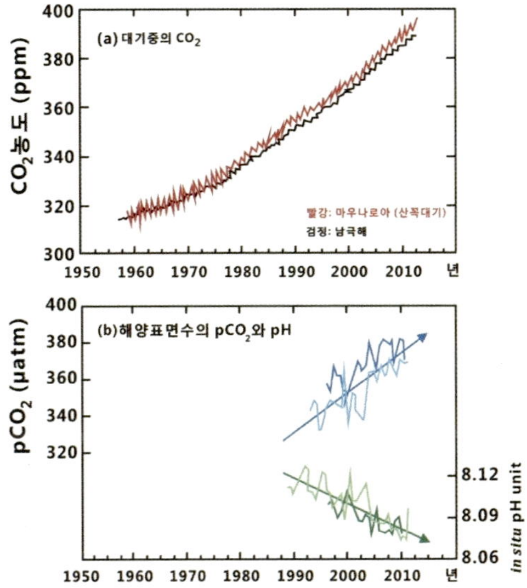

그림 11.4. 대기의 CO_2 증가(a)에 따른 해양표면수의 pCO_2와 pH의 연간변화(b) (IPCC(2013)[5]를 수정).

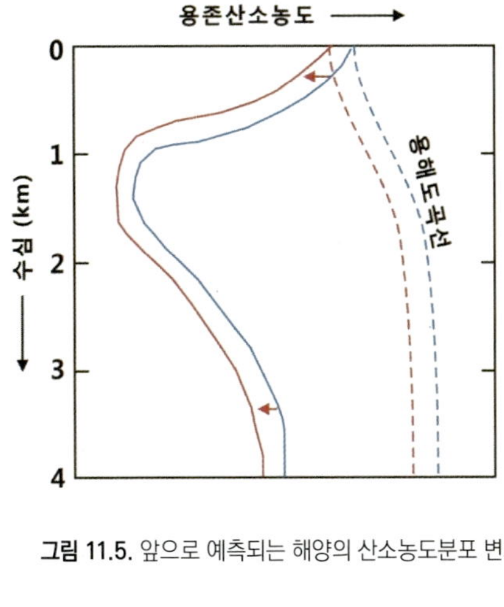

그림 11.5. 앞으로 예측되는 해양의 산소농도분포 변화.

해수에서 화학적으로 활성이 없는 인공물질은 분해되지 않고, 해양 전체로 퍼져 나간다. 이미 설명한 것과 같이 프레온가스는 해양의 추적자로 앞으로 유용하게 활용될 것이다(그림 6.11, 제6장 12절 참조). 또한 최근에 인공불소화합물 PFOS (Perfluorooctanesulfonate, CF_3-$(CF_2)_7$-SO_3H)와 PFOA (Perfluorooctanoate, CF_3-$(CF_2)_6$-CO_2H)가 주목받고 있다. 해수에서 이들 화합물의 농도분포가 국제협력에 의해 밝혀지고 있다. 그림 11.6은 해양 표층과 일부 해역의 수직분포를 포함한 전구지적인 PFOS 및 PFOA의 농도분포이다[7]. 이들 물질은 자연환경에서 쉽게 분해되지 않으며, 수용성이기 때문에 주로 북반구의 공업선진국 주변에서 열염순환에 의해 외양 심층수로 확산되고 있다. 앞으로 지속적인 모니터링으로 해양에서 오염정도와 해양생물에 미치는 영향을 파악할 수 있을 것이다. 또한 프레온가스와 마찬가지로 이들 물질은 해양화학추적자로서 유용하게 활용될 가능성이 높다.

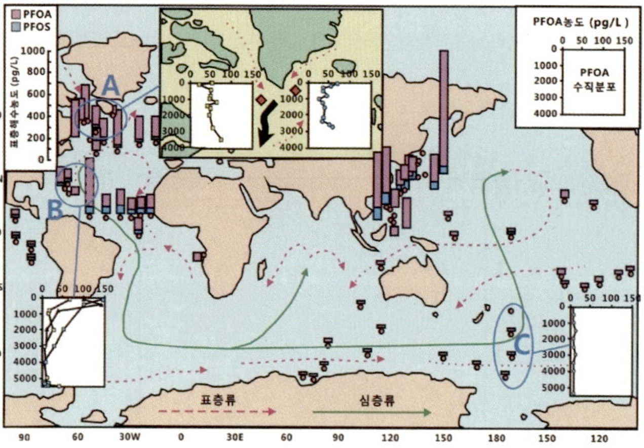

그림 11.6. 전 세계의 표층해수 및 해역 A ~ C의 심층수 중 PFOS와 PFOA의 농도분포(Yamshita et al. (2008)[7]를 수정).

3. 해양 분석화학기술의 발전

해양지구화학의 근간을 지지하는 것은 말할 필요도 없이 해양에서 얻어지는 다양한 관측 자료이다. 이러한 관측 자료를 얻기 위한 시료채수와 화학분석의 정확도가 연구 결과를 결정하는 인자라고 해도 지나치지 않을 것이다. 해양심층에서 연구목적을 달성하기 위한 시료를 채취하기 위해서는 첨단 조사장비가 장착된 해양연구선과 심해잠수정이 필요하다. 일본에서는 독립행정법인 해양연구개발기구(Japan agency for marine-earth science and technology, JAMSTEC)가 목적별로 다양한 해양조사선과 잠수정을 보유하고 있으며, 해양조사 항해 전반을 총괄하고 있다. 특히 해양의 다목적 연구용으로 설계된 학술연구 선박은 학술적 관점에서 지구화학적 연구를 추진하는데 반드시 필요한 시설이다. 이러한 연구선의 활용방안과 새로운 관측기술 및 분석화학 방법의 개발, 도입 및 활용전략 등은 미래의 해양지구화학 발전에 있어 매우 중요하다고 할 수 있다.

가. 청정 관측기술의 향상

해수의 화학조성을 정확히 알기 위해서는 청정한 시료채취가 매우 중요하다. 특히 매우 낮은 농도의 미량원소의 분석에는 얼마나 오염없이 해수를 채수 할 수 있는지가 연구의 성공여부를 결정하게 된다(제2장 참조). 해수시료를 오염시키는 원인은 매우 다양하며 실험 과정 곳곳에 숨어있다. 즉 연구선의 선체, 채수기를 해양에 투입할 때 사용되는 와이어 및 로프, 채수기 내부 벽면, 채수기에서 해수시료를 회수할 때 대기와 대기입자와의 노출 그리고 시료를 보존하는 용기 내벽 등등… 을 사례로 나열 할 수 있다[8].

표 11.2는 1960년 이후 보고된 해양의 미량중금속원소 농도의 변화

를 나타내었다. 모든 원소에서 시간이 지날수록 농도가 현저하게 낮아진 것을 알 수 있다. 이는 해수조성이 시간과 함께 변화된 것이 아니고, 해수를 오염시키지 않고 채수하는 기술의 발전 때문에 그만큼 실제값에 가까워지고 있다는 것을 의미한다.

표 11.2. 50년 전부터 약 10년마다 보고된 해수의 미량중금속 농도 평균값(Nozaki (1993)[9]).

원소명	농도(nmol/kg)			
	1960년대	1970년대	1980년대	1990년대
철	180	36	0.7	0.6
구리	50	8	2	2
은	3	0.3	0.03	0.02
금	0.02	0.02	0.06	0.00015
납	0.2	0.2	0.005	0.005
비스무스	0.1	0.1	0.05	0.00015

2006년부터 대규모의 국제공동연구인 GEOTRACES(해양미량원소와 동위원소를 이용한 생물지구화학적 연구) 프로그램을 진행하고 있다(칼럼 4 참조). 이 프로그램은 해양의 미량원소를 정확하게 측정하고 이들 거동을 파악하기 위해 미량원소의 전면적인 분석의 변화를 다룬 최초의 프로젝트라고 할 수 있다. 그 결과 오염없이 해수를 채수할 수 있게 되었고, 국제적으로 높은 정밀도로 화학분석을 할 수 있는 새로운 단계에 도달한 것으로 인정을 받게 되었다.

GEOTRACES 프로그램은 시료의 오염 등과 같이 신뢰성을 확보할 수 없는 자료는 엄격하게 삭제된다. 넓은 바다를 여러 국가가 분담하여 자료를 생산하고 취합하여, 최종적으로 지구규모의 해양에 대한 미량원소 분포도를 완성하는 것이 목적이다. 분석값의 신뢰성을 확보하기 위해서 238쪽에 이르는 상세한 작업 매뉴얼(Cook Book이라고 부름)을 작성하여 GEOTRACES에 참여하는 연구자들이 반드시 엄수하도록 요구하고 있다. 예를 들면 다음과 같은 내용들이다.

① 해수채수를 위해서 연구선에서 사용하는 각종 와이어 로프는 유기성 재질(예로서 케블러로프 등)을 사용할 것.
② 채수기는 금속재질을 일체 사용하지 않고, 내벽을 테플론 수지로 피복하여 사용할 것(Go-Floe 채수기, 니스킨채수기 등).
③ 채수기에서 해수시료 채취는 반드시 클린룸에서 실시할 것.
④ 동일한 해수시료 또는 같은 관측점에서 채수한 해수시료를 복수의 연구기관에서 분석한 다음 상호 검교정하여 분석값의 신뢰성을 확보할 것.

이러한 국제적 움직임에 보조를 맞추어 청정하게 채수한 해수시료는 최근 정밀도가 눈에 띄게 향상된 화학분석기기(멀티콜렉트형 ICP질량분법(MC-ICP-MS), 스트립핑 볼타메트리(stripping voltammetry), 동위원소비 질량분석법(IR-MS) 등)를 활용하여, 크린룸에서 자료를 취득하여 화학적으로 해양환경을정확하게 파악하고자 하는 노력이 계속되고 있다[10]. 이러한 노력에 의해 해양환경의 구조와 시 · 공간적 변동을 이해할 뿐만 아니라 해저퇴적물 화학플록시에서 고환경을 정확히 읽어 낼 수 있는 기초자료로서 미래의 해양지구화학연구를 위한 비교 검토 자료로서도 가치가 높아질 것이다.

나. 현장의 화학관측을 위한 기술 향상

해양에서 시 · 공간적 해상도를 향상시켜 보다 상세한 화학정보를 얻어야 하는 필요성은 계속 높아질 것이다. 연간 1회의 관측보다는 월별 관측이, 100 m 간격의 채수보다는 1 m 간격으로 채수하는 것이 훨씬 많은 정보를 얻을 수 있다. 그러나 해양연구선을 이용하여 이렇게 높은 해

그림 11.7. 하쿠오마루(白鳳丸)에서 해저열수활동을 조사하기 위해 로젯채수기(Rosette sampler)에 장착된 CTD 센서와 현장 화학분석장치인 GAMOS(저자(蒲生) 촬영).

상도의 시료채수를 전제로 하는 해양관측은 시간적, 경제적 및 노동력 등에서 어려움이 많기에 현실적으로 적용할 수가 없다.

때문에 앞으로 기대되는 해양관측기술은 시료채취가 필요없는 수중 센서 또는 현장(*in-situ*) 화학분석 장치에 의해 자료취득이 가능한 방법이 될 것이다. 이미 CTD 센서(C: Conductivity 전기전도도(염분), T: Temperature 수온, D: Depth 수심(수압))는 높은 정밀도와 빠른 응답속도로 현장에서 일반적으로 사용되고 있다. 이외에도 현재 사용되는 수중 센서로 용존산소센서(전극식 및 광학식), pH 및 메탄 측정용 수중 센서 등이 있지만, 이들 센서를 보다 높은 정밀도를 가진 수중 센서로 실용화하기 위한 노력이 지속적으로 진행되고 있다. 이들 센서는 소형으로 취급이 쉽지만, 응답속도가 늦으며 현장에서 검교정하기가 어렵다는 문제도 있다. 따라서 현재는 수중 센서 관측과 동시에 연구선에서 채수된 해수의 분석 값을 이용하여 센서의 검교정이 반드시 이루어져야만 한다.

한편 현장 화학분석장치는 육상에서 사용되는 자동분석장치를 소형화하여 내압 성능을 갖춘 수중장비이다(칼럼 3 참조). 센서보다 사용하기는 복잡하지만, 현장에서 표준시료를 분석할 수 있기 때문에, 분석 감도의 변화를 정확하게 보정을 할 수 있어 분석값의 신뢰도가 높다. 현재 비색분석과 화학발광분석법을 이용하는 flow system이 장착된 분석장치가 실용화되어 있으며, 해수의 규산염, 황화수소, 망간, 철 등의 분석에 응용 되고 있다. 일본은 수심 5,000 m의 내압기능을 가진 GAMOS (칼럼 3 참조)라고 부르는 현장 망간분석기가 개발되어[11], 해저의 열수 활동의 세부탐사에 활용되고 있다(그림 11.7 참조). GAMOS를 해저케이블에 연결하여 수 개월 동안의 장기계류관측도 기술적으로 가능하다[12]. 또한 마이크로 유체 디바이스를 활용하여 현장 분석기의 초소형화와 고성능화도 계획하고 있다[13].

위에서 설명한 관측방법은 앞으로 기술혁신과 일반적인 사용이 기대된다. 이와 함께 현장기기를 오랜 시간 바다 속에서 작동시키기 위한 계류계시스템(mooring system), 해저케이블, 수중로봇(autonomous underwater vehicle AUV), 수중글라이더 등 관측보조시스템의 기능 향상도 필요하다. 정밀하게 현장에서 분석된 화학성분이 비약적으로 증가하여, 시 · 공간적으로 밀도가 높은 현장자료가 실시간(real time)으로 취득이 가능한 체제가 구축된다면, 해양지구화학 연구에 혁신적인 진전이 이루어질 것이다.

칼럼 8

바다 의사

James Lovelock 박사의 가이아 가설은 지구를 생물로 가정하고, 지구의 생명과 지구의 물리 및 화학적 무생물환경과의 관계를 알기 쉽게 나타내고 있다. 생물지구화학적 순환은 지구라는 행성 생명체에 근간을 이루는 대사경로로 간주한다. 그러면 해양지구화학을 공부하는 사람은 해양의 대사경로를 진찰하는 "바다 의사"라고 부를 수도 있다.

지금의 지구는 심각한 질병과 부상을 안고 있다. 우리는 환부의 특징을 자세히 살펴보고 원인을 규명하여, 치료를 위한 방안을 제시하여야 한다. 의사는 환자의 얼굴색과 청진기 사용 및 혈액성분을 조사하여 병명을 판단하고 필요한 처방을 한다. 우리는 무의식적으로 지구의 얼굴색을 체크하고 있다. 바다와 하늘의 색깔을 보면서 지구가 건강한지를 판단한다. 지구물리학자는 육상과 해저에 지진계를 설치하지만, 이것은 지구에 청진기를 사용하는 것과 유사하다.

인체내부를 혈액과 함께 다양한 화학물질이 순환하고 있는 것처럼, 지구에서도 물의 움직임으로 대량의 화학물질이 다양한 시간스케일로 순환하고 있다. 의사가 인체에서 혈액과 조직샘플을 채취하여, 그 구성을 알아보는 것과 같이, 우리는 해수와 해저퇴적물을 채취하여 화학성분을 조사하고 있다. 해양의 표층부터 해저 위까지 미량원소, 방사성 핵종의 농도분포와 시간적인 변동이 밝혀지고 있다. 이러한 바다의 건강진단을 통하여 전 지구적 변동에 관해서 이해하고, 예측 하려고 시도하고 있다. 또한 그것이 인위적 원인에 의한 것이라면 적절한 복원방법이 있는지에 대한 단서를 얻기 위해 노력하고 있다.

참고문헌

■ 제1장

(1) Wright, J. and A. Colling, 1995. Seawater: Its Composition, Properties and Behavior (2nd eds). (an Open University Course), Elsevier Butterworth - Heinemann. 172pp.

(2) Deevey Jr, E.S., 1970. Mineral Cycles. In The Biosphere (A Scientific American Book), W.H Freeman, pp.148-159.

(3) Stowe, K.S., 1979. Ocean Science. John Wiley and Sons, 610pp.

(4) Berger, W.H. and V.S. Smetaceket (eds.), 1989. Productivity of the Ocean: Present and Past. Dahlem workshop Report. Life Sciences Research Report 44, John Wiley and Sons, 471pp.

(5) Chester, R. and T. Jickells, 2012. Marine Geochemistry (3rd eds). Wlley-Blackwell, 411pp.

(6) Pilson, M.E.Q., 2013. An Introduction to the Chemistry of the Sea (2nd eds). Cambridge Univ. Press, 524pp.

(7) 東京大學海洋硏究, 2010. 海洋學. 東海大學出版會, 624pp. (原著: Pinet, P.R., 2006. Invitation To Oceanography (4th eds.), Jones and Bartlett Learning.)

(8) Ozima, M. and K. Kudo, 1972. Excess argon in submarine basalts and an earth-atmosphere evolution model. Nature, 239, 23-24.

(9) 田近英一, 1996. 地球の構成. In 松井孝典, 高橋栄一, 阿部豊, 田近英一, 柳川弘志, 岩波講座 地球惑星科學 (1) 地球惑星科學入門. 岩波書店, pp.47-100.

(10) Chameides W.l. and E.M. Perdue, 1997. Biogeochemical cycles. Oxford Univ. Press, 224pp.

(11) Eglington, T.l. and D.J. Repeta, 2003. Organic matter in the contemporary ocean. In Elderfield, H.(ed.), The Oceans and Marine Geochemistry: Treatise on Geochemistry. Vol. 6, Elsevier, pp.145-180.

■ 제2장

(1) Berner. E.K. and R.A. Berner, 1987. The global water cycle. Prentice-Hall, 397pp.

(2) 東京大學海洋硏究, 2010. 海洋學. 東海大學出版會, 624pp. (原著: Pinet, P.R.,

2006. Invitation To Oceanography (4th eds.), Jones and Bartlett Learning.)
(3) UNESCO, 1981. Background papers and supporting data on the Practical Salinity Scale 1978 (UNESCO Technical papers in Marine Science 37), 144pp.
(4) TEOS-10についてのWebページ. (http://www.teos-l0.org)
(5) Pawlowicz, R., What energy oceanographer needs to know about TEOS-10 (The TEOS-10 Primer). (http://www:teos-10.org/pubs/TEOS-10_Primer.pdf)
(6) 河野健, 2010. 新しい海水の状態方程式と新しい鹽goal(Reference Composition Salinity)の定義について. 海の研究, 19, 127-137.
(7) McDougall, T.J., D.R. Jackett, F.J. Millero, R.Pawlowicz, and P.M. Barker, 2012. A global algorithm for estimating absolute salinity. Ocean Science, 8, 1123-l134.
(8) UNESCO, 1981. Background papers and supporting data on the International equation of state of sea-water 1980 (UNESCO Technical papers in Marine Science 38), 192pp.
(9) Pilson, M.E.Q., 2013. An Introduction to the Chemistry of the Sea (2nd eds). Cambridge Univ. Press, 524pp.
(10) Hunke, E.C., D. Notz, A.K. Turner, and M. Vancoppenolle, 2011. The multiphase physics of sea ice: a review for model developers. The Cryosphere, 5, 989-1009.
(11) Chester, R., 2000. Marine Geochemistry (2nd eds.). Wiley Black-well Science, 520pp.
(12) Koike, I., S. Hara, K. Terauchi, and K. Kogure, 1990. Role of sub-micron particles in the ocean, Nature, 345, 242-244.
(13) Wells, M.L and E.D. Goldberg, 1992. Marine submicron particles. Marine Chemistry, 40, 5-18.
(14) Wells, M.L. and E.D. Goldberg, 1994. The distribution of colloids in the North Atlantic ancl Southern Oceans. Li,mnology and Oceanography, 39, 286-302.
(15) Nishioka, J., S. Takeda, C.S. Wong, and W.K Johnson, 2001. Size-fractionated iron concentrations in the northeast Pacific Ocean: dlstribution of soluble and small colloidal iron. Marine Chemistry, 74, 157-179.
(16) Wu, J.F.. E. Boyle, W. Sunda and L.S. Wen, 2001. Soluble and colloidal iron in

the oligotrophic North Atlantic and North Pacific. Science, 298, 847-849.

(17) Anderson, R.F., 2003. Chemical tracers of particle transport. In Elderfield, H. (ed.), The Oceans and Marine Geochemistry: Treatise on Geochemistry. Vol. 6, Elsevier, pp.247-273.

(18) Nagata, T. and D.L. Kirchman, 1997. Roles of submicron particles and colloids in microbial food webs and biogeochemical cycles within marine environments. Advances in Microbial Ecology, 15, 81-103.

(19) Wells, M.L. ancl E.D. Goldberg, 2011. The distribution of colloids in the North Atlantic and Southern Oceans, Limnology and Oceanography, 39, 989-1009.

(20) Obata, H.. Y. Nozaki, D.S. Alibo, and Y. Yamamoto, 2004. Dissolved Al, In and Ce in the eastern Indian Ocean and the Southeast Asian Seas m comparison with the radionuclides ^{210}Pb and ^{210}Po. Geochimica et Cosmochimica Acta, 68, 1035-1048.

(21) GEOTRACES Cookbook, 2010. (http://wv.w.geotraces.org/libranes/ documents/Intercalibration/ Cookbook.pdf)

(22) Oka, Y., M.Butnaru, L. von Buchholtz, N.J.P. Ryba, and C.S. Zuker. 2013, High salt recruits aversive taste pathways. Nature, 494, 472-475.

[23) Haraguchi, H., 2004. Metallomics as integrated biometal science. Journal of Analytical Atomic Spectrometry, 19, 5-14.

(24) Okamura, K., H. Kimoto, K. Saeki, J. Ishibashi, H. Obata, M. Maruo, T. Gamo, E. Nakayama, and Y. Nozaki, 2001, Development of a deep-sea in situ Mn analyzer and its application for hydrothermal plume observarion. Marine Cemistry, 76, 17-26.

■ 제3장

(1) Anderson. L.A. and J.L. Sarmiento, 1994. Redfield ratios of remieralization determined by nutrient data analysis. Global Biogeochemical Cycles, 8, 65-80.

(2) Gruber, N. and J.L. Sarmiento, 1997. Global patterns of marine nitrogen fixation and denitrification. Global Biogeochemival Cycles, 11, 235-266.

(3) Weiss, R.F., 1974. Carbon dioxide in water and seawater: the solubility of a non-ideal gas. Marine Chemistry, 2, 203-215.

(4) Lueker, T. J., A.G. Dickson, and C.D. Keelinget, 2000. Ocean pCO_2 calculated from dissolved inorganic carbon, alkalinity, and equations for K_1 and K_2: validation based on laboratory measurements of CO_2 in gas and seawater at equilibrium. Marine Chemistry, 70, 105-119.

(5) Dickson, A.G., C.L. Sabine, and J.R. Christian (eds.), 2007. Guide to Best Practices for Ocean CO_2 Measurement. PICES Special Publication 3, 191pp.

(6) Ciais, P., C. Sabine, G. Bala, L. Bopp, V. Brovkin, J. Canadell, A. Chhabra, R. DeFries, J. Galloway, M. Heimann, C. Jones, C. Le Quéré, R.B. Myneni, S. Piao and P. Thornton, 2013. Carbon and Other Biogeochemical Cycles. In Stocker, T.F., D. Qin, G.-K. Plattner, M. Tignor, S.K. Allen, J. Boschung, A. Nauels, Y. Xia, V. Bex and P.M. Midgley (eds.). Climate Change 2013: Tha Physical Science Basis. Contributions of working Group I to Fifth Assessment Report of the Intergovernmental Panel on Climate Change. Cambridge Univ. Press. pp. 467-570.

(7) Sabine C.L., R.A. Feely, N. Gruber, R.M. Key, K. Lee, J.L. Bullister, R. Wanninkhof, C.S. Wong, D.W.R. Wallace, B. Tilbrook, F.J. Millero, T.H. Peng, A. Kozyr, T. Ono, and A.F. Rios, 2004. The oceanic sink for anthropogenic CO_2. Science, 305, 367-371.

(8) Takahashi, T., S.C. Sutherland, R. Wanninkhof, C. Sweeney, R.A. Feely, D.W. Chipman, B. Hales, G. Friederich, F. Chavez, C. Sabine, A. Watson, D.C.E. Bakker, U. Schuster, Ni. Metzl, H. Yoshikawa-Inoue, M. Ishii, T. Midorikawa, Y. Nojiri, A. Körtzinger, T. Steinhoff, M. Hoppema, J. Olafsson, T.S. Arnarson, B. Tilbrook, T. Johannessen, A. Olsen, R. Bellerby, C.S. Wong, B. Delille, N.R. Bates, and H.W. de Baar, 2009. Climatological mean and decadal change in surface ocean pCO2 and next sea-air CO2 flux over the global oceans. Deep-Sea Research, Part Il, 56, 554-577.

(9) Nozaki, Y. and T. Oba, 1995, Dissoluuon of calcareous tests in the ocean and atmospheric carbon dioxide. In Sakai. H. and Nozaki, Y. (eds.), Biogeochemical Processes and Ocean Flux in the Western Pacific, Terra Scientific Publishing Company, pp.83-92.

■ 제4장

(1) Bruland. K.W. and M.C. Lohan, 2003. Controls of Trace Metals in Seawater. In Elderfield, H. (ed.), The Oceans and Marine Geochemistry: Treatise on Geochemistry. Vol. 6, Elsevier, pp.23-47.

(2) SCOR Working Group, 2007. GEOTRACES - An international study of the global marine biogeochemical cycles of trace elementss and their isotopes, Chemie der Erde, 67. 85-131.

(3) Sohrin, Y. and K.W. Bruland, 2011. Global status of trace elementss in the ocean. Trends in Analytical Chemistry, 30, 1291-1307.

(4) Nozaki, Y., 1993. Chemistry and the oceans: An overview. In Teramoto, T. (ed.). Deep Ocean Circulation (Elsevier Oceanography Series), Elsevier, pp.83-89.

(5) Vu. H.T.D. and Y. Sohrin, 2013. Diverse stoichiometry of dissolved trace metals in the Indian Ocean, Scientific Reports, 3, Article No. 1745.

(6) Sohrin, Y., S. Urushihara, S. Nakatsuka, T. Kono, E. Higo, T. Minami, K. Norisuye, and S. Umetani. 2008. Multielementsal determination of GEOTRACES key trace metals in seawater by ICPMS after preconcentrauon using an ethylenediaminetriacetic acid chelating resin. Analytical Chemistry, 80, 6267-6273.

(7) Lee, J.M., E.A. Boyle, Y. Echegoyen-Sanz, J.N. Fitzsimmonsa, R. Zhang, and R.A. Kayser, 2011. Analysis of trace metals (Cu, Cd, Pb, and Fe) in seawater using single batch nitrilotriacetate resin extraction and isotope dilution inductively coupled plasma mass spectrometry. Analytica Climica Acta, 686, 93-101.

(8) Morel, F.M.M., A.J. Milligan, and M.A. Saito, 2003. Marine Bioinorganic Chemistry: The Role of Trace Metals m the Oceanic Cycles of Major Nutrients. In Elderfield, H. (ed.), The Oceans and Marine Geochemistry: Treatise on Geochemistry. Vol. 6, Elsevier, pp.113-143.

(9) Anbar, A.D. and A.H. Knoll, 2002. Proterozoic ocean chemistry and evolution: A bioinorganic bridge? Science, 297, 1137-1142.

(10) Bruland, K.W., J.R. Donat, and D.A. Hutchins, 1991. Interactive mfluences of bioactive trace metals on biological production in oceanic waters. Limnology

and Oceanography, 36, 1555-1577.

(11) Cid, A.P., S. Urushihara, T. Minami, K. Norisuye, and Y. Sohrinet, 2011. Stoichiometly among bioactive trace metals in seawater on the Bering Sea shelf. Journal of Oceanography, 67, 747-764.

(12) Martin, J.H., S.E. Fitzwater, and R.M. Gordon, 1990. Iron deficiency limits phytoplankton growth in Antarctic waters. Global Biogeochemical Cycles, 4, 5-12.

(13) Boyd, P.W., T. Jickells, C.S. Law, S. Blain, E.A. Boyle, K.O. Buesseler, K.H. Coale, J.J. Cullen, H.J.W. de Baar, M. Follows, M. Harvey, C. Lancelot, M. Levasseur, N.P.J. Owens, R. Pollard, R.B. Rivkin, J. Sarmiento, V. Schoemann, V. Smetacek, S. Takeda, A. Tsuda, S. Turner, and A.J. Watson, 2007. Mesoscale iron enrichment experimems 1993-2005: Synthesis and future directions. Science, 315, 612-617.

(14) Wallace. D., C. Law, P.W. Boyd, Y. Collos, P. Croot, K. Denman, P. Lam, U. Riebesell, S. Takeda, and P. Williamson, 2010. Ocean fertilization. A scientific summary for policy makers. IOC/UNESCO, 20pp.

(15) Okubo. A., H. Obata, T. Gamo, and M. Yamada, 2012. ^{230}Th and ^{232}Th distributions in mid latitudes of the North Pacific Ocean: Effect of bottom scavenging. Earth and Planetary Science Letters, 339, L39-150.

(16) Buesseler K.0., S. Pike, K. Maiti, C.H. Lamborg, D.A. Siegel, and T.W. Trull, 2009. Thorium-234 as a tracer of spacial temporal and vertical variability in particle flux in the North Pacific. Deep-Sea Research, Part l, 56, 1143-1167.

(17) Yamada, M., J. Zheng, and Z. Wang, 2006. ^{137}Cs, $^{239+240}Pu$ and $^{240}Pu/^{239}Pu$ atom rattios in the surface waters of the western North Pacific Ocean, eastern Indian Ocean and their adjacents seas. Science of Total Environment, 366, 242-252.

(18) Wu, J., R. Rember, M. Jin, E.A. Boyle, and A.R. Flegal, 2010. Isotopic evidence for the source of lead in the North Pacific abyssal water. Geochimica et Cosmochimica Acta, 74, 4629-4638.

(19) Amakawa, H., K. Sasaki, and M. Ebihara, 2009. Nd isotopic composition in the central North Pacific. Geochimica et Cosmochimica Acta, 73, 4705-4719.

(20) Sano, Y., N Takahata, and T Gamo, 1995. Helium isotopes in South Pacific deep seawater. Geochemical Journal, 29, 377-384.

(21) Tanimizu, M., Y. Sohrin, and T. Hirata, 2013. Heavy elements stable isotope ratios: Analytical approaches and applicaLions. Analytical and Bioanalytical Chemistry, 405, 2771-2783.

(22) Boyle, E.A., S. John, W. Abouchami, J.F. Adkins, Y. Echegoyen-Sanz, M. Ellwood, A.R. Flegal, K. Fornace, C. Gallon, S. Galer, M. Gault-Ringold, F. Lacan, A. Radic, M. Rehkamper, O. Rouxel, Y. Sohrin, C. Stirling, C. Thompson, D. Vance, Z. Xue, and Y. Zhao, 2012. GEOTRACES IC1 (BATS) contamination-prone trace elements isotopes Cd, Fe. Pb, Zn, Cu, and Mo intercalibralion. Limnology and Oceanography: Methods, 10, 653-665.

(23) Schmitt, A.D., S.J.G. Galer, and W. Abouchami, 2009. Mass dependent cadmium isotopic variations in nature with emphasis on the marine environment. Earth and Planetary Science Letters, 277, 262-272.

(24) Siebert, C., T.F. Nägler, F. von Blanckenburg, and J. Kramers, 2003. Molybdenum isotope records as a potential new proxy for paleoceanography. Earth and Planetary Science Letters, 211, 159-171.

(25) Nakagawa, Y., S. Takano, M.L. Firdaus, K. Norisuye, T.I Hirata, D. Vance, and Y. Sohrin, 2012. The molybdenum isotopic composition of the modern ocean. Geochemical Journal. 46, 131-141.

■ 제5장

(1) Killops, S.O. and V.J. Killops, 1993. An introduction to Organic Geochemistry. John Wiley and Sons, 280pp.

(2) Hedges, J.L., 2002. Why Dissolved Organic Matter. In Hansell, D.A. and Carlson, C.A. (eds.), Biogeochemistry of Marine Dissolved Organic Matter. Academic Press, pp.91-151.

(3) 西田民人, 未發表 data.

(4) Michaels, A.F. and A.H. Knap, 1996. Overview of the U.S. JGOFS Bermuda Atlantic time-series study and the hydrostation S program. Deep-sea Research,

Part II, 43, 157-198.

(5) Lampitt. R.S. and A.N. Antia, 1997. Particle flux m deep seas: Regional characteristics and temporal variability. Deep-sea Research Part I, 44, 1377-1403.

(6) Carison, C.A.,. H.W. Ducklow, and A.F. Michaels, 1994. Annual flux of dissolved organic carbon from the euphotic zone in the northwestem Sargasso Sea. Nature, 371, 405-408.

(7) 氣象廳 Home page, (http://www.data.kishou.go.jp/db/kaikyo/knowledge/mixecllayer. html).

(8) 環境省, 國立環境硏究所 Home page(http://tenbou.nies.go.jp/learning/note / theme1_3-html).

(9) Druffel. E.R,M., P.M. Williams, J.E. Bauer, and J.R. Ertel, 1992. Cycling of dissolved and particulate organic matter in the open ocean. Journal of Geophysical Research, 97, 15639-15669.

(10) Church, M.J., H.W. Ducklow, and D.M. Karl, 2002. Multiyear increases in dissolved organic matter inventories at Station ALOHA in t.he North PaCific Subtropical Gyre. Limnology and Oceanography, 47, 1-10.

(11) Wakeham. S.G., C. Lee, and J.I. Hedges, 2000. Fluxes of major biochemicals in the Equatorial Pacific Ocean. In Handa, N., E. Tanoue and T. Hama (eds.), Dynamics and Characterization of Marine Organic Matter. Ocean Sciences Research (OSR), Vol. 2, Springer, pp.117-140.

(12) Saijo, S. and E. Tanoue, 2004. Characterization and source of particulate proteins in Pacific surface waters. Limnology and Oceanography, 49, 953-963.

(13) Yamashita, Y. and E. Tanoue, 2004. ln situ production of clromophoric dissolved organic matter in coastal environments. Geophysical Research Letter, 31, Ll4302.

(14) Yamashita, Y. and E. Tanoue, 2008. Production of bio-refractory fluorescent dissolved organic matter in the ocean interior. Nature Geosience, 1. 579-582.

(15) McCarthy, M., T. Pratum, J. Hedges, and R. Benner, 1997. Chemical composition of dissolved organic nitrogen in the ocean. Nature, 390. 150-154.

(16) Tanoue, E., S. Nishiyama, M. Kamo, and A. Tsugita, 1995. Bacterial membranes: possible source of a major dissolved protein in seawater. Geochimica et Cosmochimica Acta, 59, 2643-2648.

■ 제6장

(1) Broecker, W.S., 1991. The great ocean conveyor. Oceanography, 4, 79-89.

(2) Craig, H., 1969. Abyssal carbon and radiocarbon in the Pacific, Journal of Geophysical Research, 74, 5491-5506.

(3) Weiss, W. and W. Roether, 1980. The rates of tritium input to the world oceans. Earth and Planetary Science Letters, 49, 435-446.

(4) Ostlund, H.G. and C.G.H. Rooth, 1990. The North Atlantic tritium and radiocarbon transients 1972-1983. Journal of Geophysical Research, 95, 20147-20165.

(5) Bien, G.S., N.W. Rakestraw, and H.E. Suess, 1965. Radiocarbon in the Pacific and Indian Oceans and its relation to deep water movements. Limnology and Oceanography, 10, R25-R37.

(6) 角皆靜男, 1981. 太平洋および大西洋深層水の年齢決定法とその應用. 地球化學, 15, 70-76.

(7) Walker, S.J., R.F. Weiss, and P.K. Salameh, 2000. Reconstructed histories of the annual mean atmospheric mole fractions for the halocarbons CFC-11, CFC-12, CFC-13 and carbon tetrachloride. Journal of Geophysical Research-Ocean, 105, 14285-14296.

(8) Broecker, W.S. and T.H. Peng, 1982. Tracers in the Sea. Eldigio Press, 690pp. (http://eps.mcgill.ca/-egalbrai/Earth_System_Dynam.ics /T'racers_in_the_Sea.html)

(9) Pilson, M.E.Q., 2013. An Introduction to the Chemistry of the Sea (2nd eds). Cambridge Univ. Press, 524pp.

(10) Chester, R. and T. Jickells, 2012. Marine Geochemistry (3rd eds). Wlley-Blackwell, 411pp.

(11) James, R., 2005. Marine Biogeochemical Cycles (2nd eds) (an Open University Course), Elsevier Butterworth-Heinemann. 130pp.

(12) Wright, J. and A. Colling, 1995. Seawater: Its Composition, Properties and Behavior (2nd eds). (an Open University Course), Elsevier Butterworth-Heinemann. 172pp.

■ 제7장

(1) 河村公隆,野崎義行(編),日本地球化學會 監修, 2005. 大氣・水圈の地球化學. 地球化學講座 6, 培風館. 318pp.

(2) Le Quéré, C. and E.S. Saltzman (eds.), 2009. Surface Ocean: Lower Atmosphere Processes. American Geophysical Union, 329pp.

(3) 早野輝朗,松本潔,宇山悠紀子,成田祥,植松光夫, 2004. 西部北太平洋における炭素質エアロソルの濃度レベルと発生源. 地球化學, 38. 117-125.

(4) Matsumoto, K.. Y. Uyama, T. Hayano and M. Uematsu, 2004, Transport and chemical transformation of anthropogenic and mineral aerosol in marine boundary layer over the western North Pacific. Journal of Geophysical Research, 109. D21.

(5) 成田洋, 宇井剛史,・植松光夫, 2005. 2001年夏季におけるアジア大陸から西部太平洋への地殼起源元素及び人爲起源元素の大氣輸送. 地球化學, 39, 1-15.

(6) Jung, J., H. Furutani, and M. Uematsu, 2011. Atmospheric inorganic nitrogen in marine aerosol and precipitation and its deposition to the North and South Pacific Oceans. Journal of Atmosphere Chemistry, 68, 157-181.

(7) Jung, J., H. Furutani1, M. Uematsu, S. Kim, and S. Yoon, 2013. Atmospheric inorganic nitrogen input via dry, wet, and sea fog deposition to the subarctic western North Pacific Ocean. Atmospheric Chemistry and Physics, 13, 411-428.

(8) Soloviev, A.. and R. Lukas, 2006. The Near-Surface Layer of the Ocean: Structure, Dynamics and Application. Springer. 574pp.

(9) Nozaki, Y., 1997. A fresh look at elements distribution in the North Pacific Ocean, EOS Transactions, 78, p.221.

(10) Uno. I., Eguchi, K., Yumimoto, K., Takemura, T., Shimizu, A., Uematsu, M., Liu, Z., Wang, Z., Hara, Y. and Sugimoto, N., 2009. Asian dust transported one full circuit around the globe. Nature Geoscience, 2, 557-660.

(11) Aoyanra. M., K. Hirosea, and Y. Igarashia, 2006. Re-constraction and updating our understanding on the global weapons tests ^{137}Cs fallout. Journal of Environmental Monitoring, 8, 431-438.

(12) 青山道夫, 2012. 海洋に放出された放射性物質の長期地球規模での擧動. 月刊化學, 4月號 別冊(檢證! 福島第一原發事故), 化學同人, 33-38.

(13) Charison, R., J.E. Lovelock, M.O. Andreae, and S.G. Warren, 1987. Oceanic phytoplankton, atmospheric sulphur, cloud albedo and climate. Nature, 326, 655-661.

(14) Tsuda. A., S. Takeda, H. Saito, J. Nishioka, Y. Nojiri, I. Kudo, H. Kiyosawa, A. Shiomoto, K. Imai, T. Ono, A. Shimamoto, D. Tsumune, T. Yoshimura, T. Aono, A. Hinuma, M. Kinugasa, K. Suzuki, Y. Sohrin, Y. Noiri, H. Tani, Y. Deguchi, N. Tsurushima, H. Ogawa, K. Fukami, K. Kuma, T. Saino, 2003. A mesoscale iron enrichment in the western subarctic Pacific induces large centric diatom bloom. Science, 300, 958-961.

(15) Betzer. P., K.L. Carder, R.A. Duce, J.T. Merrill, N.W. Tindale, M. Uematsu, D.K. Costello, R.W. Young, R.A. Feely, J.A. Breland, R.E. Bernstein, and A.M. Greco, 1988. Long range transport of giant mineral aerosol particles. Nature, 336, 588-571.

(16) Duce, R.A., J. LaRoche, K. Altieri, K.R. Arrigo, A.R. Baker, D.G. Capone, S. Cornell, F. Dentener, J. Galloway, R.S. Ganeshram, R.J. Geider, T. Jickells, M.M. Kuypers, R. Langlois, P.S. Liss, S.M. Liu, J.J. Middelburg, C.M. Moore, S. Nickovic, A. Oschlies, T. Pedersen, J. Prospero, R. Schlitzer, S. Seitzinger, L.L. Sorensen, M. Uematsu, O. Ulloa, M. Voss, B. Ward, L. Zamora, 2008. lmpacts of atmospheric anthropogenic nitrogen on the open ocean. Science. 320, 893-897.

■ 제8장

(1) Berner. E.K. and R.A. Berner, 1987. The global water cycle. Prentice-Hall, 397pp.

(2) Meybeck, M., 2004. Global Occurrence of Major Elementss in Rivers. ln Drever

J.I. (ed.), Surface and Ground Water, Weathering and Soils: Treatise on Geochemistry, Vol. 5, Elsevier, pp.207-223.

(3) Broecker, W.S. and T.H. Peng, 1982. Tracers in the Sea. Eldigio Press, 690pp. (http://eps.mcgill.ca/-egalbrai/Earth_System_Dynam.ics /T'racers_in_the_Sea.html)

(4) Gibbs, R.J., l970. Mechanisms controlling world river water chemistry. Science, 170, 1088-1090.

(5) Chester, R. and T. Jickells, 2012. Marine Geochemistry (3rd eds). Wlley-Blackwell, 411pp.

(6) Moore, W.S., 1996. Lorge groudwater inputs to coastal waters revealed by ^{226}Ra enrichments, Nature, 380, 612-614.

(7) Moore, W.S., 2000. Determinning coastal mixing rates using radium isotopes. Continental Shelf Research, 20, 1993-2007.

(8) Cable, J.E., W.C. Burnett, J.P. Chanton, and G.L. Weatherlyer, 1996. Estimating groundwater discharge into the northeastern Gulf of Mexico usmg radon −222. Earth and Planetary Science Letters, 144, 591-604

(9) Burnett, W.C., J.E. Cable, and D.R. Corbett, 2003. Radon tracing of submarine groundwater clischarge in coastalenvironments. In Taniguchi, M., K. Wang, T. Gamo (eds.). Land and Marine Hydrogeology (1st ed.), Elsevier, pp.25-43.

(10) 谷口眞人, 2005. 河口 · 沿岸域 · 外洋. In 河村 · 野崎(編),.日本地球化學會 監修. 大氣 · 水圈の地球化學平, 培風館, pp.249-252.

(11) Dowling, C.B., R.J. Poreda, and A.R. Basu, 2003. The groundwater geochemistry of the Bengal Basin: Weathering, chemsorption, and trace metal flux to the oceans. Geochimica et Cosmochimica Acta, 67, 2177-2136.

(12) 中口譲, 山口善敬, 山田浩章, 張勁, 鈴木痲衣, 小山裕樹, 林清志, 2005. 富山灣海底湧水の化學分析の特徵と起源 -營養鹽と溶存有機物-. 地球化學, 39, 119-130.

■ 제9장

(1) Mottl, M.J., B.T. Glazer, R.I. Kaiser, and K.J. Meech, 2007. Water and astrobiology. Geochemistry, 67, 253-282.

(2) Ge, S., B. Bekins, J. Bredehoeft, K. Brown, E.E. Davis, S.M. Gorelick, P.

Henry, H. Kooi, A.F. Moench, C. Ruppel, M. Sauter, E. Screaton, P.K. Swart, T. Tokunaga, C.I. Voss, and F. Whitaker, 2002. Hydrogeology Program Planning Group Final Report. JOIDES Journal, 28, 24-29.

(3) 浦邊徹, 飯笹幸吉, 石橋純一郎, 2009. 最先端の地球科學の方向と鑛物資源探査への應用(その1) -Modern Analogyとしての海底熱水鉱床-. 資源地質, 59, 43-72.

(4) Gamo, T., J. Ishibashi, U. Tsunokai, K. Okamura, and H. Chiba, 2006. Unique geochemistry of submarine hydrothermal fluids from arc-back-arc settings of the western Pacific. ln Christie, D.M.. C.R. Fisher, S.M. Lee, and S. Givens (eds.). Back-arc Spreading Systems: Geological, Biological, Chemical. and Physical Interactions. American Geophysical Union(AGU), Geophysical Monograph Series, 166., Wiley, pp.147-161.

(5) Kawagucci, S., H. Chiba, J, Ishibashi, T. Yamanaka, T. Toki, Y. Muramatsu, Y. Ueno, A. Makabe, K. Inoue, N. Yoshida, S. Nagakawa, T. Nunoura, K. Takai, N. Takahata, Y.I Sano, T. Narita, G. Teranishi, H. Obata, and T. Gamo, 2011. Hydrothermal fluid geochemistry at the Iheya North field in the mid-Okinawaa Trough: Implication for origin of methane in subseafloor circulation systems. Geochemical Journal, 45, 109-124.

(6) Takai, K., T. Nunoura, J. Ishibashi, J. Lupton, R.i Suzuki, H. Hamasaki, Y. Ueno, S. Kawagucci, T. Gamo, Y. Suzuki, H. Hirayama, and K. Horikoshi, 2008. Variablity in the microbial communities and hydrolhermal fluid chemistry at newlv-discovered Mariner hydrothermal field, southern Lau Basin. Journal Geophysical Research, 113, G02031. 25p.

(7) Genman, C.R. and K.L. von Damm, 2004, Hydrothermal Processes. 1n Holland, H.D. and K.K. Turekian, (eds.), The Oceans and Marine Geochemistry. Elserier, pp.181-222.

(8) 中村謙太郎, 高井研, 2009. 海底熱水系の物理・化學的多様性と化學合成微生物生態系の存在様式. 地球雜誌, 118, 1083-1130.

(9) Tjvey, M.K., 2007. Generation of seafloor hydrothermal vent fluids and associated mineral deposits. Oceanography, 20, 50-65.

(10) Takai, K., M.J. Mottl, S.H.H. Nielsen, J.L. Birrien, S. Bowden, L. Brandt, A.

Breuker, J.C. Corona, S. Eckert, H. Hartnett, S.P. Hollis, C.H. House, A. Ijiri, J. Ishibashi, Y. Masaki, S. McAllister, J. McManus, C. Moyer, M. Nishizawa, T. Noguchi, and 5 others, 2012. IODP expedition 331: Strong and expansive subseafloor hydrothermal activities in the Okinawa trough. Scientific Drilling, 13, 19-27.

(11) 砂村倫成,野口拓郎,山本啓之,岡村慶,2009. 熱水活動が海洋還境と熱水生態系にもたらす影響. 地球雜誌, 118, 1160-1173.

(12) 石橋純一郎, 2009. 海洋地穀內流體の熱水循環に伴う物質フラックス. 地球雜誌, 118, 1064-1082.

(13) Johnson. H.P. and M.J. Pnus, 2003. Fluxes of fluid ancl heat from the oceanic crustal reservoir. Earth and Planetary Science Letters, 216, 565-574.

(14) Wheat, C.G. and M.J. Mottl, 2004. Geochemical fluxes through ridge flanks. In Davis. E.E. and Elderfield, H.(eds.), Hydrogeology of the Oceanic Lithosphere. Cambndge Univ. Press, pp.627-658.

(15) Wheat C.G., S.M. Hulme, A.T. Fisher, B.N. Orcutt, and K. Becker, 2013. Seawater recharge into oceanic crust: IODP Exp 327 Site U1363 Grizzly Bare outcrop. Geochemistry, Geophysics, Geosystems, 14. 1957-1972.

(16) 中村謙太郎, 高井研, 2011. 海底熱水系の生物地球化學: 海底熱水の化學的多樣性は熱生水態系を規定するか? 地球雜誌, 45, 281-301.

(17) Takai, K.1 and K. Nakamum, 2011, Archaeal diversity and community development in deep-sea hydrothermal vents. Current Opinion in Microbiology, 14, 282-292.

(18) Urabe, T.. J. Ishibashi, M. Sunamura, K. Okino, K. Takai, and K. Suzuki, 2014. Introduction of TAIGA concept. In lshibashi. J., K. Okino, and M. Sunamura (eds.), Subseafloor Biosphere Linked to Hydrothermal Systems: TAlGA Concept. Springer, pp.3-10

■ 제10장

(1) IPCC, 2007. Climate change 2007: The physical science basis. Cambridge Univ. Press, 996pp.

(2) Froelich, P.N., G.P. Klinkhammer, M.L. Bender, N.A. Luedtke, G.R. Heath, D. Cullen, P. Dauphin, D. Hammond, B. Hartman, and V. Maynard, 1979. Early oxidation of organic matter in pelagic sediments of the eastern equatorial Atantic: suboxic diagenesis. Geochimica et Cosmochimica Acta, 43, 1075-1090.

(3) Emerson, S. and J. Hedges, 2003. Sediment diagenesis and benthic flux. In Elderfield, H. (ed.). The Ocean and Marine Geochemistry: Traetise on Geochemistry, Vol. 6, Elsevier, pp.293-319.

(4) Bemer, R.A., 1980. Early Diagenesis: A Theoretical Approach. Princeton Univ. Press, 256pp.

(5) 蒲生俊敬, J.M. キ-スケス, 1992. 國際深油掘削計劃(ODP) 第131航海における堆積物間隙水の船上化學分析, 地球化學, 26, 1-15.

(6) Seeberg-Elverfeldt, J., M. Schlüter, T. Fedeker, and M. Kölling, 2005. Rhizon sampling of porewaters near the sediment-water interface of aquatic systems. Limnology and Oceanography: Methods, 3, 361-371.

(7) Dickens, G.R.. M. Koelling, D.C. Smith, L. Schnieders, and the IODP Expedition 302 Scientists, 2007. Rhizon sampling of pore waters on scientific drilling expeditions: An example from the IODP Expedition 302, Arctic Coring Expedition (ACEX). Scientific Drilling, 4, 22-25.

(8) Nozaki, Y., J.K. Cochran, K.K. Turekian, and G. Keller, 1977. Radiocarbon and ^{210}Pb distribution in submersible- taken deep-sea cores from Project FAMOUS. Earth and Planetary Science Letters, 34, 167-173.

(9) CLIMAP Project Members, 1976. The surface of the ice-age Earth. Science, 19, 1131-1137.

(10) 石渡良志, 山本正伸(編), 日本地球化學會監修, 2004. 有機地球化學 (地球化學講座4). 培風館, 290pp.

(11) Epstein. S., R. Buchsbaum, H.A. Lowenstam, and H. Urey, 1953. Revised carbonate-waters isotopic temperature scale. Geological Society of America Bulletin, 64, 1315-1326.

(12) Craig, H. and L.L. Gordon, 1965. Deuterium and oxygen 18 variations in the ocean and the marine atmospere. ln Tongiorgi, E. (ed.), Stable Isotopes

in Oceanographic Studies and Paleotemperatures. Consiglio Nnzionale Delle Ricerche Laboratorio Di Geologia Nucieare-PISA, pp.9-130.

(13) Friedman, I. and J.R. O'Neil, 1977. Compilation of stable isotope fractionation factors of geochemical interest. USGS Professional Paper, 440-KK, 11pp.

(14) 堀部純男, 大場忠道, 1972. アラレ石 ― 水および方解石・水系の溫度スケ-ル. 化石, 23, 69-79.

(15) 佐川拓也, 2010. 浮遊性有孔蟲Mg/Ca古水溫計の現狀・課題と古海洋海汐への應用例. 地質學雜誌, 116, 63-84.

(16) Marlowe, I.T., J.C. Green, A.C. Neal, S.C. Brassell, G. Eglinton, and P.A Course, 1984. Long chain (n-C_{37}-C_{39}) alkenones in the Prymnessiophyceae. Distribution of alkenones and other lipids and their taxonomic sigruficance. British Phycological Journal, 19, 203-216.

(17) Prahl, F.G., L.A. Muehlhausen, and D.L Zahnle, 1988. Further evaluation of long-chain alkenones as indicators of paleoceanographic conditions. Geochimica et Cosmochimica Acta, 52, 2303-2310.

(18) Mllller, P.J., G. Kirst, G. Ruhland, I. von Storch, and A. Rosell-Melé, 1998. Calibratiion of the alkenone paleotemperature index $UK_{37}^{k'}$based on core-tops from the eastern South Atlantic and the global ocean (60°N-60°S). Geochimica et Cosmochimica Acta, 62, 1757-1772.

(19) 山本正伸, 1999. アルケノン古水溫計の現狀と課題. 地球化學, 38, 191-204.

(20) Ohkouchi, N., K. Kawamura, H. Kawahata, and H. Okada, 1999. Depth ranges of alkenone production in the central Pacific Ocean. Global Biogeochemical Cycles, 13, 695-704.

(21) 川幡穗高, 2008. 海洋地球環境學燦-生物地球化學循環から讀む. 東京大學出版會, 269pp.

(22) Hemming, N.G. and G.N. Hanson, 1992. Boron isotopic composition and concentration in modern marine carbonates. Geochimica et Cosmochimica Acta, 56, 537-543.

(23) Spivack, A.J., C.F. You, and H.J. Smith, 1993. Foraminiferal boron isotope ratios as a proxy for surface ocean pH over the past 21 Myr. Nature, 363. 149-151.

(24) Pearson. P.N. and M.R. Palmer, 2000. Atmospheric carbon dioxide

concentrations over the past 60 million years. Nature, 406. 695-699.

(25) Petit, J.R., J. Jouzel, D. Raynaud, N.I. Barkov, J.M. Barnola, I. Basile, M. Bender, J. Chappellaz, M. Davis, G. Delaygue, M. Delmotte, V.M. Kotlyakov, M. Legrand, V.Y. Lipenkov, C. Lorius, L. PÉpin, C. Ritz, E. Saltzman, and M. Stievenard, 1999. Climate and atmospheric history of the past 420,000 years from Vostok ice core, Antarctica. Nature, 399, 429-436.

(26) Shackleton, N.J., J.C. Duplessy, M. Amold and P. Maurice, 1988. Radiocarbon age of last glacial Pacific deep water. Nature, 335, 708-711.

(27) Galbraith, E.D., S.L. Jaccard, T.F. Pedersen, D.M. Sigman, G.H. Haug, M. Cook, J.R. Southon, and R. Francois, 2007. Carbon dioxide release from the North Pacific abyss durmg the last deglaciation. Nature, 449, 890-893.

(28) Marchitto, T.M., S.J. Lehman, J.D. Ortiz J. Flückiger, and A. van Geen, 2007. Marine radiocarbon evidence for the mechanism of deglacial atmospheric CO_2 rise. Science, 316, 1456-1459.

(29) Negre, C., R. Zahn, A.L. Thomas, P. Masque, G.M. Henderson, G. Martínez-Méndez, I.R. Hall, and J.L. Mas, 2010. Reversed flow of Atlantic deep water during the Last Glacial Maximtun, Nature, 468. 84-88.

(30) 小栗一將, 2013. 推積物-水境界における現場測定奇術の最前線. 地球化學, 47, 1-20.

■ 제11장

(1) 島海光弘, 1996. 地球システム科學とは. In 島海光弘, 吉田茂生, 和田英太郎; 松井孝典, 田近英一, 住明正, 大河內直彦, 地球システム科學(岩波講座 地球惑星科學 (2) 地球システム科学, 岩波書店, pp.1-20.

(2) Baccini, P. and P. Brunner, 2012. Metabolism of the anthroposphere: Analysis evaluation design (2nd eds). MIT Press, 408pp

(3) Broecker, W.S., 2003. Fossil fuel CO_2 and the angry climate beast, Eldigio Press, 112pp.

(4) Keeling, R., S.C. Piper, and M. Heimann, 1996. Global and hemispheric CO_2 sinks deduced from chnges in atmospheric 0_2 concentration. Nature, 381, 218-221.

(5) IPCC, 2013. Summary for Policymakers. In Stocker, T.F.. et al(eds), Climate change 2013: The. physical science basis. Contribution of working group I to the fifth assessment report of the Intergovernmental Panel on Climate Change. Cambridge Uruv. Press.

(6) Stramma, L., G.C. Johnson, J. Sprintall, and V. Mohrholz, 2008. Expending oxygen-minimum zones in the tropical oceans. Science, 320, 655-658.

(7) Yamashita, N., S. Taniyasu, G. Petrick, S. Wei, T. Gamo, P.K. Lam, and K. Kannan, 2008. Perfluorinated acids as novel chemical tracers of global circulation of ocean waters. Chemosphere, 70, 1247-1255.

(8) 蒲生俊敬, 2010. 海洋試料. In 田中剛 · 吉田尙弘 (編), 地球化學實驗法 (地球化學講座 8), 培風館, pp.46-61.

(9) Nozaki, Y., 1993. Chemistry and the oceans: An overview. In Teramoto, T. (ed.). Deep Ocean Circulation (Elsevier Oceanography Series), Elsevier, pp.83-89.

(10) SCOR Working Group, 2007. GEOTRACES - An international study of the global marine biogeochemical cycles of trace elementss and their isotopes, Chemie der Erde, 67. 85-131.

(11) Okamura, K., H. Kimoto, K. Saeki, J. Ishibashi, H. Obata, M. Maruo, T. Gamo, E. Nakayama, and Y. Nozaki, 2001, Development of a deep-sea in situ Mn analyzer and its application for hydrothermal plume observarion. Marine Cemistry, 76, 17-26.

(12) Gamo. T., K. Okamura, K. Mitsuzawa, and K. Asakawa, 2007. Tectonic pumping: Earthquake-incluced chemical flux detected in situ by a submarine cable experiment in Sagami Bay, Japan. Procceedings of the Japan Academy, Series B, 83, 199-204.

(13) Provin, C., T. Fukuba, K. Okamura, and T. Fujii, 2013. An integrated microfluidic system for manganese anomaly detection based on chemiluminescence: Description and practical use to discover hydrothermal plumes near the Okinawa Trough. IEEE Journal of Oceanic Engineering, 38, 178-185.

부록

〈부록 A〉 북태평양에서 원소의 수직분포(Nozaki(2001)에 의함)

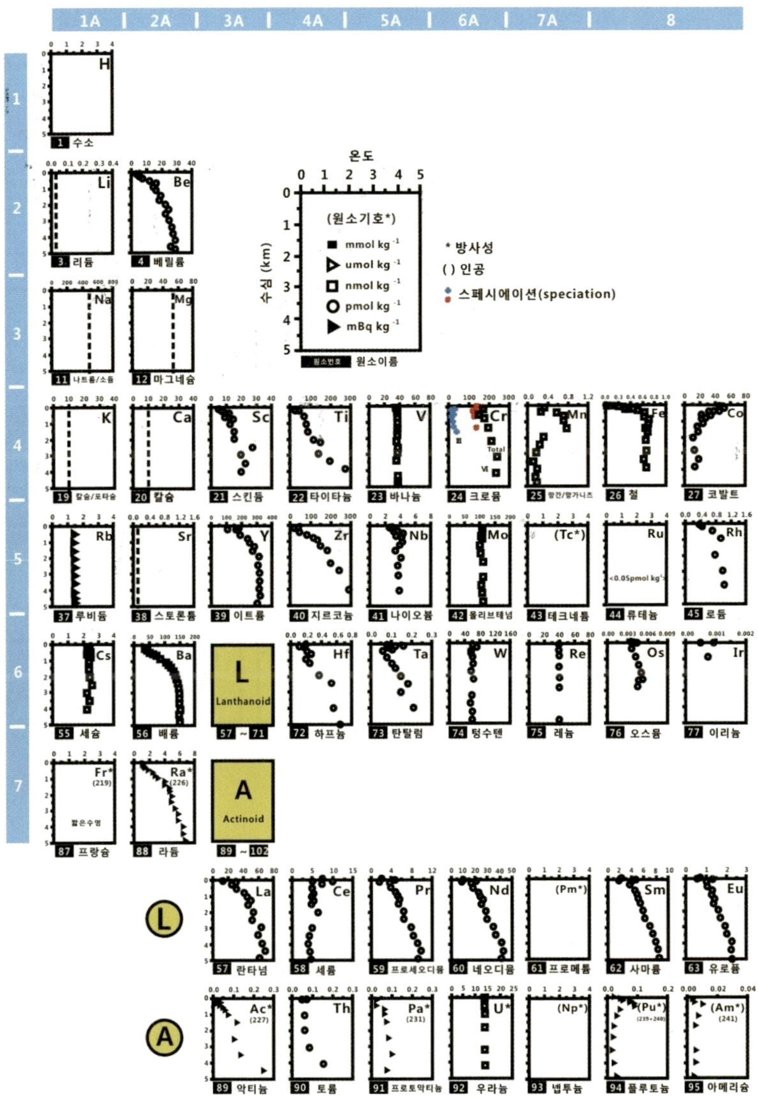

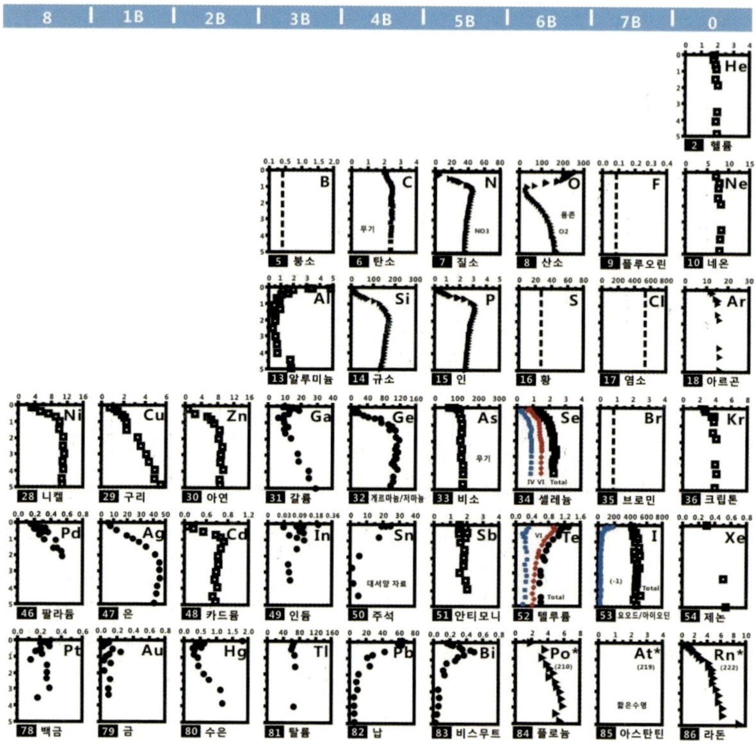
8 1B 2B 3B 4B 5B 6B 7B 0
He 2 헬륨
B 5 붕소
C 무기 6 탄소
N NO3 7 질소
O 용존 O2 8 산소
F 9 플루오린
Ne 10 네온
Al 13 알루미늄
Si 14 규소
P 15 인
S 16 황
Cl 17 염소
Ar 18 아르곤
Ni 28 니켈
Cu 29 구리
Zn 30 아연
Ga 31 갈륨
Ge 32 게르마늄/저마늄
As 무기 33 비소
Se IV VI Total 34 셀레늄
Br 35 브로민
Kr 36 크립톤
Pd 46 팔라듐
Ag 47 은
Cd 48 카드뮴
In 49 인듐
Sn 대서양 자료 50 주석
Sb 51 안티모니
Te VI Total 52 텔루륨
I (-1) Total 53 요오드/아이오딘
Xe 54 제논
Pt 78 백금
Au 79 금
Hg 80 수은
Tl 81 탈륨
Pb 82 납
Bi 83 비스무트
Po* (210) 84 폴로늄
At* (219) 짧은수명 85 아스타틴
Rn* (222) 86 라돈

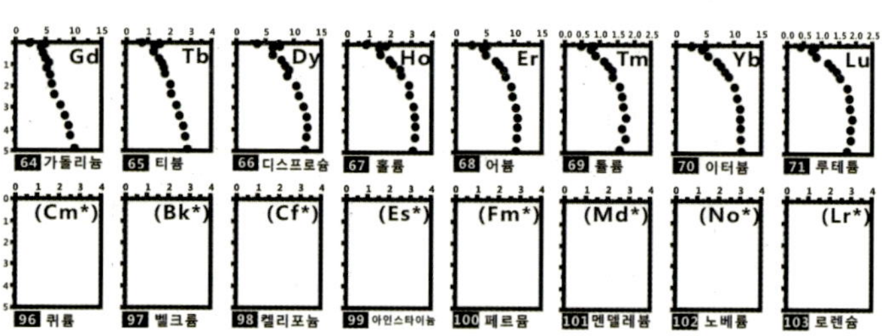
Gd 64 가돌리늄
Tb 65 터븀
Dy 66 디스프로슘
Ho 67 홀뮴
Er 68 어븀
Tm 69 툴륨
Yb 70 이터븀
Lu 71 루테튬
(Cm*) 96 퀴륨
(Bk*) 97 버클륨
(Cf*) 98 캘리포늄
(Es*) 99 아인스타이늄
(Fm*) 100 페르뮴
(Md*) 101 멘델레븀
(No*) 102 노벨륨
(Lr*) 103 로렌슘

〈부록 B〉 유효숫자 4자리의 원자량표(2014)

(원소 원자량은 질량수 12인 탄소(^{12}C)를 기준으로 한 상대 값으로 한다.)

이 표는 사용의 편리를 고려하여 국제순정 · 응용화학연합(IUPAC)에서 승인된 최신 원자량을 바탕으로 일본화학회 원자량전문위원회가 독자적으로 작성한 것이다. 원래 동위원소 존재도(存在度)의 불확실성은 자연 또는 인위적으로 일어날 수 있는 변동이나 실험오차 때문에 원소마다 다르다. 따라서 각 원소의 원자량 값은 정확도가 확보되는 유효숫자의 자릿수가 크게 다르다. 때문에 이 표의 원자량을 인용할 때에는 이러한 부분에 주의가 필요하다. 그리고 이 표의 원자량 신뢰성은 유효숫자 4번째 값에서 ±1 이내이지만, 예외로서 *를 붙인 것은 ±2, **를 붙인 것은 ±3이다. 또 안정 동위원소가 없고, 자연에서 특정 동위원소 조성을 나타내지 않은 원소에 대해서는 그 원소의 방사성 동위원소 질량수의 일례로서 ( )속에 표시하였다. 따라서 그 값을 원자량으로 취급할 수는 없다.

원자번호	원소명	원소기호	원자량
1	수 소	H	1.008
2	헬 륨	He	4.003
3	리 튬	Li	6.941*
4	벨 릴 륨	Be	9.012
5	붕 소	B	10.81
6	탄 소	C	12.01
7	질 소	N	14.01
8	산 소	O	16.00
9	플루오린/불소	F	19.00
10	네 온	Ne	20.18
11	나트륨/소듐	Na	22.99

원자번호	원소명	원소기호	원자량
12	마그네슘	Mg	24.31
13	알루미늄	Al	26.98
14	규 소	Si	28.09
15	인	P	30.97
16	황	S	32.07
17	염 소	Cl	35.45
18	아 르 곤	Ar	39.95
19	칼륨/포타슘	K	39.10
20	칼 슘	Ca	40.08
21	스 칸 듐	Sc	44.96
22	타이타늄/티타늄	Ti	47.87
23	바 나 듐	V	50.94
24	크롬/크로뮴	Cr	52.00
25	망간/망가니즈	Mn	54.94
26	철	Fe	55.85
27	코 발 트	Co	58.93
28	니 켈	Ni	58.69
29	구 리	Cu	63.55
30	아 연	Zn	65.38*
31	갈 륨	Ga	69.72
32	게르마늄/저마늄	Ge	72.63
33	비 소	As	74.92
34	셀 레 늄	Se	78.96**
35	브 로 민/브롬	Br	79.90
36	크 립 톤	Kr	83.80
37	루 비 듐	Rb	85.47
38	스토론튬	Sr	87.62
39	이 트 륨	Y	88.91
40	지르코늄	Zr	91.22
41	나이오븀/니오븀	Nb	92.91
42	몰리브데넘/몰리브덴	Mo	95.96*
43	테크네튬	Tc	(99)
44	류 테 늄	Ru	101.1
45	로 듐	Rh	102.9
46	팔 라 듐	Pd	106.4

원자번호	원소명	원소기호	원자량
47	은	Ag	107.9
48	카 드 뮴	Cd	112.4
49	인 듐	In	114.8
50	주 석	Sn	118.7
51	안티모니	Sb	121.8
52	텔 루 륨	Te	127.6
53	요오드/아이오딘	I	126.9
54	제 논/크세논	Xe	131.3
55	세 슘	Cs	132.9
56	바 륨	Ba	137.3
57	란 타 넘	La	138.9
58	세 륨	Ce	140.1
59	프라세오디뮴	Pr	140.9
60	네오디뮴	Nd	144.2
61	프로메튬	Pm	(145)
62	사 마 륨	Sm	150.4
63	유 로 퓸	Eu	152.0
64	가돌리늄	Gd	157.3
65	티 븀	Tb	158.9
66	디스프로슘	Dy	162.5
67	홀 뮴	Ho	164.9
68	어븀/에르븀	Er	167.3
69	툴 륨	Tm	168.9
70	이 터 븀	Yb	173.1
71	루 테 튬	Lu	175.0
72	하 프 늄	Hf	178.5
73	탄 탈 럼	Ta	180.9
74	텅 스 텐	W	183.8
75	레 늄	Re	186.2
76	오 스 뮴	Os	190.2
77	이 리 듐	Ir	192.2
78	백 금	Pt	195.1
79	금	Au	197.0
80	수 은	Hg	200.6
81	탈 륨	Tl	204.4

원자번호	원소명	원소기호	원자량
82	납	Pb	207.2
83	비스무트/비스무스	Bi	209.0
84	폴 로 늄	Po	(210)
85	아스탄틴	At	(210)
86	라 돈	Rn	(222)
87	프 랑 슘	Fr	(223)
88	라 듐	Ra	(226)
89	악 티 늄	Ac	(227)
90	토 륨	Th	232.0
91	프로트악티늄	Pa	231.0
92	우 라 늄	U	238.0
93	넵 투 늄	Np	(237)
94	플루토늄	Pu	(239)
95	아메리슘	Am	(243)
96	퀴 륨	Cm	(247)
97	벨 클 륨	Bk	(247)
98	켈리포늄	Cf	(252)
99	아인스타이늄	Es	(252)
100	페 르 뮴	Fm	(257)
101	멘델레븀	Md	(258)
102	노 벨 륨	No	(259)
103	로 렌 슘	Lr	(262)
104	리더포듐	Rf	(267)
105	더 브 늄	Db	(268)
106	시 보 귬	Sg	(271)
107	보 륨	Bh	(272)
108	히 슘	Hs	(277)
109	마이터너륨	Mt	(276)
110	다름슈타튬	Ds	(281)
111	뢴트게늄	Rg	(280)
112	코페리니슘	Cn	(285)
114	플레로븀	Fl	(289)
116	리버모륨	Lv	(293)

* : 시판중인 리튬하합물의 리튬원자량은 6.398에서 6.997의 폭을 가진다. © 2014 일본화학회 원자량전문위원회

〈부록 C〉 방사(핵)붕괴계열

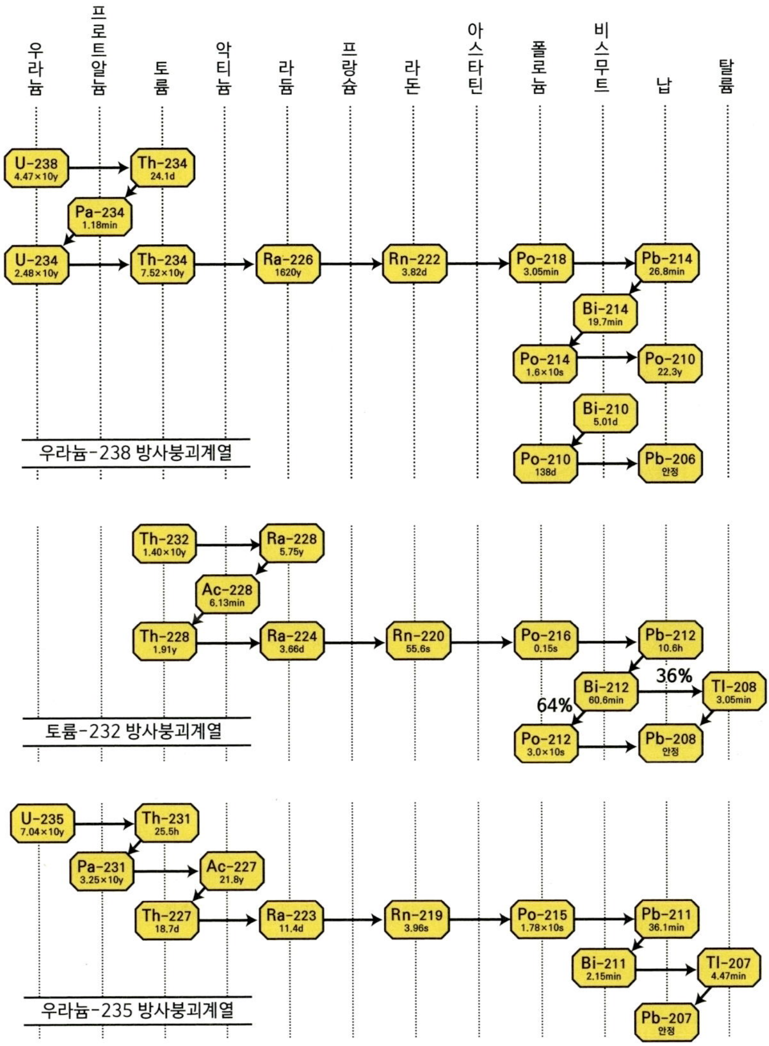

우라늄
프로트악티늄
토륨
악티늄
라듐
프랑슘
라돈
아스타틴
폴로늄
비스무트
납
탈륨
U-238 4.47×10y
Th-234 24.1d
Pa-234 1.18min
U-234 2.48×10y
Th-234 7.52×10y
Ra-226 1620y
Rn-222 3.82d
Po-218 3.05min
Pb-214 26.8min
Bi-214 19.7min
Po-214 1.6×10s
Po-210 22.3y
Bi-210 5.01d
Po-210 138d
Pb-206 안정
우라늄-238 방사붕괴계열
Th-232 1.40×10y
Ra-228 5.75y
Ac-228 6.13min
Th-228 1.91y
Ra-224 3.66d
Rn-220 55.6s
Po-216 0.15s
Pb-212 10.6h
Bi-212 60.6min
36%
Tl-208 3.05min
64%
Po-212 3.0×10s
Pb-208 안정
토륨-232 방사붕괴계열
U-235 7.04×10y
Th-231 25.5h
Pa-231 3.25×10y
Ac-227 21.8y
Th-227 18.7d
Ra-223 11.4d
Rn-219 3.96s
Po-215 1.78×10s
Pb-211 36.1min
Bi-211 2.15min
Tl-207 4.47min
Pb-207 안정
우라늄-235 방사붕괴계열

〈부록 D〉 해수의 화학원소 평균농도

(Sohrin and Bruland(2011)에 의해 Nozaki(2001)를 일부 수정)

원자 번호	원소명		원소 기호	주요 존재형태	수직분포 형식	해수의 평균농도(ng.kg^{-1})
	한글	영어				
1	수 소	Hydrogen	H	H_2O		
2	헬 륨	Helium	He	기체 또는 용존	C	7.6
3	리 튬	Lithium	Li	Li^+	C	180×10^3
4	베 릴 륨	Beryllium	Be	$BeOH^+$, $Be(OH)_2^0$	S + N	0.21
5	붕 소	Boron	B	$B(OH)_3^0$, $B(OH)_4^-$	C	4.5×10^6
6	탄 소	Carbon	C	HCO_3^-, CO_3^{2-}	N	27.0×10^6
7	질 소	Nitrogen	N	기체 N_2^+,	C	8.3×10^6
7				또는 용존 NO_3^-	N	0.42×10^6
8	산 소	Oxygen	O	기체, 용존 O_2	역 N	2.8×10^6
9	플루오린/불소	Fluorine	F	F^-	C	1.3×10^6
10	네 온	Neon	Ne	기체로서 용존	C	160
11	나트륨/소듐	Sodium	Na	Na^+	C	10.78×10^9
12	마그네슘	Magnesium	Mg	Mg^{2+}	C	1.28×10^9
13	일루미늄	Aluminum	Al	$Al(OH)_4^-$, $Al(OH)_3^0$	S	30
14	규 소	Silicon	Si	$H_4SiO_4^0$	N	2.8×10^6
15	인	Phosphorus	P	$NaHPO_4^-$	N	62×10^3
16	황	Sulfur	S	SO_4^{2-}	C	898×10^6
17	염 소	Chlorine	Cl	Cl^-	C	19.35×10^9
18	아 르 곤	Argon	Ar	기체로서 용존	C	0.62×10^6
19	칼륨/포타슘	Potassium	K	K^+	C	399×10^6
20	칼 슘	Calcium	Ca	Ca^{2+}	거의 C	412×10^6
21	스 칸 듐	Scandium	Sc	$Sc(OH)_3^0$	(S + N)	0.7
22	타이타늄/티타늄	Titanium	Ti	$TiO(OH)_2^0$, $Ti(OH)_4^0$	S + N	6.5
23	바 나 듐	Vanadium	V	HVO_4^{2-}	거의 C	2.0×10^3
24	크롬/크로뮴	Chromium	Cr	CrO_4^{2-} (6가)	R + N	210
				$Cr(OH)_3^0$ (3가)	R + S	2
25	망간/망가니즈	Manganese	Mn	Mn^{2+}	S	20
26	철	Iron	Fe	$Fe(OH)_2^+$, $Fe(OH)_3^0$	S + N	30
27	코 발 트	Cobalt	Co	Co^{2+}	S	1.2
28	니 켈	Nockel	Ni	Ni^{2+}	N	480
29	구 리	Copper	Cu	Cu^{2+}	S + N	150
30	아 연	Zine	Zn	Zn^{2+}	N	350

원자 번호	원소명		원소 기호	주요 존재형태	수직분포 형식	해수의 평균농도($ng.kg^{-1}$)
	한글	영어				
31	갈 륨	Gallium	Ga	$Ga(OH)_4^-$, $Ga(OH)_3^0$	S + N	1.2
32	게르마늄/저마늄	Germanium	Ge	$H_4GeO_4^0$	N	5.5
33	비 소	Arsenic	As	$HAsO_4^{2-}$ (5가)	R + N	1.2×10^3
			As	$As(OH)_3^0$ (3가)	R + S	5.2
34	셀 레 늄	Selenium	Se	SeO_4^{2-} (6가)	R + N	100
34				SeO_3^{2-}, (4가)	R + N	55
35	브로민/브롬	Bromine	Br	Br	C	67×10^4
36	크 립 톤	Kryton	Kr	기체로서 용존	C	310
37	루 비 듐	Rubidium	Rb	Rb^+	C	0.12×10^6
38	스트론튬	Strontium	Sr	Sr^{2+}	거의 C	7.8×10^5
39	이 트 륨	Yitrium	Y	YCO_2^+, $Y(OH)_2^+$	N	17
40	지르코늄	Zirconium	Zr	$Zr(OH)_5^-$, $Zr(OH)_4^0$	S + N	15
41	나이오븀/니오븀	Niobium	Nb	$Nb(OH)_6^0$, $Nb(OH)_5^-$	?	0.3
42	몰리브데넘/몰리브덴	Molybdenum	Mo	MoO_4^{2-}	C	10×10^3
43	테크네튬	Technetium	Tc	TcO_4^-	–	–
44	루 테 늄	Ruthenium	Ru	$Ru(OH)_n^{4-n}$	?	〈0.005
45	로 듐	Rhodium	Rh	$Rh(OH)_n^{3-n}$, $RhCl_n^{3-n}$	N	0.008
46	팔 라 듐	Palladium	Pd	$PdCl_4^{2-}$	N	0.006
47	은	Silver	Ag	$AgCl_2^-$	N	2.0
48	카 드 뮴	Cadmium	Cd	$CdCl_3^-$	N	70
49	인 듐	Indium	In	$In(OH)_3^0$	S	0.01
50	주 석	Tin	Sn	$Sn(OH)_3^0$, $Sn(OH)_4^0$	S	0.5
51	안티모니	Antimory	Sb	$Sb(OH)_6^-$	S?	200
52	텔 루 륨	Tellurium	Te	$Te(OH)_6^0$	R + S	0.05
				$TeO(OH)_3^-$	R + S	0.02
53	요오드/아이오딘	Iodine	I	IO_3^-	거의 C	58×10^3
				I^-	(R + S)	4.4
54	제논/크세논	Xenon		기체로서 용존	C	66
55	세 슘	Cesium	Cs	Cs^+	C	306
56	바륨/베륨	Barium	Ba	Ba^{2+}	N	15×10^3
57	란 타 넘	Lanthanum	La	$LaCO_3^+$	N	5.6
58	세 륨	Cerium	Ce	$Ce(OH)_4^0$	S	0.7
59	프라세오디뮴	Praseodymium	Pr	$PrCO_3^+$	N	0.7
60	네오디뮴	Neodymium	Nd	$NdCO_3^+$	N	3.3
61	프로메튬	Promethium	Pm	–	–	–
62	사 마 륨	Samarium	Sm	$SmCO_3^+$	N	0.57
63	유 로 퓸	Europium	Eu	$EuCO_3^+$	N	0.17
64	가돌리늄	Gadolinium	Gd	$GdCO_3^+$	N	0.9
65	터 븀	Terubium	Tb	$TbCO_3^+$	N	0.17
66	디스프로슘	Dysprosium	Dy	$DyCO_3^+$	N	1.1
67	홀 뮴	Holmium	Ho	$HoCO_3^+$	N	0.36
68	어븀/에르븀	Erubium	Er	$ErCO_3^+$	N	1.2

원자 번호	원소명		원소 기호	주요 존재형태	수직분포 형식	해수의 평균농도($ng.kg^{-1}$)
	한글	영어				
69	툴 륨	Thulium	Tm	$TmCO_3^+$	N	0.2
70	이 터 븀	Ytterbium	Yb	$YbCO_3^+$	N	1.2
71	루 테 튬	Lutetium	Lu	$LuCO_3^+$	N	0.23
72	하 프 늄	Hafnium	Hf	$Hf(OH)_4^0$, $Hf(OH)_5^-$	S + N	0.07
73	탄 탈 럼	Tantalum	Ta	$Ta(OH)_5^0$	s + N	0.03
74	텅 스 텐	Tungsten	W	WO_4^{2-}	C	10
75	레 늄	Rhenium	Re	ReO_4^-	C	7.8
76	오 스 뮴	Osmium	Os	$H_2OsO_5^-$, OsO_4^0	거의 C	0.001
77	이 리 듐	Iridium	Ir	$Ir(OH)_n^{3-n}$	S?	0.00013
78	백 금	Platinum	Pt	$PtCl_4^{2-}$	C	0.05
79	금	Gold	Au	$Au(OH)(H_2O)^0$	C	0.02
80	수 은	Mercury	Hg	$HgCl_4^{2-}$	(S + N)	0.14
81	탈 륨	Thalium	Tl	Tl^+, $TlCl^{05}$	N	13
82	납	Lead	Pb	$PbCO_6^0$	S + A	2.7
83	비스무트/비스무스	Bismuth	Bi	$Bi(OH)_2^+$, BiO^+	S	0.03
84	폴 로 늄	Polonium	Po	$PoO(OH)_3^0$	S	-
85	아스타틴	Astantine	At	-	-	-
86	라 돈	Radon	Rn	기체로서 용존	C	-
87	프 랑 슘	Francium	Fr	Fr^+		
88	라 듐	Radium	Ra	Ra^{2+}	N	0.00013
89	악 티 늄	Actinium	Ac	$AcCO_3^+$	N	-
90	토 륨	Thorium	Th	$Th(OH)_4^0$	S	0.02
91	프로트악티늄	Protactonium	Pa	$PaO_2(OH)^0$	S	-
92	우 라 늄	Uranium	U	$UO_2CO_3^{2-}$	C	3.2×10^3
93	넵 투 늄	Neptinum	Np	NpO_2^+	-	-
94	플루토늄	Plutonium	Pu	$PuO_2(CO_2)(OH)^-$	(R + S)	-
95	아메리슘	Americium	Am	$AmCO_3^+$	(S + N)	-

* C: Conservative(보존형), N: Nutrient-like(영양염형), S: Scavenged(스캔벤지형), R: redox sensitive(산화환원형), A: Anthropogenic(인위적 기원형)

Nozaki, Y., 2001. Elementsal distribution overview. In Steele, J., S. Thorpe and K.K. Turekian (eds.), Encyclopedia of Ocean Sciences. Vol. 2. Academic Press, pp.840-845.

Sohrin, Y. and K.W. Bruland, 2011. Global status of trace elementss in the ocean. Trends in Analytical Chemistry, 30, 1291-1307.

〈부록 E〉 해수 기체의 포화용해도 계산법

대기와 접촉하는 해수의 용존 기체 포화용해도 C^* (mol/kg)은 헨리법칙에 기초하여 평형상수 K^1, 건조 대기에서 해당 기체의 몰분율 x^1, 대기압 P (atm) 및 수증기압 p_{H2O} (atm)을 이용하여 다음 식 (1)로 표현된다(Weiss and Price, 1980). 단 P ≒1, x^1〈〈1이다.

$$C^* = x^1 F \ (F = K^1 (P - p_{H2O})) \tag{1}$$

P = 1.00 (atm)의 포화수증기압 조건에서는 F (mol.kg^{-1}.atm^{-1})는 해수온도(T: 절대온도)와 염분(S)에서 다음의 식 (2)에 의해 계산된다.

$$\ln F = a_1 + a_2(100/T) + a_3 \ln(T/100) + a_4(T/100)^2 + S\{b_1 + b_2(T/100) + b_3(T/100)^2\} \tag{2}$$

여기에서 a_1, a_2, a_3, a_4, b_1, b_2, b_3는 다음과 같이 기체 마다 다른 상수가 된다.

기체명	화학식	a_1	a_2	a_3	a_4	b_1	b_1	b_1	문헌
이산화탄소	CO_2	-162.8301	218.2968	90.9241	-1.47696	0.025695	-0.025225	0.00049867	1
아산화질소	N_2O	-168.2459	226.0894	93.2817	-1.48693	-0.000361	0.033765	-0.0051862	1
프레온-11	CCL_3F	-232.0411	322.5546	120.4956	-1.39165	-0.146531	0.093621	-0.0160693	2
프레온-12	CCl_2F_2	-220.212	301.8695	114.8533	-1.39105	-0.147718	0.093175	-0.015734	2
프레온-113	CCl_3FCClF_2	-231.902	322.915	119.111	-1.3917	-0.02547	0.004540	0.0002708	3
육플루오린화황	SF_6	-82.1639	120.152	30.6372	0	0.0293201	-0.035197	0.00740056	4

아래의 기체에 대해서는 위 식 (1)은 공통이지만, InF의 계산식에는 다음 식 (3)을 사용한다. 위의 식 (2)와 우변 제4항에서 차이가 있는 것에 주의하기 바란다(Wiesenberg and Guinasso, 1979)

$$\mathrm{In}F = a_1 + a_2(100/T) + a_3\mathrm{In}(T/100) + a_4(T/100)$$
$$+ S\{b_1 + b_2(T/100) + b_3(T/100)^2\} \qquad (3)$$

기체명	화학식	a_1	a_2	a_3	a_4	b_1	b_1	b_1	문헌
수소	H_2	-320.3079	459.7398	299.2600	-49.3946	-0.074474	0.043363	-0.0067420	5
메탄	CH_4	-417.5053	599.8626	380.3636	-62.0764	-0.064236	0.034980	-0.0052732	5
일산화탄소	CO	-175.6002	267.6796	161.0862	-25.6218	0.046103	-0.041767	0.0081890	5

대기의 몰분율 x^1이 일정한 값(제7장 참조)이라고 할 수 있는, 아래 기체에 대해서는 1.00기압의 대기(수증기로서 포화)와 접촉하는 해수에서 각 기체의 포화용해도 C^*(ml/kg)을 해수 수온(T: 절대온도)와 염분(S)에서 다음 식 (4)를 이용하여 계산할 수 있다(Weiss, 1970)

$$\mathrm{In}C^* = A_1 + A_2(100/T) + A_3\mathrm{In}(T/100) + A_4(T/100)$$
$$+ S\{B_1 + B_2(T/100) + B_3(T/100)^2\} \qquad (2)$$

기체명	화학식	A_1	A_2	A_3	A_4	B_1	B_1	B_1	문헌
질소	N_2	-177.0212	254.6078	146.3611	-22.0933	-0.054052	0.027266	-0.0038430	6
산소	O_2	-177.7888	255.5907	146.4813	-22.2040	-0.037362	0.016504	-0.0020564	6
아르곤	Ar	-178.1725	251.8139	145.2337	-22.2046	-0.038729	0.017171	-0.0021281	6
헬륨	He	-167.2178	216.3442	139.2032	-22.6202	-0.044781	0.023541	-0.0034266	7
네온	Ne	-170.6018	225.1946	140.8863	-22.6290	-0.127113	0.079277	-0.0129095	7
크립톤	Kr	-112.6840	153.5817	74.4690	-10.0189	-0.011213	-0.001844	0.0011201	8

문헌

1. Weiss, R.F. and B.A. Price, 1980. Nitrous oxide solubility in water and seawater. Mar. Chem., 8, 347-359.
2. Warner,M.J. and R.F. Weiss, 1985. Solubilities of chlorofluorocarbons 11 and 12 in water and seawater. Deep-Sea Res. Part I, 32, 1485-1497.
3. Bullister, J.L., D.P. Wisegarver and F.A. Menzia, 2002. Solubility of chlorofluorocarbon 113 in water and seawater. Deep-Sea Res. Part I, 42, 1151-1161
4. Weiss, R.F. and T.K. Kyser, 1978. Solubility of krypton in water and sea water. J. Chem. Eng. Data, 23, 69-72.
5. Wiesenburg, D.A. and N.L. Guinasso, Jr. 1979. Equilibrium solubilities of methane, carbon monoxide, and hydrogen in water and sea water. J. Chem. Eng. Data, 24, 356-360.
6. Weiss, R.F., 1970. The solubility of nitrogen, oxygen and argon in water and seawater. Deep-Sea Res., 17, 721-735.
7. Weiss, R.F., 1971. Solubility of helium and neon in water and seawater. J. Chem. Eng. Data, 16, 235-241.
8. Weiss, R.F. and T.K. Kyser, 1978. Solubility of krypton in water and sea water. J. Chem. Eng. Data, 23, 69-72.

색인

ㅂ

ㅅ

ㅊ

ㅋ

ㅌ

ㅍ

ㅎ

해양지구화학

인쇄 2020년 2월 5일
발행 2020년 2월 10일

편저자 Gamo Toshitaka(蒲生 俊敬)
역　자 김영일·윤양호·오석진
발행인 정병석
발행처 전남대학교출판문화원

등록 1981. 5. 21. 第53호
주소 61186 광주광역시 북구 용봉로 77
전화 (062) 530-0571~2 **마케팅** 530-0573
팩스 (062) 530-0579
홈페이지 http://www.cnup.co.kr
이메일 cnup0571@hanmail.net

값 35,000원

ISBN 978-89-6849-689-9 (93450)

이 도서의 국립중앙도서관 출판예정도서목록(CIP)은
서지정보유통지원시스템 홈페이지(http://seoji.nl.go.kr)와
국가자료공동목록시스템(http://www.nl.go.kr/kolisnet)에서 이용하실 수 있습니다.
(CIP제어번호 : CIP2020004832)